国家出版基金项目
NATIONAL PUBLICATION FOUNDATION

主 编 张宗亮
副主编 刘兴宁 袁友仁

大国重器

中国超级水电工程·糯扎渡卷

机电工程创新技术

邵光明 姚建国 朱志刚 刘亚林 李 荣 等 编著

中国水利水电出版社
www.waterpub.com.cn
·北京·

内 容 提 要

本书系国家出版基金项目——《大国重器 中国超级水电工程·糯扎渡卷》之《机电工程创新技术》分册。本书通过总结糯扎渡水电站机电和金属结构工程主要设计成果，以及主要关键技术、创新技术、先进设计手段和实用新型专利的成功应用，为巨型、大型水电工程机电和金属结构设计提供可参考的成功案例。

本书适合水力发电工程水力机械、电气一次、电气二次、通信、通风、金属结构等专业工程技术人员阅读，也可供工程技术管理单位、科研院所和高等院校有关人员参考。

图书在版编目（CIP）数据

机电工程创新技术 / 邵光明等编著. -- 北京 ： 中国水利水电出版社，2021.2

（大国重器 中国超级水电工程. 糯扎渡卷）
ISBN 978-7-5170-9458-6

Ⅰ. ①机… Ⅱ. ①邵… Ⅲ. ①水利水电工程－机电工程－概况－云南 Ⅳ. ①TV752.74

中国版本图书馆CIP数据核字(2021)第040862号

书　　名	大国重器 中国超级水电工程·糯扎渡卷 **机电工程创新技术** JIDIAN GONGCHENG CHUANGXIN JISHU
作　　者	邵光明　姚建国　朱志刚　刘亚林　李荣 等 编著
出版发行	中国水利水电出版社 （北京市海淀区玉渊潭南路 1 号 D 座　100038） 网址：www.waterpub.com.cn E-mail：sales@waterpub.com.cn 电话：(010) 68367658（营销中心）
经　　售	北京科水图书销售中心（零售） 电话：(010) 88383994、63202643、68545874 全国各地新华书店和相关出版物销售网点
排　　版	中国水利水电出版社微机排版中心
印　　刷	北京印匠彩色印刷有限公司
规　　格	184mm×260mm　16 开本　17.75 印张　432 千字
版　　次	2021 年 2 月第 1 版　2021 年 2 月第 1 次印刷
印　　数	0001—1500 册
定　　价	**165.00 元**

《大国重器 中国超级水电工程·糯扎渡卷》
编撰委员会

高级顾问	马洪琪	陈祖煜	钟登华		
主　　任	张宗亮				
副 主 任	刘兴宁	袁友仁	朱兆才	张　荣	邵光明
	邹　青	严　磊			
委　　员	张建华	李仕奇	武赛波	张四和	冯业林
	董绍尧	李开德	李宝全	赵洪明	沐　青
	张发瑜	郑大伟	邓建霞	高志芹	刘琼芳
	曹军义	姚建国	朱志刚	刘亚林	李　荣
	孙　华	张　阳	李　英	尹　涛	张燕春
	李红远	唐良霁	薛　舜	谭志伟	赵志勇
	张礼兵	杨建敏	梁礼绘	马淑君	
主　　编	张宗亮				
副 主 编	刘兴宁	袁友仁			

《机电工程创新技术》
编 撰 人 员

主 编 邵光明

副 主 编 姚建国 朱志刚 刘亚林 孙 华 张 阳
李 荣

参编人员 武赛波 陈家恒 邹 颖 朱惠君 邹茂娟
杨宇虎 王 娜 王 旭 徐 涛 马仁超
崔 稚 余俊阳

土石坝是历史最为悠久的一种坝型，也是应用最为广泛和发展最快的一种坝型。据统计，世界已建的100m以上的高坝中，土石坝占比76%以上；新中国成立70年来，我国建设了约9.8万座大坝，其中土石坝占95%。

20世纪50年代，我国先后建成官厅、密云等土坝；60年代，建成当时亚洲第一高的毛家村土坝；80年代以后，建成碧口（坝高101.8m）、鲁布革（坝高103.8m）、小浪底（坝高160m）、天生桥一级（坝高178m）等土石坝工程；进入21世纪，中国土石坝筑坝技术有了质的飞跃，陆续建成了洪家渡（坝高179.5m）、三板溪（坝高185m）、水布垭（坝高233m）等高土石坝，标志着我国高土石坝工程建设技术已步入世界先进行列。

而糯扎渡心墙堆石坝无疑是我国高土石坝领域的国际里程碑工程。电站总装机容量585万kW，建成时为我国第四大水电站，总库容237亿m³，坝高261.5m，为中国最高（世界第三）土石坝，比之前最高的小浪底心墙堆石坝提升了100m的台阶。开敞式溢洪道最大泄洪流量31318m³/s，泄洪功率6694万kW，居世界岸边溢洪道之首。通过参建各方的共同努力和攻关，在特高心墙堆石坝筑坝材料勘察、试验与改性，心墙堆石坝设计准则及安全评价标准，施工质量数字化监控及快速检测技术取得诸多具有我国自主知识产权的创新成果。这其中，最为突出的重大技术创新有两个方面：一是首次揭示了超高心墙堆石坝土料均需改性的规律，系统提出掺人工碎石进行土料改性的成套技术。糯扎渡天然土料黏粒含量偏多，砾石含量偏少，含水率偏高，虽然能满足防渗的要求，但不能满足超高心墙堆石坝强度和变形要求，因此掺加35%的人工级配碎石对天然土料进行改性，提高了心墙土料的强度和变形模量，实现了心墙与堆石料的变形协调。二是研发了高土石坝筑坝数字化质量控制技术，开创了我国水利水电工程数字化智能化建设的先河。过去的土石坝施工质量监控采用人工旁站监理，工作量大，效率低，容易出现疏漏环节。在糯扎渡水电站建设中，成功研发了"数字大坝"信息技术，对大坝填筑碾压全过程进行全天候、精细化、在线实时监控，确保了总体积达3400余万m³大坝优质施工，是世界大坝建设质量控制技术的重大创新。

糯扎渡提出的高土石坝心墙土料改性和"数字大坝"等核心技术，从根本上保证了大坝变形稳定、渗流稳定、坝坡稳定和抗震安全，工程蓄水至今运行状况良好，渗漏量仅为 15L/s，为国内外同类工程最小。系列科技成果大幅度提升了中国土石坝的设计和建设水平，广泛应用于后续建设的特高土石坝，如大渡河长河坝（坝高 240m）、双江口（坝高 314m），雅砻江两河口（坝高 295m）等。糯扎渡水电站科技成果获国家科技进步二等奖 6 项、省部级科技进步奖 10 余项，工程获国际堆石坝里程碑工程奖、菲迪克奖、中国土木工程詹天佑奖和全国优秀水利水电工程勘测设计金质奖等诸多国内外工程界大奖，是我国高心墙堆石坝在国际上从并跑到领跑跨越的标志性工程！

糯扎渡水电站不仅在枢纽工程上创新，在机电工程、水库工程、生态工程等方面也进行了大量的技术创新和应用。通过水库调蓄，对缓解下游地区旱灾、洪灾和保障航运通道发挥了重大作用；通过一系列环保措施，实现了水电开发与生态环境保护相得益彰；电站年均提供 239 亿 kW·h 绿色清洁能源，是中国实施"西电东送"的重大战略工程之一，在澜沧江流域形成了新的经济发展带，把西部资源优势转化为经济优势，带动了区域经济快速发展。因此，无论从哪方面来看，糯扎渡水电站都是名副其实的大国重器！

本卷丛书系统总结了糯扎渡枢纽、机电、水库移民、生态、工程安全等方面的科研、技术成果，工程案例具体，内容翔实，学术含金量高。我相信，本卷丛书的出版对于推动我国特高土石坝和水电工程建设的发展具有重要理论意义和实践价值，将会给广大水电工程设计、施工和管理人员提供有益的参考和借鉴。本人作为糯扎渡水电站建设方的技术负责人，很高兴看到本卷丛书的编辑出版，也非常愿意将其推荐给广大读者。

是为序。

中国工程院院士

2020 年 11 月

获悉《大国重器 中国超级水电工程·糯扎渡卷》即将付梓，欣然为之作序。

土石坝由于其具有对地质条件适应性强、能就地取材、建筑物开挖料利用充分、水泥用量少、工程经济效益好等优点，在水电开发中得到了广泛应用和快速发展，尤其是在西南高山峡谷地区，由于受交通及地形地质等条件的制约，土石坝的优势尤为明显。近30年来，随着一批高土石坝标志性工程的陆续建成，我国的土石坝建设取得了举世瞩目的成就。

作为我国水电勘察设计领域的排头兵，土石坝工程是中国电建昆明院的传统技术优势，自20世纪中叶成功实践了当时被誉为"亚洲第一土坝"的毛家村水库心墙坝（最大坝高82.5m）起，中国电建昆明院就与土石坝工程结下了不解之缘。80年代的鲁布革水电站心墙堆石坝（最大坝高103.8m），工程多项指标达到国内领先水平，接近达到国际同期先进水平，获得国家优秀工程勘察金质奖和设计金质奖；90年代的天生桥一级水电站混凝土面板堆石坝（最大坝高178m），为同类坝型亚洲第一、世界第二，使我国面板堆石坝筑坝技术迈上新台阶，工程获国家优秀工程勘察金质奖和设计银质奖。这些工程都代表了我国同时代土石坝建设的最高水平，对推动我国土石坝技术发展起到了重要作用。

而糯扎渡水电站则代表了目前我国土石坝建设的最高水平。该工程在建成前，我国已建超过100m高的心墙堆石坝较少，最高为160m的小浪底大坝，糯扎渡大坝跨越了100m的台阶，超出了我国现行规范的适用范围，已有的筑坝技术和经验已不能满足超高心墙堆石坝建设的需求。"高水头、大体积、大变形"条件下，超高心墙堆石坝在渗流稳定、变形控制、抗滑稳定以及抗震安全方面都面临重大挑战，需开展系统深入研究。以中国电建昆明院总工程师、全国工程勘察设计大师张宗亮为技术总负责的产学研用项目团队开展了十余年的研发和工程实践，在人工碎石掺砾防渗土料成套技术、软岩堆石料在上游坝壳的利用、土石料静动力本构模型、心墙水力劈裂机制、裂缝计算分析方法、成套设计准则、施工质量实时控制技术、安全综合评价体系等方面取得创新成果，均达到国际领先水平，确保了大坝的成功建设。大坝运行良好，渗流量和坝体沉降均远小于国内外已建同类工程，被谭靖夷院士评价为"无瑕疵工程"。

本人主持了糯扎渡水电站高土石坝施工质量实时控制技术的研发工作，建设过程中十余次到现场进行技术攻关，实现了高土石坝质量与安全精细化控制，成功建成我国首个数字大坝工程。

糯扎渡水电站工程践行绿色发展理念，实施环保、水保各项措施，有效地保护了当地鱼类和珍稀植物，节能减排效益显著，抗旱、防洪、通航效益巨大，带动地区经济发展成效显著，这些都是这个工程为我国水电开发留下来的宝贵财富。糯扎渡水电站必将成为我国水电技术发展的里程碑工程！

本卷丛书是作者及其团队对糯扎渡水电站研究和实践的系统总结，内容翔实，是一套体系完整、专业性强的高水平科研工程专著。我相信，本卷丛书可以为广大水利水电行业专业人员提供技术参考，也能为相关科研人员提供更多的创新性思路，具有较高的学术价值。

中国工程院院士 钟登华

2021 年 1 月

糯扎渡水电站装设 9 台 650MW 巨型混流式水轮发电机组，具有机组台数多、单机容量大、运行水头高、水头变幅大等特点。在充分考虑机组运行稳定性要求，分析机组运行特点和稳定性的基础上，对水轮发电机组技术参数、性能指标、结构进行了合理选择和优化设计。为验证水轮机的水力性能，开展了水轮机转轮模型试验。为保护水轮机导水机构，减轻导水机构的空蚀和泥沙磨损，水轮机装设了筒形阀。通过水轮发电机组参数选择及结构设计、水轮机转轮模型试验、巨型水轮机筒形阀应用研究等专题研究和专项研究，系统总结了糯扎渡水电站巨型水轮发电机组的设计成果、关键技术及其创新性。

结合糯扎渡水电站巨型水轮发电机组及地下厂房的特点，开展了辅助机械设备及系统、消防系统、通风空调系统设计工作，以保证技术先进、可靠，满足电站长期安全稳定运行要求。通过巨型机组顶盖取水技术应用研究、巨型地下厂房排水系统设计、超大起升高度桥式起重机在高垂直竖井 GIL 吊装中的应用研究、IG-541 环保气体灭火系统设计、地下厂房岩石热物理性质和热工状态研究等专题研究和专项研究，系统总结了电站辅助机械设备及系统、消防系统、通风空调系统的设计成果及其创新性。

基于 HydroBIM 开发的 HydroBIM 土木机电一体化智能设计平台，建立了统一的数据库，使各数据软件与其交互数据，从而做到数据唯一，实现了对设计数据的规范管理，整合多款设计软件，将设计流程标准化，专业协同固化在软件流程中，实现设计标准化。BIM 的本质是数字化与可视化技术在工程全生命周期的应用，HydroBIM 土木机电一体化智能设计平台将系统原理设计与三维布置设计以统一的工程数据库相结合，以原理图为顶层设计开展的数字化设计，以数据驱动设计各个阶段和流程，使流畅的数据传递真正实现在设计源头的数据管理。

电气主接线设计是电站电气设计的基础，其方案关系到电站的安全稳定运行及成本等方面。在方案比选中采用可靠性定量计算的方法，从全生命周期分析各备选方案的可靠性和经济性，从而选出最优方案。通过多方案比选，综合考虑工程的安全性和经济性，确定了高压设备的选型、布置及送出方案；通过计算机仿真计算，确定了过电压保护方案，保证了设备运行和人员的安全。

水电站控制系统设计，结合中控室远距离"一键落门"硬接线控制系统设计、大型地下厂房防水淹厂房的控制措施、计算机监控系统设计、无线微机"五防"系统设计等诸多专题和专项研究、设计成果，系统地总结了电站控制系统结合工程特点的设计成果及其创新性。

水电站保护系统设计，结合糯扎渡水电站大型水轮发电机内部短路主保护配置方案研究、复杂厂用电系统备用电源自动投入解决方案、智能机组振摆监测保护系统设计等诸多专题和专项研究、设计成果，系统地总结了电站保护系统结合设备特点的设计成果及其创新性。

接入系统通信采用双光缆通信通道，所有接入系统通信业务均通过普洱换流站转发至系统。电站与集控中心通信通过租用电力专网通信通道作为主用通道，租用电信公网通信通道作为备用通信通道。厂内通信主要由生产调度通信和生产管理通信组成。应急通信通过配置卫星电话和无线对讲机等设备完成。

针对电站左、右岸泄洪隧洞弧形工作闸门的设计水头高、孔口尺寸大的特点，提出了"井"字形支撑结构和充压水封的止水型式，并取得了相应的专利成果。溢洪道表孔弧形闸门具有孔口尺寸及泄量大的特点，针对该闸门采用 CAE 技术分析了闸门运行受力特性。为满足取表层水发电的要求，分层取水采用共用拦污栅检修栅槽的叠梁闸门设计方案，减少了土建及金属结构设备工程量。针对蓄水期和永久运行、库区 200m 高水位变幅的特点，分别采用了临时拦污漂和永久拦污漂结合的设计方案。左、右岸泄洪隧洞弧形工作闸门和表孔弧形工作闸门建成后，对其开展了原型观测试验，全面测定了闸门的振动及应力变化等技术指标。根据观测成果，从平面二维设计体系、有限元分析、原型观测等方面进行了系统总结，与设计和规范进行了比对分析，可为国内外同行提供参考借鉴价值。

全书分为 11 章，第 1 章由姚建国、朱志刚、刘亚林、李荣、孙华、张阳共同编写，经邵光明校阅并审定；第 2 章由姚建国、朱惠君编写，经武赛波校阅并审定；第 3 章由姚建国、邹茂娟编写，经武赛波校阅并审定；第 4 章由姚建国、张阳编写，经武赛波校阅并审定；第 5 章、第 6 章由朱志刚、王娜、王旭、杨宇虎编写，经邵光明校阅并审定；第 7 章、第 8 章由刘亚林编写，经邹颖、徐涛校阅，由陈家恒审定；第9章由孙华编写，经邹颖校阅，由陈家恒审定；第10章、第11章由马仁超、崔稚、余俊阳、李荣编写，经马仁超校阅并审定。

本书所引用的很多成果是中国电建集团昆明勘测设计研究院有限公司在糯扎渡水电站可行性研究、招标施工图设计及实施阶段完成的各专项设计、专题和科研成果，其中还包含了很多科研合作单位，如哈尔滨电机厂有限责任公司、东方电气集团东方电机有限公司、上海福伊特水电设备有限公司、清华大学、天津大学、河海大学、重庆大学、西安建筑科技大学、南京南瑞继保工程技术有限公司、南京南瑞集团水利水电技术分公司等的合作成果，同时各项成果的形成均得到水电水利规划设计总院以及电站建设单位华能澜沧江水电有限公司等单位的大力支持和帮助，在此谨对以上单位表示诚挚的感谢！

编者

2020 年 5 月

目　录

第 1 章

综述

糯扎渡水电站位于云南省普洱市思茅区和澜沧县交界处的澜沧江下游干流上，是澜沧江中下游河段梯级规划"二库八级"电站的第五级。电站所处地理位置距昆明直线距离350km，距广州1500km。

电站距上游大朝山水电站河道距离215km，距下游景洪水电站河道距离102km。现有思（茅）澜（沧）公路通过坝址，坝址距普洱市98km，距澜沧县城76km。公路以昆明为起点，经玉溪、元江、墨江、宁洱、普洱到达坝址，其中昆玉、玉元、元磨、磨黑—普洱段为高速公路，普洱—澜沧为标准三级公路，沥青路面；公路总里程为521km。

电站工程以发电为主，并兼有下游景洪市（坝址下游约110km）的城市、农田防洪及改善下游航运等综合利用任务。水库正常蓄水位812.00m，死水位765.00m，正常蓄水位以下库容为217.49亿m³，死库容104.14亿m³，调节库容113.35亿m³，库容系数0.21，具有多年调节特性。电站装机容量为5850MW（9×650MW），保证出力2406MW，多年平均发电量239.12亿kW·h，年利用小时数4088h。

电站以500kV电压等级接入南方电网运行，在电网系统中担任调峰、调频和事故备用任务，是电力系统的主力电站。电站按"无人值班（少人值守）"设计。

1.1 电站基本参数

电站基本参数见表1.1-1。

表1.1-1 电 站 基 本 参 数

序号	名 称		单位	数 据
1	上游水库水位及库容	校核洪水位	m	817.99
		正常蓄水位	m	812.00
		汛期限制水位	m	804.00
		死水位	m	765.00
		总库容（正常蓄水位以下）	亿m³	217.49
		调节库容	亿m³	113.35
		死水位以下库容	亿m³	104.14
		调节性能		多年调节
2	下游尾水位	最高尾水位	m	631.43
		9台机运行尾水位	m	609.00
		1台机运行尾水位	m	598.90（尾调室）/598.69（下游河道）
3	流量	多年平均流量	m³/s	1730
		实测最大流量	m³/s	13900
		实测最小流量	m³/s	388

序号	名 称		单位	数 据
4	水头	最大水头	m	215.00
		加权平均水头	m	198.95
		额定水头	m	187.00
		最小水头	m	152.00
5	电站规模	装机容量	MW	5850
		装机台数	台	9
		机组额定功率	MW	650
		保证出力	MW	2406
		年利用小时数	h	4088
		多年平均发电量	亿 kW·h	239.12

1.2 水力机械

1.2.1 水轮发电机组及其附属设备

1.2.1.1 机组运行特点及要求

糯扎渡水电站机组容量大、尺寸大，机组运行的稳定性问题十分重要。为了使机组参数先进合理、技术成熟可靠、设计制造可行、运行安全稳定，水轮发电机组主要参数及结构选择应遵循以下原则及要求进行：

（1）电站运行水头高，水头变幅大，$H_{max} - H_{min} = 63m$，$H_{max}/H_{min} = 1.414$，要求水轮机具有宽幅度的水头适应性和高效率区，并在各水头段、各种工况下都应具有良好的稳定性。

（2）机组设备参数选择应参照和采用国内外先进技术，机组运行应安全、可靠、稳定，能承担各类负荷，适应负荷多变的情况。

（3）电站坝高、库大、施工周期长，为使电站提前受益，在电站投产初期，水轮机有较长时间在电站未达到正常水位条件下运行，要求水轮机在低水头下运行时有必要的稳定性。

（4）为取得最大的发电效益，水轮机应具有良好的能量指标，在高水头区域应有较宽广的高效率区，在低于额定水头时，水轮机的受阻出力应尽可能小。

（5）发电机主要参数和结构选择对电力系统安全稳定运行和电站的投资有密切的关系，也涉及机组制造、材料、工艺等各方面的综合问题，因此，发电机主要参数的选择既应满足安全可靠运行，又要具有当今世界先进的技术水平和经济合理的统一。

1.2.1.2 水轮机及其附属设备

水轮机采用立轴混流式水轮机，转轮直径为 7.2m（1～6 号机）/7.408m（7～9 号机），采用散件运输、现场组焊的整体转轮方案。蜗壳设计压力 2.8MPa，蜗壳周围混凝土按 1.8MPa 压力进行保压浇筑；尾水管采用窄高型尾水管。水轮机导轴承采用稀油润滑、巴氏合金表面的分块瓦的自润滑楔子板支承型式。水轮机采用大轴中心孔补气，补气排水管引至厂内渗漏集水井。在固定导叶与活动导叶间设有筒形阀，采用6个电液同步接力器驱动。水轮机主要技术参数见表1.2-1，筒形阀主要技术参数见表1.2-2。

表1.2-1　　　　　　　　　　　水轮机主要技术参数

项　目	技 术 参 数	
	1～6号机	7～9号机
水轮机型式	立轴混流式	立轴混流式
型号	HL(146.85)-LJ-720	HL(146.85)-LJ-741
转轮直径/m	7.2	7.408
最大水头/m	215	215
额定水头/m	187	187
最小水头/m	152	152
额定流量/(m³/s)	381	380
额定出力/MW	660	660
额定效率/%	94.42	95.03
最高效率/%	96.46	96.58
加权平均效率/%	95.27	95.65
额定转速/(r/min)	125	125
飞逸转速/(r/min)	230	229
比转速/(m·kW)	146.8	146.8
比速系数	2008	2008
吸出高度/m	-10.4	-10.4
安装高程/m	588.50	588.50
旋转方向	俯视顺时针旋转	俯视顺时针旋转
蜗壳型式	金属蜗壳	金属蜗壳
尾水管型式	弯肘窄高型	弯肘窄高型

表1.2-2　　　　　　　　　　　筒形阀主要技术参数

项　目	技 术 参 数	
	1～6号机	7～9号机
外形尺寸/(mm×mm)	φ9390×1501	φ9612×1436
筒体厚度/mm	190	194
接力器数量/个	6	6
接力器直径/mm	420	390
筒形阀油压装置型号	YZ-16-6.3	YZ-15-6.3
操作油压/MPa	6.3	6.3

1.2.1.3　水轮发电机及其附属设备

水轮发电机采用全空冷立轴半伞式同步发电机。定子机座采用斜元件支撑结构。上机架采用斜支臂支撑结构。上导轴承、下导轴承采用内循环水冷却方式，导瓦采用巴氏合金瓦。推力轴承采用巴氏合金瓦并配有高压油顶起系统。推力轴承冷却系统采用镜板泵（1～6号机）/外加泵（7～9号机）外循环方式。发电机采用无风扇、双路径向密闭自循环空气冷却系统。发电机采用电气制动/机械制动的方式，机械制动采用空气操作的制动器，制动器采用油、气分缸结构。发电机采用水喷雾灭火系统。发电机励磁采用静止可控硅励磁系统。水轮发电机主要技术参数见表1.2-3。

表 1.2-3 水轮发电机主要技术参数

项 目	技 术 参 数	
	1～6号机	7～9号机
发电机型式	立轴半伞式、三相、空气冷却	立轴半伞式、三相、空气冷却
型号	SF650-48/14500	SF650-48/14580
额定容量/MVA	722.3	722.3
额定功率/MW	650	650
额定电压/kV	18	18
额定电流/A	23168	23168
额定功率因数	0.9（滞后）	0.9（滞后）
额定频率/Hz	50	50
相数	3	3
额定效率/%	98.81	98.76
加权平均效率/%	98.68	98.64
额定转速/(r/min)	125	125
飞逸转速/(r/min)	250	250
转动惯量/(t·m²)	170000	170000
旋转方向	俯视顺时针旋转	俯视顺时针旋转
发电机冷却方式	密闭自循环空气冷却	密闭自循环空气冷却
发电机制动方式	电气制动/机械制动	电气制动/机械制动
发电机灭火方式	水灭火	水灭火
发电机励磁方式	可控硅励磁	可控硅励磁

1.2.2 调速设备

调速器为具有PID调节规律的双微机全数字式电液调速器。调速器电气系统采用微机、测频、电源、导叶反馈、比例阀完全双冗余全自动方式，并具有独立电/手动功能。电液转换装置采用双比例阀控制方式，采用两套BOSCH伺服比例阀组成双冗余容错控制系统。主配压阀采用GE公司的FC5000型，主配直径150mm。调速器测速信号采用残压测速和齿盘测速两路输入，自动操作系统采用电气导叶开度反馈方式。调速器分为单独的机械液压柜和电气柜，机械液压部分与油压装置回油箱采用组合式设计，布置在593.00m高程的水轮机层，电气柜布置在606.50m高程的发电机层。每套调速器配置一套油压装置，额定工作油压6.3MPa。调速器及油压装置主要技术参数见表1.2-4。

表 1.2-4 调速器及油压装置主要技术参数

项 目		技 术 参 数	
		1~6号机	7~9号机
调速器	型号	SWT-2000	SWT-2000
	主配压阀直径/mm	150	150
	工作油压/MPa	6.3	6.3
	最高油压/MPa	6.93	6.93
	最低油压/MPa	4.8	4.5
油压装置	型号	YZ-16-6.3	YZ-10-6.3
	额定油压/MPa	6.3	6.3
	事故低油压/MPa	4.8	4.5
	压力油罐容积/m³	16	10
	回油箱容积/m³	15	11.25

1.2.3 起重设备

电站主厂房起吊最重件为发电机转子带起吊轴，起吊重量约1420t。主厂房内设2台起重量800t/160t、跨度27m单小车电动双梁桥式起重机，供机组安装和检修使用。考虑到安装、检修、吊运方便，另外配有1台起重量100t/32t、跨度27m单小车电动双梁桥式起重机。

电站GIS室设有1台起重量10t、跨度26m电动单梁桥式起重机，供GIS设备安装检修、照明灯具的安装及维护等使用。

电站两个出线竖井顶部副厂房内各设置1台起重量6t、跨度9m电动双梁桥式起重机，供出线竖井内GIL母线的吊装和检修使用。

1.2.4 辅助系统

1.2.4.1 机组冷却供水系统

机组冷却供水系统采用单元供水方式，设有水泵供水和顶盖取水两种供水方式。每台机组设置2台 $Q=1850\text{m}^3/\text{h}$、$H=50\text{m}$ 蜗壳中开卧式离心泵，水源取自下游尾水，每台水泵出口侧设置1台 $Q\geqslant1850\text{m}^3/\text{h}$ 自动反冲洗滤水器。两路水泵供水互为备用，由供水总管上的压力变送器控制自动运行。顶盖取水为试验项目，在电站机组投产后需进行试验，若试验成功，则以顶盖取水作为主用，两路水泵供水作备用。顶盖取水通过电动三通阀切换实现向机组供水或向尾水排水。冷却供水系统设有反冲功能，反冲时现地手动、自动或远方自动控制电动四通切换阀实现，并设有旁通管路，电动四通阀故障可切换到旁通管路。供水机组投产后进行了顶盖取水试验，试验取得了成功，9台机组的顶盖取水已投入使用。

主轴密封供水采用单元减压供水方式，每台机组设两路取水，均取自水轮机蜗壳，两路取水管上均设有电动阀、减压环管、水力旋流器、过滤器等设备。两路取水互为主备用，切换由电动阀控制实现。

1.2.4.2 主变冷却供水系统

主变冷却供水系统采用水泵单元供水方式，每台机组对应的3台单相变压器及风机盘管为一个单元。每个单元设置 2 台 $Q=400\text{m}^3/\text{h}$、$H=55\text{m}$ 蜗壳中开卧式离心泵，水源取自下游尾水，每台水泵出口侧设置 1 台 $Q\geqslant400\text{m}^3/\text{h}$ 自动反冲洗滤水器。两路水泵供水互为备用，由供水总管上的压力变送器自动控制运行。根据电网对电站主变压器的运行考核要求，考虑机组检修时对应的主变压器冷却供水需要，主变室设有一根 DN100 供水连通总管，每台单相变压器设有一根 DN50 供水连通管并设有手动阀门，当一台机组检修时，可通过手动阀门切换操作，由相邻机组段主变冷却供水系统向检修机组段对应的主变压器提供冷却水。

1.2.4.3　检修排水系统

检修排水系统采用间接排水方式，在主厂房右端副安装场段下游侧设有检修集水井，集水井顶部水泵室地面高程为 593.00m。检修集水井按承压密封设计，集水井顶部 593.00m 高程处设有 2 个 DN300、PN1.6MPa 复合式补排气阀，以消除检修井内气锤。检修排水系统设有 3 台 $Q=1000\text{m}^3/\text{h}$、$H=66\text{m}$ 长轴深井泵，1 套带 4 组节点的浮球式液位开关用于控制水泵启停及 1 套投入式水位计用于监视集水井水位。机组停机检修排水时，手动开启 3 台深井泵将水排到尾水调压井；在机组检修期间，深井泵设置为自动运行方式，由浮球式液位开关自动控制运行。考虑到尾水调压井和尾水隧洞检修需要，检修排水总管分为两路，分别排至 1 号、2 号尾水调压井，排水总管上设有手动切换阀门。为便于排水管路与下游尾水连接的第一个阀门检修更换，排水管出口高程设置在下游最高尾水位以上。

1.2.4.4　厂房渗漏排水系统

在主厂房右端副安装场段上游侧设有渗漏集水井，集水井顶部水泵室地面高程为 588.50m。渗漏排水系统设置 4 台 $Q=650\text{m}^3/\text{h}$、$H=90\text{m}$ 潜水深井泵、1 套带 4 组节点的浮球式液位开关用于控制潜水深井泵启停及 1 套投入式水位计用于监视集水井水位。潜水深井泵可手动操作或自动控制运行，自动运行通过浮球式液位开关进行控制。考虑到尾水调压井和尾水隧洞检修需要，渗漏排水总管分为两路，分别排至 1 号、2 号尾水调压井，排水总管上设有手动切换阀门。为便于排水管路与下游尾水连接的第一个阀门检修更换，排水管出口高程设置在下游最高尾水位以上。

1.2.4.5　中压气系统

中压气系统供气对象主要是调速器油压装置和筒形阀油压装置，供气压力为 6.3MPa。中压气系统共设有 2 台 $Q=4\text{m}^3/\text{min}$、PN7.0MPa，2 只 $V=4\text{m}^3$、PN7.0MPa 储气罐，在储气罐后设有 1 台 $Q\geqslant4\text{m}^3/\text{min}$、PN7.0MPa 冷干机和除尘、除油过滤器，对压缩空气进行处理，以满足用气要求。中压气系统设备布置在主厂房下游侧 3 号机组段母线洞下层 593.00m 高程的中压空压机室。两台空压机互为主备用，由安装在供气总管上的压力变送器自动控制启停，两个储气罐上各设置一个压力变送器用于系统压力监视。

1.2.4.6　低压制动气系统

低压制动气系统主要用于机组制动和水轮机检修密封用气，供气压力为 0.7MPa。低压制动气系统共设有 2 台 $Q=10\text{m}^3/\text{min}$、PN0.85MPa，2 只 $V=8\text{m}^3$、PN0.85MPa 储气罐，在储气罐后设有 1 台 $Q\geqslant10\text{m}^3/\text{min}$、PN1.0MPa 冷干机和除尘、除油过滤器，对压缩空气进行处理，以满足用气要求。低压制动气系统设备布置在主厂房下游侧 5 号机组段母线洞下层 593.00m 高程的制动空压机室。两台空压机互为主备用，由安装在供气总管上的压力变送器自动控制启停，2个储气罐上各设置一个压力变送器用于系统压力监视。

1.2.4.7 低压检修气系统

低压检修气系统主要用于机组安装检修、设备吹扫和风动工具用气，供气压力为 0.7MPa。低压检修气系统共设有 2 台 $Q = 10\text{m}^3/\text{min}$、PN0.85MPa 及 1 只 $V = 8\text{m}^3$、PN0.85MPa 储气罐，布置在主厂房下游侧 8 号机组段母线洞下层 593.00m 高程的检修空压机室。2 台空压机互为主备用，储气罐上设置 2 个压力变送器，一个用于空压机启停自动控制，另一个用于系统压力监视。在主厂房下游侧中间层、水轮机层、蜗壳层和主变洞均布置有检修供气总管，用于供应机组安装检修的吹扫和风动工具用气。

1.2.4.8 透平油系统

透平油系统主要任务是各机组轴承、筒形阀系统及调速系统操作用油的供排油、储备净油、油净化处理等。透平油罐室布置在进厂运输洞右侧距安装场约 50m 处，设有 2 个 40m^3 净油罐和 2 个 40m^3 运行油罐，其相邻的油处理室布置有 3 台齿轮油泵、2 台压力滤油机、1 台真空净油机、1 台聚结分离式净油机。油泵和油处理设备为手动现地操作，设有带启、停按钮的控制设备。在蜗壳层下游侧右端头布置 1 个中间油箱，中间油箱上设有 2 台油泵、1 套液位信号计，中间油箱油泵根据油箱内油位自动将油送回透平油罐室的运行油罐。

1.2.4.9 水力监视测量系统

全电站监测项目包括上游水库水位、拦污栅后水位、进水口检修闸门后水位、事故闸门后水位、尾水调压井水位、下流尾水位、高位消防水池水位、低位消防水池水位等项目，采用投入式压力传感器。在进水口配电盘室设有 1 套水位显控屏，2 号尾水调压井附近、尾水洞出口闸门启闭机室各设有 1 套水位显控箱，中央控制室设有 1 套水位测量屏。

在主厂房水轮机层相应机组段的下游墙布置 1 块水轮机测量仪表盘 I，上面设有蜗壳进口压力、蜗壳尾部压力、转轮与活动导叶间压力、顶盖压力、顶盖真空压力、水轮机差压测流等测量仪表。在技术供水设备层相应机组段的下游墙布置 1 块水轮机测量仪表盘 II，上面设有基础环压力、尾水管进口压力、尾水肘管压力、尾水管出口压力等测量仪表。

每台水轮机蜗壳进口延伸段设置 1 套交叉八声道超声波测流装置，测量系统结构采用单元式，每台机组设有 1 套测量显示装置（主机系统）。

1.2.5 机电设备消防

1.2.5.1 水轮发电机消防

电站地下主厂房内安装了 9 台单机容量 650MW 水轮发电机组，发电机采用水喷雾灭火方式。在发电机定子、转子上下两端共设有 4 条消防灭火环管，环管上均布水雾喷头，在灭火时能保证水雾覆盖全部定子、转子绕组，迅速灭火。9 台机组灭火用水分别由布置在中间层的 9 个发电机消防柜供给，每台发电机灭火水量约 5000L/min。发生火灾时，由装在发电机风罩内的感温、感烟火灾探测器发出信号，经确认后实现自动或手动水喷雾灭火。

1.2.5.2 主变压器消防

主变洞位于主厂房下游侧，主变层地面高程为 606.50m。主变室沿上游侧和机组段对应布置 27 台 241MVA 的单相变压器，备用变压器布置在 9 号主变压器右侧。主变压器采用水喷雾灭火方式，每个主变室设一套 DN150 雨淋阀组，发生火灾时，由装设在主变压器周围的火灾探测器发出信号，经确认后实现自动或手动水喷雾灭火。

1.2.5.3 中央控制室、计算机室、通信设备室消防

地下端部副厂房的中央控制室、计算机室、通信设备室的设备属于高精密器械，采用气体全淹没自动灭火方式，灭火剂介质为 IG – 541。发生火灾时，由火灾探测器发出信号，自动启动灭火系统。灭火系统设备布置在端部副厂房 599.00m 层的气体消防设备室，通过管网分别引至中央控制室、计算机室、通信设备室，管网采用无缝不锈钢管。

1.2.5.4 透平油系统设备消防

透平油罐及油处理室布置在进厂运输洞右侧离厂房约 35m 处，布置有 4 个 40m³ 的立式油罐，油罐之间防火间距大于 2m。透平油罐室设固定水喷雾灭火系统，其雨淋阀组布置在油处理室外侧的风机室，能根据报警系统的信号自动或手动投入水喷雾系统。油罐室的通道处设 0.45m 高的挡油坎，以防止事故发生时油和消防水的外溢流散。在油处理室入口处还设有 1 具推车式泡沫灭火器、4 具手提式泡沫灭火器、2 套防毒面具、2 个砂箱等辅助消防设施。

1.2.5.5 消防给水水源及消防供水方式

消防供水采用水池供水方式，采用常高压给水系统，且根据地形条件及建筑物的布置，采用分区供水系统。电站设置两个消防水池：一个低位消防水池和一个高位消防水池。

低位消防水池布置在主厂房运输洞外右侧山坡上约 680.00m 高程处。低位水池采用自流减压供水方式，水源取自电站 3 号、4 号、8 号、9 号水轮机蜗壳进口段的 4 个取水口，通过两根 DN100 不锈钢管引至低位消防水池，在低位水池附近的消防设备室设有减压阀、安全阀、自动滤水器等设备。从低位水池引出两路 DN300 消防供水管路分别至主厂房、主变洞，并连接成 DN300 机电消防供水环状管网，其供水对象为发电机消防灭火用水、主变压器水喷雾灭火用水、透平油罐室水喷雾灭火用水。另外，从 2 根 DN300 消防供水管路上各引出一路消防水管用于地下厂房建筑消防灭火，并形成环状管网，以增加建筑消防用水的可靠性。低位消防水池有效容积为 300m³。

高位消防水池布置在左岸勘界河砂石料加工系统后侧山坡上约 878.00m 高程处。高位水池供水采用水泵供水方式，水源取自低位消防水池，在消防设备室布置两台消防供水泵，经水泵加压后通过一根 DN150 不锈钢管送至高位消防水池。从高位水池引出两根 DN150 消防供水管至 821.50m 高程地面建筑物，供室内外消防用水。高位消防水池有效容积为 300m³。

1.3 电气

1.3.1 接入系统方式及电气主接线

1.3.1.1 接入系统方式

本电站按 500kV 一级电压接入电力系统，出线 3 回接入思茅换流站。

1.3.1.2 发电机-变压器的组合方式

发电机与变压器的连接采用发电机-变压器组单元接线，每组 550kV/18kV 主变压器

由 3×241MVA 单相变组成。每台发电机出口装设 SF₆ 断路器，发电机中性点采用经接地变压器接地的方式，发电机与变压器之间采用全连式离相封闭母线进行连接，见图 1.3－1。

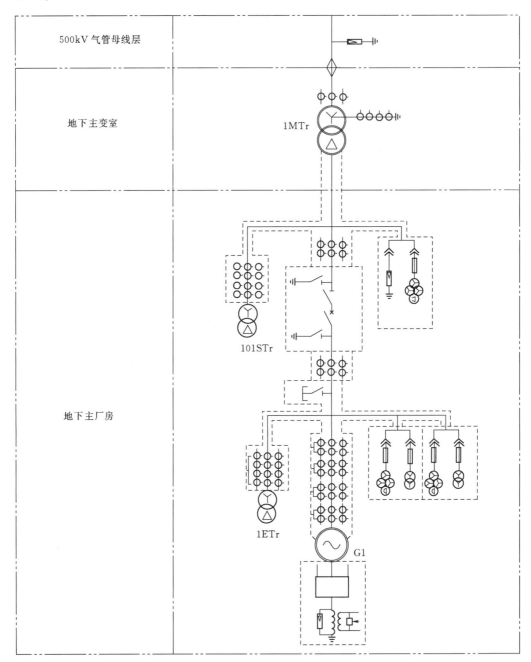

图 1.3－1　发电机电压接线示意图

1.3.1.3　500kV 侧接线

电站出线电压等级采用 500kV 一级电压，9 回变压器进线，3 回 500kV 出线。3 回

500kV 出线均接入思茅换流站，线路长度约 30km。

500kV 侧采用 4 串 4/3 接线，其中 3 串分别接两变一线，另一串接 3 个发变组。配电装置采用 SF$_6$ 全封闭组合电器（GIS），共 4 串，16 组断路器，GIS 布置在地下主变洞室上部，采用 SF$_6$ 管道母线（GIL）通过竖井引出至地面，与 500kV 架空线路连接。500kV 侧 4/3 接线间隔见图 1.3 2。

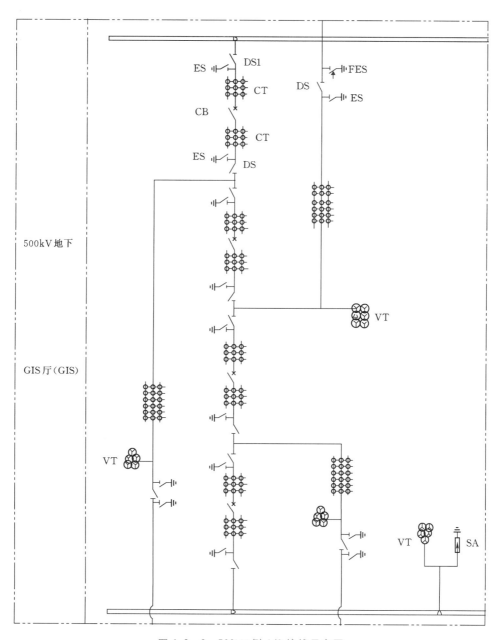

图 1.3-2 500kV 侧 4/3 接线示意图

1.3.2 短路电流计算

电站短路电流设计水平年为 2020 年，系统归算到本电站 500kV 母线的正序电抗为 0.0068，零序阻抗为 0.0070（基准容量 100MVA，基准电压为平均电压）。

根据上述系统资料、电站电气主接线及电气设备有关参数进行短路电流计算，主要计算结果见表 1.3-1。

表 1.3-1　　　　　　　　　　　短路电流计算结果表

短路点	短路点平均电压 U_p/kV	基准电流 I_j/kA	分支回路	短路电流周期分量起始值 I''/kA	0.06s 短路电流有效值 $I_{z0.06}$/kA	1s 短路电流有效值 I_{z1}/kA	2s 短路电流有效值 I_{z2}/kA	4s 短路电流有效值 I_{z4}/kA	单相短路电流起始值 $I''(1)$/kA
500kV 侧	525	0.11	1G~9G	23.043	20.026	19.428	19.974	20.517	
			S	16.172	16.172	16.172	16.172	16.172	
			合计	39.215	36.198	35.6	36.146	36.689	43.485
发电电压回路	18	3.21	1G	123.00	96.712	81.076	77.37	74.358	
			2G~9G	78.074	78.076	79.396	79.396	79.396	
			S	66.577	66.577	66.577	66.577	66.577	
			合计	267.651	241.365	227.049	223.343	220.331	
	18	3.21	9G	126.94	98.913	82.118	78.065	74.706	
			1G~8G	77.996	77.995	79.318	79.318	79.318	
			S	66.656	66.656	66.656	66.656	66.656	
			合计	271.592	243.564	228.092	224.039	220.680	
厂用高压侧	10.5	5.50	1G	1.907	1.907	1.907	1.907	1.907	
			2G~9G	1.32	1.32	1.32	1.32	1.32	
			S	1.148	1.148	1.148	1.148	1.148	
			合计	4.375	4.375	4.375	4.375	4.375	

电站电气设备按计算值进行校验，详见表 1.3-2。

表 1.3-2　　　　　　　　　　　主要电气设备短路校验

序号	设备名称	动稳定电流/kA	热稳定电流/kA	短路电流计算值/kA	校验结果
1	发电机断路器	466	160	144.7	满足要求
2	主回路离相封闭母线	440	160	144.7	满足要求
3	分支回路离相封闭母线	820	315	271.59	满足要求
4	主变压器高压套管（单相）	157.5	63	43.5	满足要求
5	主变压器低压套管（单相）	275	100	83.5	满足要求
6	GIS	171	63	43.5	满足要求
7	GIL	160	63	43.5	满足要求

1.3.3　主要电气设备

1.3.3.1　变压器

变压器的结构采用芯式。铁芯采用无时效、晶粒取向、高磁导率、低损耗的冷轧硅钢片叠装而成。

绕组的材料为高导电率的半硬铜导体（$\delta_{0.2} \geqslant 170\text{N/mm}^2$），为了减少集肤效应，低压绕组及调压绕组均采用自粘固化工艺。为了减少导线中的涡流损耗，导线在合适的间距内进行交叉换位。高压绕组采用分级绝缘，中性点直接接地；低压绕组采用全绝缘。

变压器主要技术参数见表 1.3-3。

表 1.3-3　　　　　　　　　　变压器主要技术参数

序号	项　目	技 术 参 数	序号	项　目	技 术 参 数
1	型式	单相、油浸、强迫导向油循环、水冷	5	阻抗电压	$U_d = 14\%$
2	型号	DSP－241000/500	6	变压器连接组别	YN，d11
3	额定电压比	$550/\sqrt{3}-2\times2.5\%/18\text{kV}$	7	冷却方式	ODWF
4	额定容量	241MVA			

1.3.3.2　500kV 高压 SF_6 气体绝缘输电线路（GIL）

电站采用的 GIL 为纯 SF_6 气体绝缘金属封闭管道线路，单相式，相间距为 711mm，铝合金导体和外壳为同心结构，采用三柱式的活动绝缘子和盆式固定绝缘子支撑，标准单节长度为 11.5m，节间导体采用插接，外壳为法兰螺接，法兰密封件为双层密封环。

地下水平段和地面水平段采用焊在外壳上的钢支架安装，钢支架有固定式和滑动式两种。滑动式支架允许 GIL 纵向移动，以便消除运行中热胀冷缩产生的位移。

竖井内，GIL 采用上部单点悬挂式承重支撑，以消除安装及运行中的不利位移。

500kV 高压 SF_6 气体绝缘母线（GIL）主要技术参数见表 1.3-4。

表 1.3-4　　　　　500kV 高压 SF_6 气体绝缘母线（GIL）主要技术参数

序号	项　目	技术参数	序号	项　目	技术参数
1	型式	分相式	4	额定相数	三相
2	额定电压	550kV	5	额定电流	4000A
3	额定频率	50Hz	6	额定短时耐受电流/持续时间	63kA/2s

1.3.3.3　500kV SF_6 全封闭组合电器（GIS）

500kV GIS 为单相式，断路器为 SF_6 气体绝缘和灭弧、双断口水平布置，断口间装有均压电容器。

断路器的操作方式为三相电气联动操作，线路侧断路器可进行分相操作，隔离开关、接地开关为三相联动。断路器为液压弹簧操作机构，隔离开关、接地开关均为电动操作机构，同时提供现地手动操作机构，手动操作时，电气控制闭锁。GIS 隔室的划分可满足安装、运输、运行和维护的要求，每个气隔在气体泄漏或在检修期间压力下降时，不影响相邻隔室正常运行。

为防止 GIS 上的感应电流和热流传递到变压器，GIS 管道母线外壳与变压器的连接处设置了绝缘件。为限制绝缘件上的过电压，该处设置了 ZnO 限压器。GIS 分支母线与变压器连接处设置可拆卸式的接头，以便 GIS 或变压器分别进行各自的试验和安装。

为了便于现场试验，在 GIS 与 550kV GIL 连接处的 GIS 侧，设置便于拆卸的小气隔隔离断口，此隔室正常运行时与相邻隔室连通，维修时能方便断开。

500kV SF$_6$ 全封闭组合电器（GIS）主要技术参数见表 1.3 - 5。

表 1.3 - 5　　　　　500kV SF$_6$ 全封闭组合电器（GIS）主要技术参数

序号	项　　目	技术参数	序号	项　　目	技术参数
1	型式	分相式	3	额定电流	4000A
2	额定电压	550kV	4	额定短时耐受电流/持续时间	63kA/2s

1.3.3.4　发电机电压设备

发电机至变压器间的连接采用全连式离相封闭母线，封闭母线采用自然空气冷却方式。封闭母线及分支回路每相导体的同一断面上采用 4 个环氧树脂绝缘子的支撑方式。在主母线的始端、末端及分支母线与配套设备的连接处装设短路板，以构成三相外壳间的闭合。

母线与发电机、发电机断路器的导体连接采用编织线铜辫或铜叠片伸缩节，并用螺栓连接。母线与主变压器、机端厂用变压器、励磁变压器、VT 组合柜、VT 及避雷器组合柜的连接采用可拆连接结构。可拆连接结构的补偿装置的外壳采用橡胶波纹管结构，导体采用铜辫子伸缩节，并用螺栓连接。

主母线与发电机、主变压器、发电机断路器两侧连接处预留与热风保养装置连接的接口。接口的设置不影响合同设备的正常运行，并便于与热风保养装置连接。

封闭母线与发电机连接处、主变压器连接处、GCB 两侧的连接处、封闭母线垂直段靠近上部约 1/3 处及主回路母线段螺栓连接处等部位，设置监测导体、接头和外壳温度的在线监测装置。导体采用远红外测温装置，外壳采用带电接点的表盘式双金属温度计。

发电机电压设备主要技术参数见表 1.3 - 6～表 1.3 - 8。

表 1.3 - 6　　　　　　发电机断路器（GCB）主要技术参数

序号	项　　目	技术参数
1	型式	户内型、金属封闭、SF$_6$ 气体灭弧、自然冷却
2	型号	HEC 7A
3	额定电压	30kV
4	额定电流	25000A
5	额定短时耐受电流/持续时间	160kA/3s

表 1.3 - 7　　　　　　电气制动开关（GEBS）主要技术参数

序号	项　　目	技术参数
1	型式	户内型、金属封闭、SF$_6$ 气体灭弧、自然冷却
2	型号	HGCS 100L
3	额定电压	25.3kV

序号	项　目	技　术　参　数
4	额定电流	13000A
5	制动电流	25000A
6	制动时间	10min
7	额定短时耐受电流/持续时间	100kA/3s

表 1.3－8　　　　　　　　　封闭母线主要技术参数

序号	项　目	技　术　参　数
1	型式	全连、自冷、多点接地式离相封闭母线
2	型号	QLFM－20
3	额定电压	20kV
4	额定电流	25000A
5	额定短时耐受电流/持续时间	160kA/2s

1.3.4　厂用电系统

1.3.4.1　厂用电源

根据电站的实际情况，厂用电源按以下方式取得：

（1）机组电源：全厂 9 台水轮发电机组，从其中 6 台（1G、3G、4G、6G、7G、9G）机端各引接一组（3 台单相）高压厂用变压器（101STr～106STr），取得厂用电源。

（2）从 500kV 系统通过主变压器倒送厂用电源。

（3）保留 2 回 10kV 施工供电线路，从施工变电站取得厂用电源，分别接入 10kV 备用系统Ⅰ段和Ⅱ段母线。

（4）装设 2 台柴油发电机组，分别接入 10kV 备用系统Ⅰ段和Ⅱ段母线，作为应急电源；另在溢洪道配电室设 1 台柴油发电机组作为应急电源。

电站分为地下厂房和地面坝区枢纽，由于本电站规模大、电站枢纽范围较广，用电负荷较分散，且部分负荷远离厂房，已超出了 0.4kV 的经济供电范围，为了确保用电负荷的用电质量，厂用电采用 10kV 和 0.4kV 两级电压供电，并在用电负荷较集中的区域配置相应的配电室或箱式变电站。

地下厂房的机组自用电、公用电以及照明用电采用分开供电的方式，照明用电采用有载调压照明变压器供电。

1.3.4.2　厂用电接线

（1）10kV 厂用电接线。10kV 接线分为 3 个部分，即厂区（地下厂房）供电系统、备用电源系统和坝区供电系统，3 个部分之间互联。

（2）0.4kV 厂用电接线。主要根据负荷的性质和分布情况，设置 0.4kV 配电系统，分别采用一级辐射式供电和双层辐射式供电，而对重要的一类负荷均采用双回路供电。

1）厂区 0.4kV 接线：0.4kV 系统分为机组自用电、全厂公用电、照明用电、机组尾水闸室、绝缘油库箱变、尾水洞出口检修门箱变 6 个部分。

2）坝区 0.4kV 接线：0.4kV 系统分为地面副厂房用电、电站进水口闸门用电、溢洪道闸门用电、上坝公路照明用电、左岸泄洪洞闸门用电、右岸泄洪洞工作闸门用电、右岸泄洪洞检修门室用电 7 个部分。

0.4kV 供电系统的母线分为两段，每段母线的电源取自 10kV 接线系统，两个电源间互为备用，正常运行时两段母线独立运行。

1.3.5 过电压保护及接地

1.3.5.1 绝缘配合设计原则

500kV 变压器的雷电冲击绝缘水平为 1550kV，500kV GIS 的雷电冲击绝缘水平为 1675kV，500kV GIL 的雷电冲击绝缘水平为 1550kV，电容式电压互感器的雷电冲击绝缘水平为 1800kV。

1.3.5.2 过电压保护

（1）直击雷保护。在出线场内设置 6 支 30m 高的避雷针，对整个地面出线场敞开设备进行防直击雷保护。从地面出线门型架开始，500kV 线路全线架设避雷线。

绝缘油库布置在厂外，设置 1 支 25m 高的避雷针对油罐进行防直击雷保护。

（2）500kV 侧雷电侵入波过电压保护。在 500kV 母线上配置 420kV 的 ZnO 避雷器，线路侧配置 444kV 的 ZnO 避雷器，主变高压侧出线处配置 420kV 的 ZnO 避雷器。

（3）发电机中性点。由于机组容量大，中性点采用高电阻接地方式，电阻器接在发电机中性点所接单相变压器的二次绕组上。

（4）发电机及发电电压回路过电压保护。为保护发电机免遭感应雷的损坏，在 20kV 发电机电压母线上各装设了一组 HY5W-23/51 型避雷器。为防止电磁式电压互感器的铁磁谐振过电压，在电压互感器开口三角形绕组上装设有 ME598-212 型微机消谐装置。

1.3.5.3 接地

糯扎渡水电站 500kV 系统中性点直接接地，属大电流接地系统，单相流入地网的最大短路电流将达 24.23kA。从已投运的大型电站的运行经验以及相关的一些试验结果来看，接地网电位升高不超过 5000V 时，二次设备和电缆的运行是安全的，厂内 10kV 避雷器也不会发生误动作，电站是可以安全运行的。因此，糯扎渡水电站接地网的电位升高允许值按不超过 5000V 进行设计，相应的接地电阻设计值不大于 0.206Ω。

根据《水力发电厂接地设计技术导则》（DL/T 5091—1999）的规定，对均压接地网的接触电位差和跨步电位差的允许值和最大值进行了计算，计算结果表明，各部位的均压接地网的最大接触电位差和最大跨步电位差均小于允许值，均压接地网的设计满足规范要求；计算结果详见表 1.3-9。

表 1.3-9　　　　不等间距均压网接触电位差及跨步电位差计算结果表

序号	接地网名称	接地网网孔数 m/个	最大接触系数 K_j	最大跨步系数 K_k	接地网允许电位升高值 E_w/V	最大接触电位差 E_{jm}/V	最大跨步电位差 E_{km}/V	接触电位差允许值 E_j/V	跨步电位差允许值 E_k/V
1	主变场	93	0.214	0.075	5000	1026.7	359.8	1081	3595
2	地面出线场	210	0.165	0.06	5000	791.6	287.9		

1.4 控制保护

1.4.1 控制

1.4.1.1 电站值班方式及调度关系

本电站按"无人值班（少人值守）"的原则设计。电站所有调度自动化信息送往中国南方电网公司总调及其备调，同时接收南网总调下达的 AGC、AVC 控制命令；电站的所有实时数据在送往南网总调的同时，也送往云南省省调及其备调；电站的所有实时数据也送往华能澜沧江集控中心。

1.4.1.2 电站监控系统

计算机监控系统采用开放分布式体系双星型以太网结构，在地下控制室和地面值守楼值守室（中控室）里分别设置两套工业以太网交换机，地下控制室、地面值守室里的工业以太网交换机采用千兆双光纤聚合环形网络方式进行连接。厂站控制层网络传输速率为 100Mbit/s/1000Mbit/s，通信协议采用 TCP/IP 协议，主用网络发生链路故障时能自动切换到备用链路。电站为监控核心系统每台服务器或工作站配有核心系统防护软件。

现地控制层由一系列水电站自动化装置组成，包括机组 LCU（按机组设）、机组远程测温 LCU（按机组设）、开关站 LCU（按串设多套）、厂用/公用 LCU（按厂用电段设多套）、坝区 LCU 和远程 I/O 等，糯扎渡水电站计算机监控系统现地 LCU 包括 9 套机组 LCU、9 套机组远程测温 LCU、6 套开关站 LCU、5 套厂用电 LCU、1 套坝区 LCU 和多套远程 I/O。

1.4.1.3 励磁系统

每台发电机励磁系统由励磁变压器、制动变压器、自动励磁调节器、可控硅整流桥、起励装置、灭磁装置、转子过电压保护装置、可控硅过压保护装置等组成，共 10 面柜，布置在每台机组段的中间层机旁。励磁系统采用三相全控桥。电站机组电制动采用励磁系统实现，在励磁系统中配置了电制动电源变压器、电制动控制装置。

1.4.1.4 电站辅机及公用设备控制系统

电站辅机及公用设备控制系统由各设备现地控制柜（盘）组成，分别布置在被控设备附近。现地控制柜相关信息送至各公用 LCU。

1.4.2 继电保护系统

继电保护系统选用微机型继电保护装置：

每个发变组单元的发变组保护由 A、B、C 3 块盘组成，共 9 套。其中 A、B 盘各配有完整的主、后备电气保护，C 盘配有非电量保护等，盘柜布置在每台机组段的发电机层机旁。

500kV 母线、线路、断路器保护、主变单元短引线保护（或线路单元气管段 T 区线路保护）共由 26 块盘组成，其中 500kV 母线保护盘 4 块（双重化配置）、断路器保护盘 16 块、500kV 线路保护盘 6 块，各盘柜布置在地下 500kV 继电保护盘室。每条 500kV 线路保护屏设 1 块通信接口盘，布置在地下通信机房。

10kV 保护装置及备投装置布置在相应的 10kV 开关柜上，0.4kV 备投装置布置在相应的 0.4kV 开关柜上。

1.4.3　直流系统

电站控制直流电源系统采用 220V，共设置 11 套 220V 直流电源系统，按区域及功能分散式布置，由机组 4 套（每两台机 1 套，9 号机直流负荷由地下端部副厂房及公用直流系统提供）、地下端部副厂房及公用 1 套、副安装场二次负荷 1 套、副安装场事故照明负荷 1 套、500kV GIS 开关站 1 套、地面副厂房 1 套、地面值守楼 1 套、进水口坝区闸门配电室 1 套。每套 220V 直流电源由蓄电池、充电装置、绝缘监视装置、直流系统监控装置、直流馈电盘、逆变电源盘及辅助设备等组成。

1.4.4　计量及测量

电站关口计量点设置在 500kV 线路出线侧、2 回外来 10kV 备用电源进线侧。全厂共设 A1、A2、A3 3 块电能表计屏，其中 A1、A2 电能表计 2 面屏布置于 500kV 继电保护盘室，用于 3 回 500kV 线路的电能计量及电能量采集；另一面电能表计 A3 屏布置于地面副厂房二次盘室，用于 2 回 10kV 备用电源进线的电能计量及电能量采集。

发电机出口电能计量表布置在机组 LCU 盘，电能量采集由 500kV 继电保护盘室的关口电能量采集装置完成。

关口电能量采集装置和非关口电能量采集装置均布置在 500kV 继电保护盘室的电能表计 A2 屏。关口电能量采集装置采集 500kV 线路、10kV 备用电源、发电机、主变高压侧电能表数据；非关口电能量采集装置采集厂用电系统高压厂用变、10kV 馈线电能表数据。

除开关柜等设备上自带的测量表计外，所有电气主设备（发电机、主变、500kV 线路、10kV、400V 厂用电等）需要测量的电气量，包括电流、电压、频率、有功功率、无功功率等均通过安装在电站计算机监控系统相应 LCU 上的交流采样装置实现采集测量。发电机出口及主变低压侧零序电压、500kV 母线电压及频率、线路送电外侧电压通过电压变送器采集；500kV 断路器穿越电流通过电流变送器采集。

1.4.5　二次等电位接地网

在发电机机旁盘、地下端部副厂房二次盘室、计算机室、500kV 继电保护盘室、地面副厂房二次盘室、地面值守楼中控室等处使用截面为 $160mm^2$ 的专用铜排敷设与主接地网紧密连接的等电位接地网。铜排全部沿电缆桥架敷设（使用绝缘子与电缆桥架隔离绝缘），且敷设在电缆桥架的最上层。发电机 CT、PT 现地端子箱、柜用电缆引至中间层励磁盘下的等电位接地网。

1.5　通信

1.5.1　电站通信

电站通信主要包括电站接入系统通信、电站与集控中心通信、厂内通信、应急通信等。其中，接入系统通信采用双光缆通信通道，所有接入系统通信业务均通过普洱换流站转发至系统。电站与集控中心通信通过租用电力专网通信通道作为电站至集控的主用通道，租用电信公网通信通道作为电站至集控的备用通信通道。厂内通信主要由厂内生产调度通信和生产管理通信组成。应急通信通过配置卫星电话和无线对讲机等设备完成。

1.5.1.1　电站接入系统通信

光缆：电站送出配套的 2 条 OPGW 光缆均接入普洱换流站，所有接入系统的通信业务均通过普洱换流站转发至系统。

光传输设备：电站配置有 1 套南方电网 B 网 FonsWeaver780B 光传输设备、1 套云南电网 B 网 OSN3500 光传输设备和 1 套南方电网新 A 网 ZXONE 5800 光传输设备。

1.5.1.2　接入设备

PCM 接入设备：配置 1 套 PCM SAU－03A 接入设备，接入南方电网总调已有的 PCM 设备。

调度数据网设备：配置南方电网调度数据网设备。调度数据网由 2 台路由器和 2 台交换机组成，划分实时 VPN 和非实时 VPN；安全防护设备由 2 台认证加密装置、2 台纵向防火墙、2 台 NET 防火墙组成。调度数据网设备组网通过 2 个 2M 分别接入到楚雄换流站和云南中调。

1.5.1.3　通道业务

保护业务：分别由糯普甲线、糯普乙线、糯普丙线的主一辅 A 保护、主二辅 B 保护构成。

安稳业务：分别为在南方电网 B 网传送第一套安稳系统信息；在云南电网 B 网、南方电网新 A 网同时传送第二套安稳系统信息。

其余业务：远动 EMS 专线、调度电话通信、调度数据网数据、糯扎渡水电站至南方电网总调的调度小号、电能量计量、至集控中心监控专线数据通道等。

1.5.1.4　厂内生产调度通信

配置一套数字程控调度交换机，用于电站的生产调度通信，并兼顾电厂厂内调度、接入电网和集控中心调度通信 3 种用途，设备具有 IP 功能、软交换功能、调度功能、录音功能、用户优先级设置和热线等功能。

1.5.1.5　通信电源

配置了 2 套高频开关通信电源，容量为－48V/300A（7×50A，含备份模块）；整流模块型号为 ER4850/S，蓄电池采用 2 组荷贝克 48V/1000Ah，每套高频开关电源系统配置 1 组。两套电源共同对站内光纤通信、调度数据网、调度交换、PCM 等通信设备供电。

同时配置 1 套 220V/20kVA UPS 电源设备，为集控设备及通信终端设备供电。

1.5.2　工业电视系统

工业电视系统采用 IP 数字监控方式，即前端摄像机内置编码模块、光纤接口模块，通过光纤直接远距离传输。

工业电视系统由监控前端设备、传输设备、显示及主控设备组成。前端设备由摄像机、防护罩、支架、云台、灯光补偿、导轨式网络二合一防雷器等设备构成。传输设备由视频光纤接收模块、光纤配线单元、光纤汇接箱、光缆、超五类屏蔽网线等构成。显示及主控设备由系统管理服务器、流媒体转发服务器、LCD KVM 多电脑切换器、视频处理单元、核心交换机、区域交换机、编码器、视频监控工作站、UPS 装置及监控软件等组成。

1.5.3 智能门禁系统

糯扎渡水电站设置 1 套门禁系统。系统采用分布式网络结构,由后端设备和前端设备组成。后端设备站内各节点计算机通过交换机组成局域网连接。前端设备由门禁 TCP/IP 网络主控制器、门控制器模块、非接触式 IC 读卡器、出门按钮、电锁和闭门器等构成。

1.6 金属结构

电站金属结构根据水工枢纽建筑物的总体布置进行相应闸门、启闭机等设备的设计和选型配置,包含有金属结构设备的主要枢纽建筑物有引水发电系统、泄洪系统和导流系统三部分,溢洪道按九级地震烈度设防,其余按八级地震烈度设防,所有的金属结构设备的结构设计、强度、应力水平、安全系数等均与相应设防等级的地震烈度所要求的一致。

电站共设有拦污栅和闸门共计 138 孔 127 扇(其中:拦污栅 72 孔 40 扇,平面闸门 52 孔 73 扇,弧形闸门 14 孔 14 扇,拦污漂 3 道),各种启闭设备共计 43 台(套)。金属结构设备工程量约为 30609.925t,永久拦污漂 327.7t。

电站金属结构工程创新技术主要有承担最大泄量 6668m³/s 的高水头左、右泄洪洞弧形工作闸门结构及水封系统的设计;最大泄流量 31318m³/s 的表孔超大型弧形闸门的设计;为减免水库下泄低温水对下游河道水生生物的影响,水温分层水库的进水口分层取水设计,复杂地形下 200m 垂直高度水位变幅拦污系统设计。

1.6.1 引水发电进水口闸门及启闭机

在每台机组的进水塔前端用混凝土隔墩将进口分为 4 个孔口,设置 4 扇潜孔式垂直双层拦污栅,拦污栅后端布置成连通式,进口底槛高程 736.00m。第一层共设 36 孔 36 扇工作拦污栅,工作拦污栅后设 36 孔拦污栅槽并配置 4 扇检修拦污栅,拦污栅孔口尺寸 3.8m×66.5m,采用布置在塔顶平台的 2500kN/1600kN 双小车双向门式启闭机中的 1600kN 副小车配液压自动抓梁提栅清污。利用拦污栅检修栅槽兼作取水叠梁闸门槽,9 台机组共设 36 扇平面叠梁闸门,孔口尺寸 3.8m×38.04m,采用 1600kN 副小车及配套的液压抓梁操作启吊。在拦污栅检修栅槽后,每孔进水口的前端设一孔进水口检修闸门槽,共设 9 孔 3 扇检修闸门,孔口尺寸 7.0m×12.0m,采用 2500kN 门机的主起升机构和液压自动抓梁操作。检修槽后各设置 1 孔 1 扇快速事故闸门,孔口尺寸 7.0m×11.0m,分别采用容量 3500kN/7500kN(启门力/持住力)的平面快速闸门液压启闭机操作。

1.6.2 引水发电尾水闸门及启闭机

每台机组尾水管末端出口处设置 1 孔机组尾水检修闸门槽,共 9 孔,底槛高程

563.50m，设 6 扇闸门，孔口尺寸 11.0m×15.0m。每 3 台机组的尾水管汇于一个尾水调压室。采用设置在尾水廊道启闭机室 643.00m 高程平台上的 2×2500kN 台车式启闭机，通过动滑轮和液压自动抓梁操作。在 3 条尾水隧洞出口各设置两扇平面定轮闸门，共 6 孔6 扇，底槛高程 578.00m，孔口尺寸 7.0m×18.0m，闸门启闭设备分别为一台 2×1600kN 高扬程固定卷扬式启闭机，布置在隧洞出口高程为 644.00m 的启闭室平台上。

1.6.3　左、右岸泄洪隧洞闸门及启闭机

在右岸泄洪隧洞洞身入口段的进水塔内设置 2 孔 2 扇事故闸门，底槛高程 694.30m，孔口尺寸 5.0m×12.0m，设计水头 117.70m，动下静启，采用布置在右泄进水塔847.50m 高程启闭室平台上的 3600kN 高扬程固定卷扬式启闭机操作。在隧洞中段工作闸门井内设置 2 孔 2 扇弧形工作闸门，底槛高程 692.357m，孔口尺寸 5.0m×8.5m，设计水头 126.00m，动水启闭，由布置在平台高程为 722.057m（启门力 7500kN，闭门力3000kN）的摇摆式液压启闭机操作。

在左岸泄洪隧洞洞身入口段的进水塔内设置 2 孔 2 扇事故闸门，底槛高程 715.00m，孔口尺寸 5.0m×11.0m，设计水头 97.00m，动下静启，采用布置在左泄进水塔为836.50m 高程启闭室平台上的 3200kN 高扬程固定卷扬式启闭机操作。在隧洞中段工作闸门井内设置 2 孔 2 扇弧形工作闸门，底槛高程 715.00m，孔口尺寸 5.0m×9.0m，设计水头 103.00m，动水启闭，由布置在平台高程为 747.787m（启门力 5500kN，闭门力1500kN）的摇摆式液压启闭机操作。

1.6.4　溢洪道闸门及启闭机

在溢洪道工作闸门槽前各布置 1 孔平面检修闸门槽，共 9 孔，设 2 扇叠梁检修闸门，底槛高程 792.00m，孔口尺寸 15.0m×21.0m，静水启闭，采用布置在溢洪道坝顶高程为821.50m 平台的 2×630kN 单向门式启闭机配液压自动抓梁操作。检修闸门槽后设置 8 孔8 扇露顶式弧形工作闸门，底槛高程 790.30m，孔口尺寸 15.0m×21.0m，动水启闭，局部开启，分别采用一台启门力 2×4000kN 的上翘式液压启闭机操作。

1.6.5　导流洞闸门及启闭机

根据工程的导流和蓄水期供水要求，1 号、2 号、3 号导流隧洞作为施工期导流用，4号、5 号导流隧洞作为水库蓄水初期向下游供水及调节蓄水高度用，1 号、2 号、5 号三条导流隧洞布置在左岸，3 号、4 号两条导流隧洞布置在右岸。

1 号、2 号、3 号导流隧洞进水塔内各设置 2 孔 2 扇封堵闸门，共 6 孔 6 扇，1 号、3号导流隧洞进口底槛高程 600.00m，2 号导流隧洞进口底槛高程 605.00m，闸门孔口尺寸8m×21.5m，1 号、3 号封堵闸门设计水头 119m，2 号封堵闸门设计水头 114m，分别采用布置在进水塔启闭室排架上的 2×3600kN 固定卷扬式启闭机操作。

4 号导流隧洞洞身入口段的进水塔内设置 1 孔 1 扇封堵闸门，底槛高程 630.00m，孔口尺寸 7.0m×8.0m，静水启闭，采用一台布置在进水塔启闭室排架高程为 692.00m 的2×800kN 固定卷扬式启闭机操作。4 号导流隧洞出口设置 1 孔 1 扇弧形工作闸门，主要

用于水库蓄水初期向下游供水和调节初期库水位,底槛高程 605.00m,孔口尺寸 6.0m×7.0m,动水启闭,局部开启,采用一台启门力 2500kN、闭门力 800kN 的摇摆式液压启闭机操作。

5 号导流隧洞中段闸门室内设置 1 孔 1 扇弧形工作闸门,用于水库蓄水初期向下游供水和调节蓄水初期库水位。底槛高程 660.00m,孔口尺寸 6.0m×8.0m,动水启闭,局部开启,采用一台启门力 2800kN、闭门力 500kN 的摇摆式液压启闭机操作。蓄水和供水任务完成后水头不大于 45.76m,即水位低于 705.76m 前最后动水关闭闸门。闸门关闭后用混凝土将闸门完全浇筑作为临时堵头,闸门可承担 80m 设计水头,此后 5 号导流隧洞由永久堵头封闭。

1.7 通风空调

1.7.1 通风空调系统

全厂通风空调方案:夏季采用空调+机械通风;过渡季节采用自然通风+局部机械通风。地下副厂房中控室、计算机室和通信室等另布置有局部空调系统;通风空调系统采用自动控制运行方式。

1.7.1.1 主厂房及母线道

为保证主厂房各层及母线洞的温度及相对湿度,主厂房设有一套中央空调系统,为全空气直流系统,采用顶拱垂直下送风方式。室外新风进入 1 号、2 号空调机室经空气机处理后,分别从各自的专用送风通道送入主厂房两个端头的顶拱,再经送风管送入主厂房发电机层,送入发电机层的空调风再从主厂房上游侧送风夹墙上的百叶风口、发电机层楼板上的风口、主厂房内楼梯等及经安装在各层送风夹墙上的低噪声轴流风机送入主厂房其他各层。送入的空调风吸收主厂房各层的余热、余湿后在排风机动力的引导下进入母线道并带走母线道的大部分余热,最后从设在主厂房及主变室端部之间的 2 号排风井排出室外。

1.7.1.2 地下端部副厂房

地下端部副厂房设有一套独立的中央空调系统,为全空气直流系统。地下端部副厂房新风从主厂房运输洞引入副厂房的空调机房,经空气处理机处理后送入上游侧的送风夹墙内。

1.7.1.3 GIS 层

送入主厂房的空调风吸收主厂房的余热、余湿后全部经母线道带走母线道的余热、余湿,其中一部分进入主变洞的 GIS 层,其余大部分进入主变洞的主变搬运道,从主变搬运道的两个出线竖井经排风机室排出室外。进入 GIS 室的风一部分经 GIS 室地面的钢制百叶风口进入气管母线层的排风夹墙内,再从排风道经 2 号排风机室排出室外;另一部分风从 GIS 端头的排风口进入排风道经 2 号排风机室排出室外。

1.7.1.4 主变室及气管母线层

主变洞内主变室及气管母线层的新风来自尾水闸门运输洞。在每间主变室内均布置有两台风机盘管,用来消除主变室设备产生的热量,进入主变室的风,带走主变室的余热、余湿后经排风机排入气管母线层，排入气管母线层的风再带走该层余热、余湿后最终从该层的两个出线竖井排出室外。

1.7.1.5　1 号及 2 号排风机房

1 号及 2 号排风机房均有两层，在第二层的砖墙上均设有自然通风用的防雨防虫电动铝合金百叶窗，可与机房内的离心排风机互相切换。在过渡季节采用自然通风时，关闭排风机房内的离心排风机，开启电动铝合金百叶窗；在炎热夏季则开启机房内的离心排风机，关闭电动铝合金百叶窗。

1.7.1.6　地下厂房进风

地下厂房的进风有两个点，一个是从主厂房运输洞经主变交通洞再由进风洞进入 1 号空调机房；另一个是 2 号空调机房进风楼，位于 2 号空调机房上部 821.80m 高程处，进风楼墙上布置有 8 个防雨防虫百叶窗。

1.7.2　节能措施

1.7.2.1　利用自然通风

在过渡季节可运行自然通风，局部辅以机械通风。

1.7.2.2　自动调节空调能耗

设计有通风空调计算机监控系统，实现通风空调系统的最佳运行工况。

1.8　机电设备布置

1.8.1　地下厂房及机电设备布置

1.8.1.1　主厂房

（1）地下厂房布置在左岸山体内。主厂房总长 396m，其中主安装场长 70m，副安装场长 20m，机组段长 306m。主厂房净宽 26.6m，其中机组中心线至上游边墙 10.3m，中心线至下游边墙 16.3m。

（2）发电机层每个机组段下游侧布置机旁盘、直流盘、调速器电气柜和设备运输通道。主、副安装场与发电机层同一高程，主安装间设在主厂房 9 号机组端部，副安装间设在 1 号机组端部。

（3）中间层每个机组段之间布置机组自用盘、公用及辅机设备控制盘、励磁盘及中性点设备等，下游侧布置有发电机消防柜和设备运输通道。发电机主引出线布置在机组 $-Y$ 方向，发电机中性点引出线布置在 $+Y$ 与 $-X$ 偏 45°方向。中间层连接主厂房与主变洞的母线廊道布置发电电压设备。

（4）水轮机层每台机组 $+X$ 侧布置筒形阀操作油压装置及控制柜，$-X$ 侧布置调速器机械液压系统及油压装置，下游墙边每个机组段布置控制柜和动力柜、水机仪表盘Ⅰ段。在水轮机层 1 号、6 号、9 号机组母线廊道下层布置 10kV 厂用盘室。

（5）蜗壳层每台机组 $-X$ 侧布置机组技术供水操作阀门，在蜗壳层右端上游侧为渗漏排水设备室。

（6）技术供水设备层每台机组－X 侧布置机组技术供水泵及滤水器，第三象限布置水机仪表盘 II 段，下游墙边布置除湿机、中间油箱、水泵控制盘等。

（7）尾水管层每台机组－X 侧布置主变室冷却供水泵及滤水器、尾水管排水盘形阀等，上游侧廊道布置蜗壳放水盘形阀和除湿机。

1.8.1.2　端部副厂房

主安装场侧端部副厂房高程为 599.00～629.50m，分为 6 层，第一层为冷冻机房、副厂房空调机室，第二层布置有主厂房 1 号空调机房、第二组照明盘室，第三层布置有第三组公用配电盘室 A 段，第四层布置有第三组公用配电盘室 B 段、通信盘室，第五层布置有二次交接室、中控室、二次盘室、220kV 蓄电池室，第六层为电梯机房及空调机房等。副厂房楼梯间旁设有 2 部电梯供运送货物及人员使用，同时作为消防电梯，供消防人员在应急时使用。

1 号机右侧副安装场端副厂房高程为 588.00～599.00m，分为三层，底层与蜗壳层同高程，为渗漏排水泵室；第二层与水轮机层同高程，为空调排水泵室和检修排水泵室；第三层与中间层同高程，布置有第一组公用配电盘室及公用变、第二组公用配电盘室及公用变、第一组照明配电盘室及照明变等。

1.8.1.3　主变洞及 GIS 室

主变洞位于主厂房下游侧，共分为三层，从上到下依次为 GIS 层、SF₆ 气体绝缘母线 GIB 层和主变层。

1.8.1.4　母线出线竖井

地下 GIS 与地面 500kV 出线场之间通过两条母线出线竖井相连。母线出线竖井断面内径为 7m，每个竖井内均设有 1 部电梯兼作地下厂房及出线场上下联络的通道。

1.8.2　地面建筑物及机电设备布置

1.8.2.1　500kV 地面出线场

500kV 地面出线场布置在主变及 GIS 室顶部 821.50m 高程处。地面副厂房高 6.8m，布置有备用电源系统 10kV 开关柜、坝区供电系统 10kV 开关柜、0.4kV 低压配电盘、柴油发电机及排风机等。地面副厂房两端为 1 号、2 号母线井，高 20.6m。

1.8.2.2　地面值守楼

地面值守楼布置在高程 821.50m 平台上，地面值守楼内设有值守室、配电盘柜室、配电室、视频会议室、功能房、监控工程师站、餐厅等，主要供电站值班用。

1.8.2.3　电站电梯

电站设有 4 部厂房电梯，其中：1 号、2 号厂房电梯布置在 1 号、2 号母线竖井中，电梯基站设于地面副厂房一层，高程 821.80m；3 号、4 号厂房电梯布置在地下端部副厂房上游侧，停靠端部副厂房各层，电梯基站设于端部副厂房第二层，与进厂运输洞高程相同，为 606.50m。1 号、2 号电梯同时作为电站厂房的消防电梯；3 号、4 号电梯同时作为电站端部副厂房的消防电梯。

第 2 章

巨型水轮发电机组关键技术研究

运行稳定性是影响水轮发电机组长期安全运行的重要因素，也是水电站经济效益发挥的关键所在。目前世界上一些巨型、大型水轮发电机组不同程度存在运行不稳定现象，特别是运行水头变幅大的水轮机，运行不稳定现象相当普遍，如国外的伊泰普、大古力，国内的岩滩、五强溪等电站都存在较大的运行不稳定区域，有的造成转轮叶片裂纹、尾水锥管破裂等严重事故。

糯扎渡水电站装设 9 台 650MW 高水头巨型混流式水轮发电机组，具有机组台数多、单机容量大、运行水头高、水头变幅大等特点。对于这样的巨型电站，应把机组的安全稳定运行放在首位。在糯扎渡水电站设计中，充分考虑了运行稳定性要求，在对机组运行特点和稳定性分析的基础上，对水轮发电机组技术参数、性能指标、结构进行了合理选择和优化设计，并通过水轮机模型试验对水轮机水力参数进行了验证，为水轮发电机组安全稳定运行创造了有利条件。

2.1　机组运行特点及要求

糯扎渡水电站水轮发电机组运行特点及要求包括以下几个方面：

（1）电站装机容量大，机组台数多，是电力系统的主力电站，要求机组在运行中安全、可靠、稳定，能承担各类负荷，适应负荷多变的情况。

（2）电站接入南方电网运行，在系统中担任调峰、调频任务和事故备用，机组启动、停机频繁，要求机组具有良好快捷的启动和停机性能。

（3）电站运行水头高、水头变幅大，$H_{\max} - H_{\min} = 63\text{m}$，$H_{\max}/H_{\min} = 1.414$，要求水轮机具有宽幅度的水头适应性和高效率区域，并在各水头段、各种负荷工况下都具有良好的稳定性。

（4）为保证机组长期稳定运行要求，水轮机应具有良好的抗磨损、抗空蚀性能和可靠的防飞逸设施。

（5）在电站投产初期，水轮机有可能较长时间在电站未达到正常水位条件下运行，要求水轮机在低水头下运行时具有好的稳定性。

2.2　机组参数选择及结构设计

2.2.1　水轮机稳定性分析

设计混流式水轮机时，通常按转轮叶片进口水流无撞击或略带正冲角、出口水流法向或略带正环量设计。由于水轮机叶片固定在转轮上冠和下环上，运行中不能根据实际水头调整安装角度，除最优工况外，其他工况都不能同时满足进、出口最佳流动条件，因此只有在最优工况的较小范围内有一个无涡区。在该范围之外，转轮内部流态变坏，会产生压力脉动，引起机组振动，严重时会引起混凝土结构的强烈振动，导致结构体疲劳破坏。

在低于设计水头的低水头大流量区，转轮进口产生负冲角，叶片工作面产生脱流及空化现象，尾水管内常出现多条涡带，也会给机组的稳定运行带来影响。但因负冲角较小，且叶片正面压力较大，这一脱流现象不会形成较强的叶道涡，水轮机流道中的压力脉动幅值较高水头部分负荷时要小得多。结合糯扎渡水电站特点，在汛期低水头工况时，由于导叶处于全开状态，水轮机在该水头下发最大保证出力，尾水管出口涡带能量较小，对稳定性的危害相对较小。

在高于设计水头的高水头小流量区，转轮进口产生较大的正冲角并伴有较大的出口正环量，将引起转轮叶片进口背面产生脱流及空化现象，形成漩涡，漩涡进入转轮流道后发展形成叶道涡。叶道涡会引起水轮机流道的中频、高频压力脉动，影响机组的稳定运行并可能引起叶片裂纹，这些叶道涡还会诱发尾水管低频压力脉动，引起机组振动。伊泰普、大古力Ⅲ、古里Ⅱ和萨扬-舒申斯克等大型电站水轮机的实际运行经验表明，在不同的小导叶开度下均存在不稳定运行区。糯扎渡水电站水轮机在最大水头215m时，发额定出力的导叶开度约为额定开度的70%，部分负荷时导叶开度将更小，可能在尾水管内产生较大的压力脉动，导致水轮机运行不稳定。

2.2.2 水轮机参数选择

2.2.2.1 额定水头选择

额定水头 H_r 是水轮机发额定出力的最小水头，额定水头的选取将直接影响水轮机直径（影响设备造价）、加权平均效率、低水头下的最大出力（运行的经济性）和机组运行的稳定性（主要是高水头部分负荷区域的运行稳定性）。水轮机高水头运行稳定性、发电量和低水头受阻容量始终是选择额定水头时关注的焦点，特别对于水头变幅大的水电站，低水头的电量受阻和高水头的运行稳定性是不能回避的问题。

糯扎渡水电站年发电量在各水头段的分配主要集中在高水头段，设计枯水年电站运行水头大于190m的运行时间达9个月。为了满足水库防洪要求，汛期（每年6月初至9月中旬）水库水位在765.00～804.00m之间运行，月平均水头为199～200m；每年9月下旬水库开始蓄水至正常蓄水位812.00m，并维持该水位至次年1月中旬，此时电站水头高，月平均水头为200～207m；次年1月下旬至5月底，天然来水流量小，水位逐渐消落至死水位，月平均水头为204～161m。从每年9月下旬至次年5月底，电站在系统中主要担任腰荷和峰荷。若额定水头选择过低，则水轮机在高水头各种工况下的导叶开度均较小，运行稳定性问题将更加突出。

糯扎渡水电站调节性能好，电站保证出力和多年平均发电量随额定水头的提高基本不受影响，但各额定水头方案的机组受阻容量却随额定水头的提高而增加，作为具有多年调节水库的水电站，系统调峰效益会受到影响，因此，额定水头不宜提高太多。

参考部分国内外的经验公式和电站参数分析，并结合国内外大型水轮机运行情况统计分析结果，考虑到既满足机组运行稳定的要求，又使机组出力不过多受阻，糯扎渡水电站额定水头确定为187m，最大水头与额定水头的比值 H_{max}/H_r 为1.15。

2.2.2.2 设计水头选择

设计水头 H_d 是水轮机在最优效率点的运行水头，从提高水轮机高水头区域的运行稳定性考虑，该水头应尽量靠近最大水头，以减少高水头运行时水流的正冲角。但设计水头过高，会降低水轮机的平均效率和低水头运行区域的稳定性。

20 世纪 70 年代美国垦务局曾建议最大水头与设计水头之比不大于 1.25。Voith（福伊特）公司推荐 $n'_{1min} \geqslant 0.95n'_{10}$，即 $H_{max}/H_d \leqslant 1.11$。哈尔滨大电机研究所曾做过大量的统计分析，提出了关于混流式水轮机的最佳运行区、可运行区、不宜运行区等的建议界线，其最佳运行区为：$n'_{1min} \geqslant 0.95n'_{10}$，$n'_{1max} \leqslant 1.15n'_{10}$，$a_{min} \geqslant 0.5a_{max}$；可运行区为：$n'_{1min} \geqslant 0.9n'_{10}$，$n'_{1max} \leqslant 1.25n'_{10}$，$a_{min} \geqslant 0.4a_{max}$；不适宜运行区：超过上述范围一般可视为不适宜运行区。

糯扎渡水电站电能加权平均水头为 198.95m，全年运行水头大于 195m 的发电量占年发电量的 61.12%，显然，设计水头应尽可能地提高。在低水头的汛期，由于天然来水流量大，机组基本处于导叶全开、发预想出力的工况下运行，各项性能较好。因此，水轮机设计水头的选择，应首先保证高水头工况的稳定性，使设计水头靠近最大水头，同时又要兼顾低水头的能量特性，使得水轮机在高水头、低水头工况下的性能均良好。根据上述分析，糯扎渡水电站水轮机设计水头应大于（或等于）190m，对应 $H_{max}/H_d \leqslant 1.13$（即 $n'_{1min} \geqslant 0.94n'_{10}$），$H_{min}/H_d \leqslant 0.8$（即 $n'_{1max} \leqslant 1.12n'_{10}$），其比值处于最佳运行区和可运行区内，也处于世界上大型水轮机稳定运行要求的设计水头统计比值范围内。

2.2.2.3　模型转轮参数选择

水轮机模型转轮的参数选择，首先要把改善水轮机运行稳定性放在首位，保证机组安全、可靠、稳定运行，能承担各类负荷，适应负荷多变的情况，同时又要使所选水轮机达到或超过国内外同类机组的先进水平。结合电站的具体情况、已建电站的成功经验以及国内外水轮机制造业的发展，综合考虑强度、空化、磨损、稳定性、效率及经济效益等多方面因素，确定水轮机模型转轮参数，见表 2.2-1。

表 2.2-1　　　　　　　　　　　　水轮机模型转轮参数

项　　目	技 术 参 数	项　　目	技 术 参 数
比转速 n_s/(m·kW)	146.3～164.5	额定单位流量 Q_{11}/(m³/s)	0.56～0.6
比速系数 K	2000～2250	最优效率 η_{max}/%	≥94.0
最优单位转速 n_{10}/(r/min)	64～66	额定效率 η_r/%	≥91.0
最优单位流量 Q_{10}/(m³/s)	0.43～0.45		

2.2.2.4　稳定性指标

随着国内外越来越多的大型、巨型水轮发电机组相继投入运行，运行不稳定问题也日益突出。一般认为，诱发水轮机振动的水力振源主要有尾水管涡带、卡门涡、由水轮机迷宫止漏装置中的自激振动和叶片进出水边附近的脱流而形成的叶道涡等，其中又以尾水管涡带引起的压力脉动危害性最大。

水轮机水力稳定性指标，目前尚没有统一的标准可循，通常采用尾水管内压力脉动的双振幅 ΔH 与运行水头 H 的比值（$A = \Delta H/H$）来衡量，但 A 值在模型与原型之间的相似性和换算关系还处于研究阶段，国内外无统一的意见和结论。尾水管压力脉动值的大小与机组的安全稳定运行直接相关，相同运行工况下，压力脉动越大，机组稳定性越差。通常，高水头水轮机一般选用较小的 A 值，低水头水轮机则选用较大的 A 值。

通过对国内外水电站水轮机压力脉动相对值和实际运行情况的统计分析，结合电站的实际运行特点，尾水管最大压力脉动值按以下取值进行控制：

主要工况（70%N_r～100%N_r）：$A \leqslant 3\%$；整个运行范围：$A \leqslant 6\%$。

2. 2. 2. 5 额定转速选择

根据选定的比转速范围，发电机同步转速有 125r/min 和 136.4r/min 两个方案。

从水轮机来看，额定转速采用 125r/min 和 136.4r/min 都在合理范围内。采用较高额定转速，有利于减轻发电机重量，降低造价；采用较低额定转速，则可以降低转轮出口的相对流速，有利于降低水轮机磨损、提高运行稳定性。

从发电机来看，对于转速 136.4r/min 方案，发电机的极对数为 22 对，定子支路数只能选择 4 或 11，可选择余地少，当额定电压采用 18kV 或 20kV 时无论选择空冷或水冷，都无合适的槽电流；如果采用不对称绕组设计，由于不对称电磁力对机组设计、运行都有一定影响，而且采用很少，经验不多，风险较大。对于转速 125r/min 方案，发电机的极对数为 24 对，定子支路数选择余地大，技术成熟，对发电机设计有利。

经综合分析，从有利于改善水轮机运行稳定性的角度出发，并结合发电机极对数及定子支路数的选择要求，确定机组额定转速为 125r/min，其对应的比转速 n_s 为 147.2m·kW，比速系数 K 为 2013。

2. 2. 2. 6 空化系数、吸出高度和安装高程的选择

水轮机空蚀性能通常用空化系数 σ 来衡量。空化系数 σ 的大小，关系到水轮机的安装高程、运行稳定性和使用寿命。空蚀性能与水轮机比转速 n_s 有关，一般来说，随着 n_s 的提高，σ 也将增大。根据国内外具有代表性的统计公式计算，本电站水轮机在比转速 n_s 为 146.3～164.5m·kW 的模型空化系数 σ_M 为 0.055～0.074，装置空化系数 σ_y 为 0.073～0.116。通过对国内 200～250m 水头段水轮机性能较优的模型转轮参数进行统计分析，其模型空化系数 σ_M 为 0.045～0.085。

糯扎渡水电站厂房为地下式，水轮机安装高程对厂房土建开挖工程量的影响不大，在改善水轮机稳定运行的前提下，既要考虑减小吸出高度以减少土建开挖量，又不应过多地限制空化系数 σ_M 值，以免影响转轮的水力设计，因此推荐水轮机模型转轮的临界空化系数 σ_M 为 0.06～0.07。考虑到各制造厂的试验条件和取值方法不同，而且模型试验和电站实际运行都证明加大水轮机装置空化系数对改善水轮机运行稳定性有利，因此，推荐本电站装置空化系数 σ_y 为 0.1～0.11。

根据选定的装置空化系数 σ_y 为 0.1～0.11，经计算得到，吸出高度 H_s 为 −9.4～−11.2m。本电站引水系统采用单机单管供水方式，尾水系统采用单机单尾水管、三机共用一个尾水调压井和一条尾水隧洞的布置形式，三台机为一个水力单元。以一台机额定流量时尾水调压井水位来确定水轮机安装高程，选择导叶中心线高程为 588.50m，对应的吸出高度 H_s 为 −10.4m，装置空化系数 σ_y 为 0.1087。

2. 2. 2. 7 原型水轮机技术参数

水轮机通过招标方式择优选定。1～6 号水轮机由哈尔滨电机厂有限责任公司制造，7～9 号水轮机由上海福伊特水电设备有限公司制造。原型水轮机主要技术参数见表2.2-2。

表 2.2-2 原型水轮机主要技术参数

项　　目	技　术　参　数	
	1～6 号机	7～9 号机
水轮机型式	竖轴混流式	竖轴混流式
型号	HLA956a-LJ-720	HL147-LJ-741
转轮直径 D_1/m	7.2	7.408
额定水头 H_r/m	187	187
额定流量 Q_r/(m³/s)	381	380
额定出力 N_r/MW	660	660
额定效率 η_r/%	94.42	95.03
最优效率 η_{max}/%	96.46	96.58
额定转速 n_r/(r/min)	125	125
飞逸转速 n_f/(r/min)	230	229
比转速 n_s/(m·kW)	146.8	146.8
比速系数 K	2008	2008
吸出高度 H_s/m	-10.4	-10.4

2.2.3 水轮发电机参数选择

2.2.3.1 发电机冷却方式

水轮发电机冷却方式选择的原则是能有效带走发电机内部的损耗，保持发热零部件最高温度不超过绝缘材料的允许温度，并要求结构及运行维护简单可靠。

大容量水轮发电机的冷却方式主要有空冷和水冷两种。发电机的损耗及其发热与每极容量有直接关系，糯扎渡水电站单机容量 650MW，在额定转速为 125r/min 时，每极容量达 15050kVA。对于相近容量的发电机，世界上采用空冷的有古里、丘吉尔瀑布等水电站，其中丘吉尔瀑布电站的发电机每极容量达到 16670kVA；伊泰普、萨扬-舒申斯克和克拉斯诺亚尔斯克等电站的发电机采用定子水冷，其中萨扬-舒申斯克水电站的发电机每极容量达到 16930kVA。

从槽电流分析，空冷方案合理的槽电流约为 6500A，定子水冷方案合理的槽电流约为 9500A。糯扎渡水电站 650MW 发电机采用 125r/min 额定转速，可选择的支路数为 8 和 6，其定子槽电流分别是 5791A 和 7721A，发电机无论采用空冷或水冷均可选择到合适的槽电流。

综合上述分析，糯扎渡水电站水轮发电机采用空冷或水冷方案在制造上均是可行的，但从电站的安全可靠性和减少对发电机运行维护的工作量等要求出发，发电机采用空冷方式。

2.2.3.2 发电机额定电压

发电机额定电压与发电机容量、转速、合理的槽电流选择直接相关，在相当程度上影响发电机电压配电装置、主变压器及大电流母线的选择。

大型水轮发电机的额定电压大都在 $15\sim20kV$ 之间，从机组本身经济性来说，采用 $15.75kV$ 较好，但是采用 $15.75kV$ 时，发电机的额定电流很大，需要考虑母线自身电能损耗及发热，同时给主变压器低压绕组、封闭母线、发电机断路器、隔离开关和电流互感器等设备的制造带来困难，成本提高，所以发电机额定电压不宜选得太低。发电机额定转速为 $125r/min$、全空冷时，若额定电压为 $18kV$，采用 8 支路，则槽电流为 5791A，合理；额定电压为 $20kV$ 时，采用 8 支路，则槽电流为 5212A，偏小；若采用 6 支路，则槽电流为 6949A，又偏大。所以发电机额定电压选择 $18kV$ 时，槽电流在合理的范围内，而且，相对于 $20kV$ 电压，定子铁芯长度较小，更利于改善机组通风散热条件。

按电气主接线要求，在发电机出口装有断路器。发电机选用 $20kV$ 额定电压，对发电机电压设备选型及运行较为有利。额定电压选用 $18kV$，虽提高了发电机电压设备的电流等级，但从目前的制造水平来看，可选用到性能优良且可靠的发电机电压设备。

从上述情况来看，发电机额定电压选用 $20kV$ 或 $18kV$ 都是可行的。经技术经济综合比较，糯扎渡水电站发电机额定电压选用 $18kV$。

2.2.3.3　发电机额定功率因数

发电机额定功率因数的选择，一般是根据输电距离和系统要求电站满足无功功率平衡的需要而定。就发电机制造角度而言，其功率因数值直接影响发电机的制造难度和造价。发电机的功率因数越高，视在功率就越小，消耗的有效材料也越少，电机的效率越高。

装设大型水轮发电机的水电站往往在系统中的装机容量大，而且都需要远距离高压输电，运行要求的功率因数高，因此发电机的额定功率因数选得都比较高，目前国内外大容量水轮发电机的功率因数大都在 0.9 以上。糯扎渡水电站远离负荷中心，电站的主要电力是经直流高压输电线路直送省外电网，难以将无功功率进行远距离输送，所以电站的无功功率主要是满足换流站换向无功功率的需要。

经对电力系统各种工况下的无功平衡及发电机功率因数值要求进行分析，参考世界上已运行大容量水轮发电机的功率因数值，选择糯扎渡水电站发电机的额定功率因数为 0.9。

2.2.3.4　发电机纵轴暂态电抗

在电磁负荷确定的条件下，发电机纵轴暂态电抗 X_d' 值主要决定于定子绕组和励磁绕组的漏抗，对于空冷机组，X_d' 值一般为 $0.24\sim0.38$。X_d' 值需根据系统稳定性计算的需求来确定，X_d' 减小，动稳极限增大，瞬态电压变化却减小，但要求增大铁芯的直径或长度，从而使发电机的结构尺寸增大，增加了有效材料，提高了发电机造价。

降低发电机暂态电抗 X_d' 值对系统动态稳定虽然有利，但因为 X_d' 值在系统总电抗中所占的比重较 X_d 值要小得多，而降低 X_d' 值将使得发电机造价大幅提高，因此除个别情况外，一般都不希望以稳定观点提出降低 X_d' 值的要求。

经论证，对糯扎渡水电站这样大容量的发电机，由于电负荷的增大，电机的电抗增大，漏抗也跟着增大，故按空冷方案 X_d' 的不饱和值将在 0.34 左右。

综合上述分析，推荐糯扎渡水电站发电机纵轴暂态电抗 X_d' 值在 $0.32\sim0.34$ 之间。

2.2.3.5 发电机纵轴次暂态电抗

发电机纵轴次暂态电抗 X_d'' 是计算短路电流的重要数据，主要影响到短路瞬间冲击电流的大小，对选择发电机电压设备有重要影响。

X_d'' 还决定于阻尼绕组漏抗的大小，同时也与定子绕组和励磁绕组的漏抗有关，因此不可能在很大范围内变动。按国内外已运行机组统计，X_d'' 值在 0.16~0.28 之间。X_d'' 值越小，其短路冲击电流值越大，发电机承受不平衡负载的能力就越大。根据国内外专家的论证认为，发电机 X_d'' 的取值不小于 0.2 是合理的。按糯扎渡水电站机组参数，当发电机的 $X_d''{\geqslant}0.2$ 时，500kV 母线上短路电流值都控制在断路器的开断水平范围之内。

综合上述分析，推荐糯扎渡水电站发电机的纵轴次暂态电抗 $X_d''{\geqslant}0.2$。

2.2.3.6 发电机短路比

发电机短路比 SCR 与发电机的纵轴同步电抗 X_d 值有关，在一定的机组条件下，短路比应取一个合适的数值，短路比越大，发电机的过载能力越强，负载电流引起的端电压变化较小。若要求得到较大的短路比，就得减小发电机电负荷或增加定转子气隙值，也就是增加机组尺寸，使得发电机造价增加。而减小发电机的短路比，发电机的纵轴同步电抗 X_d 值将增大，这就影响发电机的电压变化率，同时影响静态稳定和发电机的充电容量。

选择合适的发电机短路比，与发电机损耗、效率、温升限值及机组的冷却方式等参数有关，短路比一般在 0.9~1.3 范围内选择。

参考大型水轮发电机短路比与额定功率因数的关系，经综合分析，糯扎渡水电站发电机短路比的值按 SCR${\geqslant}1.1$ 选取。

2.2.3.7 水轮发电机主要技术参数

糯扎渡水电站水轮发电机通过招标方式择优选定。1~6 号水轮发电机由东方电气集团东方电机有限公司制造供货，7~9 号水轮发电机由天津阿尔斯通水电设备有限公司制造供货，主要技术参数见表 2.2-3。

表 2.2-3　　　　　　　　　水轮发电机主要技术参数

项　目	技　术　参　数	
	1~6 号机	7~9 号机
发电机型式	立轴半伞式、三相、空冷	立轴半伞式、三相、空冷
型号	SF650-48/14500	SF650-48/14580
额定容量 S_f/MVA	722.3	722.3
额定功率 N_f/MW	650	650
额定电压 U/kV	18	18
额定电流 I/A	23168	23168
额定功率因数 $\cos\phi$	0.9（滞后）	0.9（滞后）
额定频率/Hz	50	50
相数	3	3
额定效率 η/%	98.81	98.76

项　目	技　术　参　数	
	1～6 号机	7～9 号机
加权平均效率 η_{pj}/%	98.68	98.64
额定转速 n_r/(r/min)	125	125
飞逸转速 n_f/(r/min)	250	250
纵轴暂态电抗 X_d'（不饱和值）	≤0.3	≤0.3
纵轴次暂态电抗 X_d''（饱和值）	≥0.2	≥0.2
短路比 SCR	≥1.1	≥1.1
转动惯量 GD^2/(t·m²)	170000	170000

2.2.4　水轮机主要结构设计

2.2.4.1　转轮

转轮为铸焊结构，采用抗空蚀、抗磨蚀和具有良好焊接性能的低碳优质不锈钢材料制造。叶片采用 VOD 精炼铸造、五轴数控机床加工及抛光。转轮上冠不开泄水孔，泄水锥与上冠铸造为一个整体。在转轮上冠和下环外圆上设有不锈钢止漏环，止漏环直接在转轮本体上加工成形。

由于电站大件运输条件的限制，转轮采用散件运输、现场组焊整体转轮的方案。转轮上冠、下环及叶片铸造成型，在制造厂完成所需的检验和加工后，各部件以散件方式运往工地，在工地转轮加工车间完成组焊、退火、铲磨、无损检测、精加工、静平衡等工序，最终形成成品转轮。制造厂在转轮加工车间进行车板交货，然后运往主厂房进行安装。

糯扎渡水电站的 9 台水轮机由两个厂家制造供货。为减少重复投资，转轮加工车间按两个制造厂家共用进行设计及建设，整个加工车间的布置、起重设备、起吊翻身工具、焊接及打磨设备、立车及镗孔设备、退火炉及所有专用工具配置满足两个制造厂家依次进行 9 个转轮现场加工工艺及制造工期要求。

2.2.4.2　座环

座环采用钢板焊接结构，由上、下环板与固定导叶组成，上、下环板采用优质抗撕裂钢板焊接制成。受运输条件限制，座环分 4 瓣，分瓣组合面在制造厂进行精加工，并配有锥形定位销和带有钻好孔的连接法兰。分瓣座环在工地用预应力螺栓把合后进行立面封焊和环板焊接、防渗焊接。为避免现场蜗壳与座环焊接出现 T 形焊缝和异种钢焊接，在座环与蜗壳之间设有 300mm 的过渡连接板，过渡连接板与座环在厂内焊接，材质与蜗壳相同。

为校正由于座环在现场组装、焊接和浇筑混凝土后产生的变形，配置了一套现场加工座环与顶盖、基础环与底环接触面、铰扩连接螺栓孔的专用设备，用于对上下固定止漏环、基础环平面、座环上下环板内圆、筒形阀导轨及座环与顶盖连接的平面进行加工。

2.2.4.3 蜗壳

金属蜗壳包角 $345°$，进口断面直径 $7200mm$，设计水压 $2.8MPa$。蜗壳设计考虑了不少于 $3mm$ 的腐蚀裕量。蜗壳采用可焊性好的高强度钢板焊接制成，在工地现场数控下料、加工和制作。

为了保证水轮机安全稳定运行、检验蜗壳焊接质量和减少焊接应力，蜗壳设计采用现场进行 $4.2MPa$ 水压试验和充水保压浇筑混凝土的技术措施，保压值为 $1.8MPa$。蜗壳水压试验及保压浇筑混凝土的主要过程是：水压从 $0MPa$ 升至 $4.2MPa$，保压 $30min$ 后压力降至 $2.8MPa$，再保压 $30min$ 后压力降至 $1.8MPa$，并在 $1.8MPa$ 压力下进行蜗壳外围混凝土浇筑。为能利用主厂房桥机进行蜗壳试压闷头的安装和拆卸，蜗壳进口与压力钢管连接的第一段（约 $4m$ 长）不参加水压试验和保压浇筑混凝土，铺设弹性垫层。

2.2.4.4 尾水管

混流式水轮机的涡带引起的尾水管压力脉动，被公认是引起水轮机水力不稳定的主要原因之一。对于尾水管高度的取值已引起了各方面的密切关注，通过 CFD 分析、模型试验并总结已运行电站的实际经验，认为窄高型尾水管在保证机组长期稳定运行方面所起的作用是明显的，但当尾水管高度增加到一定程度后，其回能系数增加将变缓慢，水力性能的提高已不明显，且随着尾水管高度的增加，造价也随之增加。综合以上因素，尾水管高度的选择应足够保证尾水管的水力性能和机组的运行稳定性，国内制造厂建议尾水管高度应满足 $h/D_1 \geqslant 3.2$ 的要求。

糯扎渡水电站为地下厂房，采用窄高型尾水管，$h/D_1 \geqslant 3.2$。尾水管里衬用碳钢钢板制作，由于电站水头高，尾水管内流速大，尾水锥管进口长度 $1500mm$ 段采用不锈钢制作，且钢里衬从锥管一直延伸到肘管出口处。

2.2.4.5 水导轴承

水导轴承采用稀油自润滑、分块瓦楔子板支承型式，轴瓦采用巴氏合金材料。轴承冷却采用外循环冷却方式，每台水轮机设置两个外置油冷却器，互为主备用。冷却器容量选择考虑了足够余量，单个油冷却器容量不小于轴承损耗的 1.5 倍。

油冷却器布置在水轮机机坑内轴承箱外的顶盖上，可以方便地进行检修和运行维护。水导轴承润滑油在轴领泵的作用下通过轴瓦自循环，经计算轴领泵压力约 $0.027MPa$，能满足冷却要求，在设计上还考虑了增加外循环泵的备用措施。油冷却器采用水冷却，冷却水由电站技术供水系统供给，进口水温不高于 $20℃$，工作水压为 $0.2 \sim 0.4MPa$。

2.2.5 水轮发电机主要结构设计

水轮发电机采用立轴半伞式结构，主要由定子，转子，上、下机架，推力轴承及上、下导轴承，主轴、上端轴及其他附件组成。整个机组轴系采用具有上、下导轴承和水导轴承的三轴承轴系结构。

2.2.5.1 定子

发电机定子由定子机座、铁芯和绕组组成。定子机座采用钢板焊接结构，根据运输条件分瓣（$1 \sim 6$ 号机分 8 瓣，$7 \sim 9$ 号机分 7 瓣）运输，在工地进行组圆焊接。定子机座能承受铁芯、线圈和上部支架的全部重量，能承受定子绕组短路时产生的切向力和半数磁极短路时产生的单向磁拉力,能承受在各种运行工况下所受的热膨胀力、额定工况时产生的切向力及定子铁芯通过定位筋传来的交变力,并将垂直荷重、正常和事故时的扭矩及径向力传递到基础上。定子铁芯采用高导磁率、低损耗、无时效的优质薄硅钢片在现场叠制而成,叠片与定子机座之间用鸽尾连接,在叠片铁芯各压层间嵌入通风槽片,构成铁芯通风沟。定子绕组采用 F 级绝缘,定子线棒采用真空浸渍的 VPI 工艺。定子线圈绝缘做防晕处理,绕组的槽部和端部也做防晕处理,定子线棒的端部绝缘采用防晕层与主绝缘一次成型的结构。定子铁芯叠片、下线在发电机机坑内进行。

2.2.5.2 转子

发电机转子由转子中心体、转子支架、磁轭、磁极等部件构成,转子的组装在工地安装场进行。转子支架采用圆盘式焊接结构,支架分 4 瓣,中心体与支架在工地焊接,然后组焊成整体圆盘。转子磁轭采用高强度经抗氧钝化处理的低合金钢板叠片叠压而成的坚实结构,磁轭叠片中设有通风沟作为转子磁轭槽通风系统。磁轭与转子支架靠切向键连接,在额定转速及运行温度下,磁轭与转子支架处于锁紧状态,过速时整体均匀向外滑动,不让转子重心偏移而产生振动。转子磁极由高强度薄钢板叠装而成,采用拉紧螺杆压紧,并通过 T 尾或鸽尾与磁轭上相应的键槽挂接,再打入楔形键使其装配牢固。磁极绕组采用 F 级绝缘,绕组材料为无氧退火铜排。转子上部与上端轴相连,下部与发电机轴相连,连接方式均为法兰连接。

2.2.5.3 上下机架及导轴承

上机架采用斜支臂支撑结构,由 1 个中心体和 12 个(1～6 号机)/14 个(7～9 号机)支臂组成,支臂与中心体在现场组焊。上导轴承装设于上机架上,轴瓦采用巴氏合金瓦,轴瓦支撑采用楔子板结构;上导轴承油槽采用内循环水冷却方式。

下机架由 1 个中心体和 12 个支臂组成,支臂与中心体在现场组焊。下机架能承受水轮发电机组所有转动部分的重量和水轮机最大水推力的组合轴向荷载,并能与上机架一起安全地承受作用于水轮机转轮上的不平衡水推力,以及由于绕组短路,包括半数磁极短路引起的不平衡力。下导轴承位于下机架中心体内,轴瓦采用巴氏合金瓦,轴瓦支撑采用楔子板结构;下导轴承油槽采用内循环水冷却方式。

2.2.5.4 推力轴承

推力轴承是水轮发电机组的关键部件之一,它支撑着机组的全部轴向负荷,其性能的优劣对机组性能的发挥起着极其重要的作用。

推力轴承位于转子下部的下机架中心体上。推力轴承采用巴氏合金瓦,推力瓦的支撑应采用多支点弹簧束结构型式。推力轴承设有高压油顶起系统,在正常情况开停机过程中,高压油顶起系统自动地投入运行。推力轴承冷却系统采用镜板泵(1～6 号机)/外加泵(7～9 号机)外循环方式,油水冷却器及相应设备布置在下机架支腿上。冷却器冷却水由电站技术供水系统供给,进口水温不高于 20℃,工作水压为 0.2～0.4MPa。

2.2.5.5 通风及空气冷却系统

发电机采用无风扇、双路径向密闭自循环的通风结构。在发电机定子机座周围,对称地布置 16 个(1～6 号机)/12 个(7～9 号机)空气冷却器,形成一个密闭自循环的空气冷却系统。空气冷却器备有不少于 15% 的设计裕度,当 15% 空气冷却器退出运行时,发电机仍能在额定运行工况下长期安全运行。空气冷却器冷却水由电站技术供水系统供给，进口水温不高于 20℃，工作水压为 0.2～0.4MPa。

2.2.5.6 制动系统

发电机采用电气制动/机械制动的方式。机械制动采用空气操作的制动器，制动工作气压 0.5～0.7MPa，每台发电机配一套机械制动控制柜。制动器采用油、气分缸结构，制动器兼作顶转子使用。

电气制动采用定子绕组三相对称短路、转子加励磁，使定子绕组有等于最大容量运行工况时电流值的制动电流流过。电气制动励磁系统的电源引自厂用电系统，变压器二次侧设有抽头用以调节磁场电压，使制动电流值在 90%～100% 最大容量运行工况时定子电流值的范围内调节。

2.2.6 主要设计成果及创新

（1）在对机组运行特点及稳定性分析的基础上，通过水轮发电机组技术参数、性能指标、结构的合理选择和优化设计，为水轮发电机组的安全稳定运行创造了有利条件。

（2）糯扎渡水电站水轮发电机组投产后运行平稳，各项性能指标均达到了预期的目标和要求，其采用的保证水轮发电机组运行稳定性的主要措施将对类似机组提供可靠的借鉴。

（3）糯扎渡水电站水轮发电机组经实际运行证明满足工程需要，符合国家对水电站安全稳定运行和节能要求的政策，经济效益和社会效益显著。

2.3 水轮机转轮模型试验

2.3.1 模型试验要求

为了验证水轮机模型转轮的水力性能，根据糯扎渡水电站水轮机合同文件及《水轮机、蓄能泵和水泵水轮机模型验收试验规程》（IEC 60193—1999）规定，进行了水轮机转轮模型试验。根据合同要求，模型试验按全流道模拟进行研究，对电站整个水头变化范围的各种运行工况，观察和研究水流的流态及空蚀、脱流和稳定性有关的各种现象，对各种工况下的涡流和涡带的频率、尾水管压力脉动的幅值和频率进行测量。

所有试验项目均在同一套模型试验台和同一套模型水轮机上进行。要求模型试验台的效率综合误差不超过 ±0.25%，模型转轮名义直径（转轮出口直径 D_2）为 350mm。在完成全部满足合同要求的模型初步试验后进行了模型验收试验，并将水轮机模型的稳定性试验列为验收试验的重要项目之一。

2.3.2 1～6 号水轮机转轮模型试验及性能分析

2.3.2.1 模型试验台

1～6 号水轮机的模型试验在哈尔滨电机厂有限责任公司（以下简称"哈电"）大电机研究所水轮机室的高水头试验Ⅰ台进行，试验台测试设备连接见图 2.3-1。该试验台具有各参数（水头、流量、力矩等）的原位率定系统，所有原级测试设备均有国家或权威检测部门有效期内的检定证书。模型试验台主要参数为：最高水头 100m；最大流量 1.2m³/s；转轮直径 300～500mm；测功机功率 400kW；测功机转速 900～1800r/min；供水泵电机功率 2×400kW；测量校正筒容积 120m³。

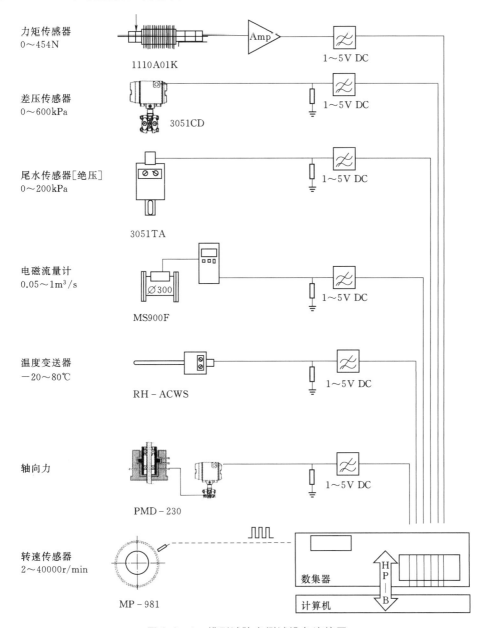

力矩传感器
0～454N
1110A01K
Amp
1～5V DC

差压传感器
0～600kPa
3051CD
1～5V DC

尾水传感器[绝压]
0～200kPa
3051TA
1～5V DC

电磁流量计
0.05～1m³/s
Ø300
MS900F
1～5V DC

温度变送器
－20～80℃
RH－ACWS
1～5V DC

轴向力
PMD－230
1～5V DC

转速传感器
2～40000r/min
MP－981
数集器
计算机

图 2.3－1　模型试验台测试设备连接图

模型验收试验前对用于测量各类物理量的传感器进行了原位率定，并检查了各种用于率定的原级仪表检定合格证书，测点布置、数据采集、处理方法等均符合合同文件及 IEC 60193—1999 规程要求，经计算：水头传感器总的测量误差为 $\pm 0.078\%$；流量传感器总的测量误差为 $\pm 0.021\%$；力矩传感器总的测量误差为 $\pm 0.054\%$；转速测量误差为

±0.00098％；随机误差为±0.14％。

模型试验台综合误差为±0.233％，满足合同规定的不大于±0.25％的要求。

2.3.2.2 模型装置

A956a-42 模型转轮及其模型试验装置是哈电针对糯扎渡水电站开发的，其材料为金属材料，其中尾水管直锥段部位采用了透明的非金属材料，以便于观测模型水轮机转轮叶片出水边及尾水管锥管中的水流流态。水轮机模型流道的各部件与真机尺寸完全模拟，水轮机模型装置包括蜗壳、座环、固定导叶、顶盖、筒形阀、导叶、转轮、基础环、底环和尾水管等在内的整个流道。模型装置基本参数如下：

转轮型号为 A956a-42，转轮进口直径 $D_1=420$mm，转轮出口直径 $D_2=358$mm，转轮叶片数 $Z=17$，固定导叶数 $Z_s=23$，活动导叶数 $Z_0=24$，导叶分布圆直径 $D_0=1.18D_1$，活动导叶高度 $B_0=0.183D_1$。

2.3.2.3 模型试验

模型试验内容包括：效率试验、空化试验、压力脉动试验、流态观测试验、飞逸转速试验、水推力试验、导叶水力矩试验、补气试验、顶盖取水试验等。各项试验水头（除飞逸转速试验外）为 30m，所有试验（除飞逸转速试验外）均在电站装置空化系数下完成，空化系数参考面为导叶中心线高程。

根据初步模型试验结果，2008 年 6 月 24—27 日在哈电高水头试验 I 台进行了糯扎渡水电站水轮机（6 台）模型验收试验。

（1）效率试验。效率试验包括整个水轮机运行范围，水轮机模型在导叶从 0 开度至 110％额定开度之间，最大间隔不大于 10％的各种导叶开度条件下进行。

效率验收试验选取最优工况点、额定工况点和加权因子点进行了复核试验，主要试验结果如下：①模型最优效率为 95.1％，优于合同保证值 95.02％，换算到原型机，最优效率为 96.52％，优于合同保证值 96.46％；②模型加权平均效率为 93.86％，优于合同保证值 93.83％，换算到原型机，加权平均效率为 95.28％，优于合同保证值 95.27％；③在额定水头、额定转速、额定出力时，额定效率为 94.52％，优于合同保证值 94.42％，相应工况点的模型水轮机效率为 93.1％，优于合同保证值 92.98％。

（2）空化试验。覆盖整个运行范围，选择具有代表性的 24 个工况点，并根据合同要求对有性能保证值的工况点进行了空化试验。

空化验收试验选取水头 175m 时最大出力工况点、额定点、最大水头额定出力工况点进行了复核试验，临界空化验收试验结果见表 2.3-1，初生空化验收试验结果见表 2.3-2。验收试验结果满足合同保证值要求，且满足 $\sigma_p/\sigma_c \geq 1.5$、$\sigma_p/\sigma_i \geq 1.2$ 的要求。

表 2.3-1 临界空化验收试验结果

序号	H /m	P /MW	n_{11} /(r/min)	A_0 /mm	Q_{11} /(m³/s)	σ_p	临界空化系数 σ_c		
							保证值	试验值	验收值
1	175	预想功率	68.00	23	0.53	0.113	0.066	0.062	0.06
2	187	660	65.80	23	0.538	0.106	0.06	0.06	0.06
3	215	660	61.40	17	0.429	0.092	0.053	0.04	0.047

表 2.3－2　　　　　　　　　　　初生空化验收试验结果

序号	H/m	P/MW	n_{11}/(r/min)	Q_{11}/(m³/s)	σ_p	初生空化系数 σ_i	
						保证值	验收值
1	175	预想功率	68.03	0.53	0.113	0.107	0.09
2	187	660	65.81	0.538	0.106	0.094	0.084

（3）压力脉动试验。在整个水轮机运行范围内进行了常规压力脉动试验，并在最大水头 45%P_r、压力脉动较大工况、最大水头 75%P_r、最大水头 100%P_r、额定水头 100%P_r 和加权平均水头 100%P_r 等工况进行了不同装置空化系数对压力脉动的影响试验；压力脉动幅值为置信度 97% 混频峰—峰值。

压力脉动验收试验选取真机运行水头 175m、198.95m、210m 共 3 个水头进行了复核试验，试验结果见图 2.3－2、图 2.3－3。

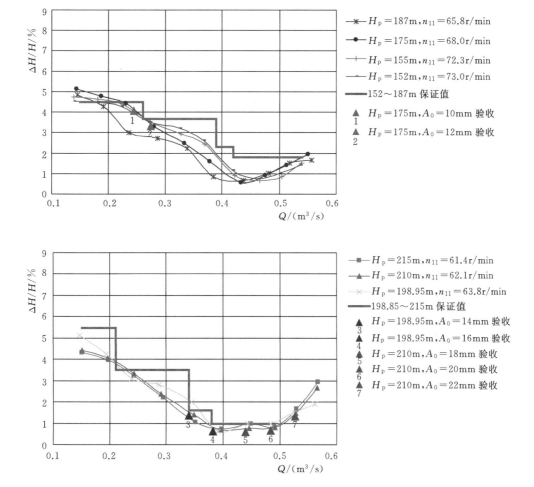

图 2.3－2　锥管上游压力脉动试验结果

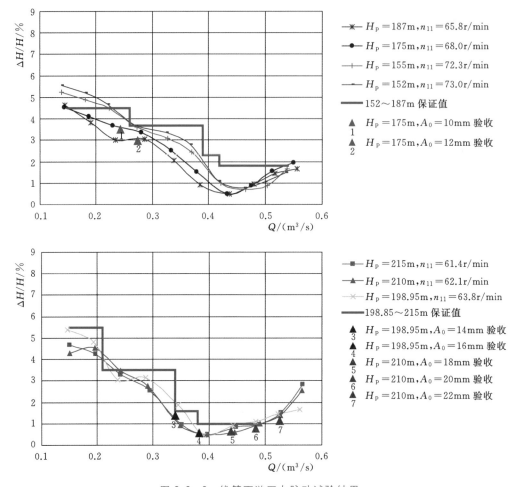

图 2.3-3 锥管下游压力脉动试验结果

验收试验结果表明：在 $45\% P_r \sim 100\% P_r$ 运行区域内，压力脉动值满足合同要求；在空载时，尾水锥管有 5 个工况点压力脉动略超过合同保证值，超过约 1%，但不影响水轮机的安全稳定运行。

（4）流态观测试验。试验中利用目测观测及闪频仪、光导纤维内窥镜及同步成像显示系统对整个运行范围内流态不稳定现象的产生及发展过程和程度进行了观测。

流态观测试验结果表明：在装置空化系数下，在水轮机的全部运行范围内，未发现叶片进口正、负压面空化，也未发现可见卡门涡；在最大水头 $45\% P_r$ 附近的极小区域内发现了初生叶道涡，鉴于该区域位于最大水头长期连续安全稳定运行范围的最低负荷处，机组在此区域运行的概率相当低，故而不会对机组的长期安全稳定运行产生影响。

（5）飞逸转速试验。飞逸转速试验在水轮机可能的全部运行水头范围和导叶从 0 开度到 110% 额定开度范围内进行，试验水头不小于 10m。

验收试验选取导叶开度 $A_0 = 24$mm、25mm、26mm 进行了飞逸转速复核试验。经计算，原型水轮机最大飞逸转速为 223.3r/min（导叶开度 $A_0 = 24$mm），满足合同文件规定的最大飞逸转速不超过 230r/min 的要求。

（6）水推力试验。水推力试验主要结果：在最大净水头下，转轮密封为正常间隙时，转轮流道的最大轴向力不大于 1050t；双倍间隙时，转轮流道的最大轴向力不大于 1130t，满足合同要求。

（7）导叶水力矩试验。导叶水力矩试验主要结果：在同步状态下，导叶从全开到空载位置范围内均具有水力矩自关闭的趋势；在非同步状态下，从相当大的导叶开度到接近空载的位置非同步导叶及其相邻的导叶均具有水力矩自关闭的趋势。

（8）补气试验。补气试验结果表明：由于未补气状态下压力脉动幅值已经很小，所以补气对降低压力脉动影响很小。

（9）尺寸检查。根据合同要求及 IEC 60193—1999 规程对模型装置进行了尺寸检查，转轮及流道主要尺寸的检查结果符合 IEC 规程。

2.3.2.4 模型试验成果分析

1～6 号水轮机转轮模型验收试验是按合同规定和买卖双方共同确定的试验大纲，并在模型验收组的现场见证下完成的，模型试验结果表明：A956a-42 模型转轮具有良好的效率指标、空化性能和水力稳定性，各水力性能指标满足合同要求。水轮机模型转轮综合特性曲线及运转特性曲线见图 2.3-4、图 2.3-5。

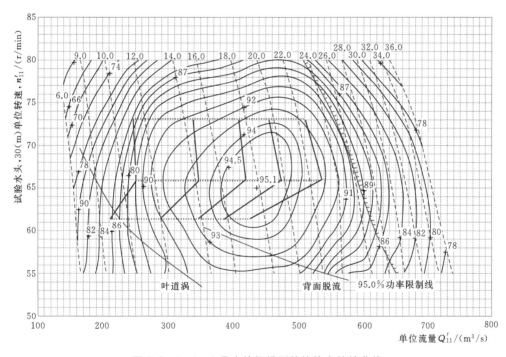

图 2.3-4　1～6 号水轮机模型转轮综合特性曲线

糯扎渡水电站最大水头 H_{max} 为 215.00m，最小水头 H_{min} 为 152.00m，加权平均水头 H_{pr} 为 198.95m，额定水头 H_r 为 187.00m，$H_{max}/H_r=1.15$，$H_{max}/H_{min}=1.414$，水头变幅在合理范围内。从水轮机运转特性曲线图上可以看出，1～6 号水轮机在水头 192m 左右、出力 570MW 左右时，为较优的运行工况。

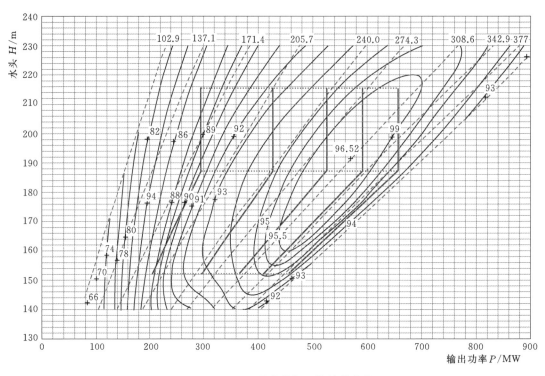

图 2.3 - 5   1～6 号水轮机运转特性曲线

2.3.3   7～9 号水轮机转轮模型试验及性能分析

2.3.3.1   模型试验台

7～9 号水轮机的模型试验在瑞士联邦技术学院水力试验室 3 号试验台进行。瑞士联邦技术学院水力试验室的测量资源由 3 个通用试验台组成,适用于各种立式或卧式水力机械类型,试验台布置示意图见图 2.3 - 6。3 个试验台均配备了高精度的测量设备,适合用于模型开发试验和验收试验,并符合 IEC 60193—1999 的要求。3 号模型试验台主要参数为:试验最大水头 100m;试验最大流量 1.4m³/s;测功电机功率 300kW;测功电机最大转速 2500r/min;供水泵电机功率 2×400kW。

模型试验前对用于测量各类物理量的传感器进行了原位率定,并检查了各种用于率定的原级仪表检定合格证书,测点布置、数据采集、处理方法等均符合合同文件及 IEC 60193—1999 规程的要求。经计算:压力传感器总的测量误差为 ±0.1%;流量传感器总的测量误差为 ±0.13%;力矩传感器总的测量误差为 ±0.14%;转速测量误差为 ±0.01%;随机误差为 ±0.1%。

模型试验台综合误差为 ±0.238%,满足合同规定的不大于 ±0.25% 的要求。

2.3.3.2   模型装置

模型装置按糯扎渡水电站 7～9 号水轮机水力流道,包括蜗壳进口至尾水管全流道模拟设计,模型转轮材料为金属材料,转轮下面的尾水锥管采用透明材料制作,通过闪频仪能直接观察这一区域的流态以及转轮空化的发展和涡带状态。模型装置基本参数如下:转

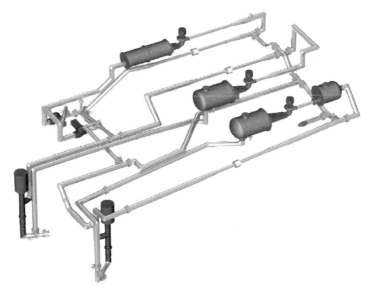

图 2.3－6　试验台布置示意图

轮进口直径 $D_1=436.03$mm；转轮出口直径 $D_2=349.88$mm；转轮叶片数 $Z=15$；固定导叶数 $Z_s=23$；活动导叶数 $Z_o=24$；导叶分布圆直径 $D_o=489.03$mm；活动导叶高度 $b_o=76.89$mm。

2.3.3.3　模型试验

模型试验内容包括：效率试验、空化试验、叶道涡观察试验、压力脉动试验、飞逸转速试验、水推力试验、导叶水力矩试验等。所有试验项目在瑞士联邦技术学院水力试验室3 号试验台进行。各项试验水头（除飞逸转速试验外）为 30m，所有试验（除飞逸转速试验外）均在电站装置空化系数下完成，空化系数参考面为导叶中心线高程。

根据初步模型试验结果，2007 年 9 月 15—19 日在瑞士联邦技术学院水力试验室 3 号试验台进行糯扎渡水电站水轮机（3 台）模型验收试验。

（1）效率试验。效率试验包括整个水轮机运行范围，水轮机模型在导叶从 0 开度至110％额定开度之间，最大间隔不大于 10％的各种导叶开度条件下进行。

验收试验对 5 个选定工况点和最优效率点进行了复查，大部分试验点结果略高于初步试验值，但在 IEC 允许范围内。模型试验结果如下：①模型最优效率为 95.44％，优于合同保证值 95.20％，换算到原型机，最优效率为 96.75％，优于合同保证值 96.58％；②模型加权平均效率为 94.42％，优于合同保证值 94.26％，换算到原型机，加权平均效率为 95.73％，优于合同保证值 95.65％；③在额定水头、额定转速、额定出力时，额定效率为 95.20％，优于合同保证值 95.03％，相应工况点的模型水轮机效率为 93.90％，优于合同保证值 93.64％。

（2）空化试验。在覆盖整个运行范围内观测空化现象，评定空化的发生、发展，并在综合特性曲线图上表示出来。

验收试验选取水头 175m 时最大出力工况点、额定点及 200m 水头时额定出力工况点进行了空化验收试验，验收试验结果见表 2.3 - 3。

表 2.3 - 3　　　　　　　　空 化 验 收 试 验 结 果

序号	H /m	P /MW	n_{11} /(r/min)	Q_{11} /(m³/s)	σ_p	临界空化系数			初生空化系数		
						保证值	试验值	验收值	保证值	试验值	验收值
1	175	592.5	70.00	0.501	0.113	0.0461	0.054	0.07	0.0736	0.08	0.0815
2	187	660	67.71	0.505	0.106	0.05	0.059	0.068	0.0742	0.085	0.0853
3	200	660	65.48	0.452	0.099	0.0404	0.054	0.054	0.0616	0.077	0.0776

验收试验结果表明：正常运行条件下，电站装置空化系数大于初生空化系数 1.2 倍、大于临界空化系数 1.5 倍，满足合同空化性能要求。空化系数略超过合同保证值，经核算，水轮机所需吸出高度为 -9.75m，大于电站吸出高度为 -10.4m 的条件，不影响水轮机空化性能的保证。

（3）叶道涡观察试验。在真机水头 200m、187m、175m 三个水头工况下，进行了叶道涡观察试验。验收试验结果表明：叶道涡发展线在合同规定的运行区域外，满足合同要求。

（4）压力脉动试验。在整个水轮机运行范围内进行了压力脉动试验，并在特定工况下进行了不同装置空化系数对压力脉动的影响试验；压力脉动幅值为置信度 97％ 混频峰—峰值。

压力脉动验收试验在 215m、198.95m、170m 水头和选定的活动导叶开度下进行，共验证了 8 个工况点，$\sigma_p = 0.105$ 下压力脉动验收试验结果见表 2.3 - 4。

表 2.3 - 4　　　　　　　　压 力 脉 动 验 收 试 验 结 果

序号	A_0 /mm	n_{11} /(r/min)	H /m	$\Delta H/H$（蜗壳进口）		$\Delta H/H$（无叶区）		$\Delta H/H$（尾水管进口）	
				初步试验	验收试验	初步试验	验收试验	初步试验	验收试验
1	10	71.05	170	0.9	0.84	1.6	1.54	2.5	2.39
2	12	71.05	175	0.9	0.84	1.7	1.64	2.7	2.53
3	12	65.69	198.95	1	0.94	1.8	1.71	2.4	2.42
4	16	65.69	198.95	0.9	0.84	1.3	1.19	1.6	1.58
5	18	65.69	198.95	0.8	0.78	1	1.12	0.7	0.79
6	12	63.18	215	1	0.94	2.6	2.4	2	1.98
7	16	63.18	215	0.9	0.86	1.3	1.48	1.3	1.23
8	18	63.18	215	0.9	0.72	1	1.03	0.5	0.44

验收试验结果表明：在规定运行范围内，模型水轮机运行平衡，压力脉动值均低于合同保证值。

（5）飞逸转速试验。飞逸转速试验在所有导叶开度范围内高空化系数值下进行，并在几个特定开度下测量空化系数对单位飞逸转速和单位流量产生的影响，试验水头不小于 10m。

验收试验选取导叶开度 8°、16°、26°进行了飞逸转速复核试验。经计算，原型水轮机在最大水头 215m 时的最大飞逸转速为 222r/min，满足合同文件规定的最大飞逸转速不超过 229r/min 的要求。

（6）水推力试验。水推力试验主要结果：在最大净水头下，转轮密封为正常间隙时，转轮流道的最大轴向力不大于 800t；双倍间隙时，转轮流道的最大轴向力不大于 963t，满足合同要求。

（7）导叶水力矩试验。导叶水力矩试验结果：在规定的水轮机运行范围内，导叶具有自关闭趋势。

（8）尺寸检查。根据合同要求及 IEC 60193—1999 规程，对模型装置的活动导叶、叶片形线和主要部件的尺寸进行了检查，实测结果均在允许范围内。

2.3.3.4 模型试验成果分析

7～9 号水轮机转轮模型验收试验是按合同文件的有关要求和买卖双方认可的试验程序，并在模型验收组的现场见证下进行的，试验结果表明：模型转轮具有良好的效率指标、空化性能和水力稳定性，各水力性能指标满足合同要求。水轮机模型转轮综合特性曲线及运转特性曲线分别见图 2.3－7、图 2.3－8。

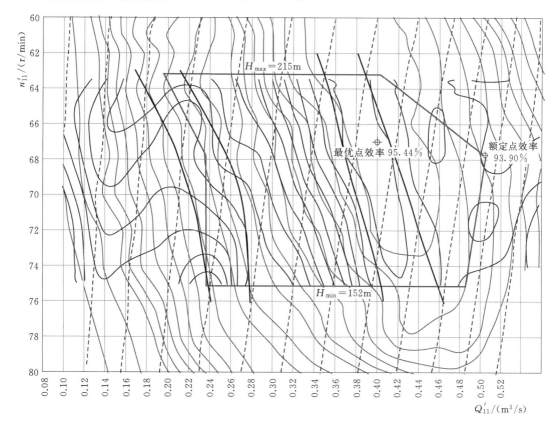

图 2.3－7 7～9 号水轮机模型转轮综合特性曲线

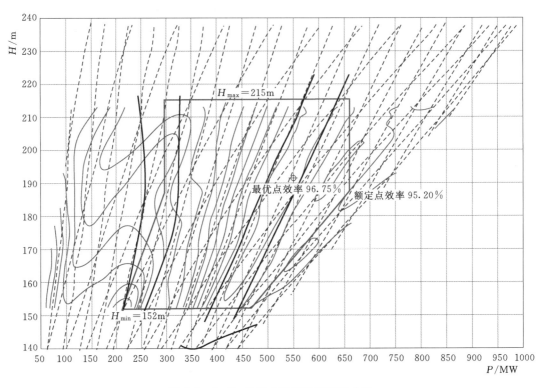

图 2.3-8 7~9 号水轮机运转特性曲线

糯扎渡水电站最大水头 H_{max} 为 215.00m，最小水头 H_{min} 为 152.00m，加权平均水头 H_m 为 198.95m，额定水头 H_r 为 187.00m，$H_{max}/H_r=1.15$，$H_{max}/H_{min}=1.414$，水头变幅在合理范围内。从水轮机运转特性曲线图上可以看出，7~9 号水轮机在水头 191m 左右、出力 550MW 左右时，为较优的运行工况。

2.3.4 主要设计成果及创新

（1）为验证水轮机的水力性能，根据水轮机合同文件及《水轮机、蓄能泵和水泵水轮机模型验收试验规程》（IEC 60193—1999）规定，进行了水轮机转轮模型试验，在完成全部满足合同要求的模型初步试验后进行了模型验收试验，并将水轮机模型的稳定性试验列为验收试验的重要项目之一。模型试验结果表明，两个制造厂用于糯扎渡水电站的水轮机转轮模型均具有良好的效率指标、空化性能和水力稳定性，各水力性能指标满足合同文件和规范要求。

（2）通过水轮机转轮模型试验，为原型水轮机的设计、制造提供了依据，也为机组投产运行的安全稳定运行创造了有利条件。

2.4 巨型水轮机筒形阀应用研究

水轮机筒形阀装设在水轮机固定导叶和活动导叶之间，是保护导叶和机组防飞逸的有效装置。我国第一个采用筒形阀的水电工程是云南澜沧江漫湾水电站，当时从加拿大多米宁公司引进了筒形阀技术。

2.4.1 水轮机过流部件空蚀、磨损分析

目前国内已建电站特别是中高水头电站中能长期稳定运行的机组并不多，水轮机过流部件（包括转轮、导叶、上下抗磨板等）由于空蚀和磨损大都损坏严重，大修周期短，一般不超过 3 年，有的甚至每年都必须进行大修，造成了巨大的经济损失。表 2.4-1 为国内部分中高水头电站水轮机损坏调查情况，图 2.4-1 为某电站水轮机导水机构损坏图片。

表 2.4-1 　　　　　　　国内部分中高水头电站水轮机损坏调查情况表

序号	水电站名称	基本参数	泥沙情况	导水机构损坏情况
1	刘家峡（改造前）	$H_{max}/H_r/H_{min}=$ 114m/100m/70m $N=3\times225MW$ $+1\times250MW$ $+1\times260MW$ $n_r=125r/min$	电站多年平均含沙量 3.33kg/m³，汛期平均含沙量 5.0kg/m³，1978 年以前水质较清	①1978 年之前，2 号机于 1971 年 7 月大修（运行 6300h，其中汛期 603h），固定止漏环及活动导叶发现鱼鳞坑，深度达 1～2mm。②1978 年之后，2 号机于 1980—1981 年扩修，过流面磨损严重，导叶尾部、头部与原密封压板、密封槽均严重破坏，尾部密封面基本失效，上、下端面间隙平均达 3～4mm。③止漏环运行一个大修周期后，间隙由 2～3mm 增加到 10～15mm，容积损失导致效率下降 3.4%左右。导水机构运行 17300h，导叶漏水量由 1.5m³/s 增至 7m³/s 以上，导致无法平压提门或停机困难
2	渔子溪一级	$H_{max}/H_r/H_{min}=$ 318m/270m/260m $N=4\times40MW$ $n_r=500r/min$	汛期过机平均含沙量 0.13kg/m³，汛期过机最大含沙量 3.88kg/m³	①运行两个汛期后，导叶漏水严重，造成停机时间过长或平压困难无法正常开机，两根球阀旁通管改为 φ150 后，仍需经常投入棉絮、稻草等堵塞导叶漏水。②普通碳钢和低合金钢导叶，运行两个汛期约 12000h 后，导叶高度磨损达 5～10mm，为原导叶高度的 2.5%～5%，端面间隙扩大数十倍。采用不锈钢导叶后，端面间隙仍扩大 10 倍左右。③20SiMn 导叶运行 2 万 h 后，内侧坑深达 200mm
3	龚嘴	$H_{max}/H_r/H_{min}=$ 55.3m/48m/39.7m $N=7\times100MW$ $n_r=88.2r/min$		①1983 年首次发现 2 号机因导叶漏水过大，钢管不能平压，工作闸门提不起来，接着发展到几乎所有机组进水口闸门前后压差达 5m 以上，造成进水口不敢落门，一旦落门就无法提。导叶大头本体上铸造的高 10mm、宽 40mm 的凸台密封面全被蚀平，导叶漏水达 5m³/s。②1987 年大修，发现壁厚 10mm 的下尼龙轴套几乎全被磨穿，原下轴颈圆弧鼓包 30mm 全被冲蚀，导叶大头部减薄约 20mm
4	盐锅峡	$H_{max}/H_r/H_{min}=$ 39.5m/38m/37m $N=9\times45MW$ $n_r=107r/min$	电站多年平均含沙量 3.1kg/m³，汛期平均含沙量 4.2kg/m³	①导叶正面全部成鱼鳞坑破坏，深度达 3～5mm，进水端附近深 2～3mm，立面及端面间隙磨损 3～5mm。②底环两导叶间掏出 30mm 深沟槽，圆弧面成鱼鳞坑或沟槽，平均深约 3mm

续表

序号	水电站名称	基本参数	泥沙情况	导水机构损坏情况
5	映秀湾	$H_{max}/H_r/H_{min}=$ 66m/54m/47m $N=3\times45MW$ $n_r=125r/min$	河流多年平均含沙量 0.72kg/m³，过机平均含沙量 0.33kg/m³	2 号机 1982 年大修，运行 20451h：①导叶中、下轴颈损坏，使泥沙进入轴套铜瓦中，中、下轴颈单侧磨损严重，铜瓦也呈椭圆状。②立面橡皮条和压板处冲刷严重，呈 2～3mm 深沟槽，橡皮条燕尾槽大多数被冲坏，有的橡皮条被冲掉
6	漫湾	$H_{max}/H_r/H_{min}=$ 100m/89m/69.3m $N=5\times250MW$ $n_r=125r/min$	电站多年平均含沙量 0.87kg/m³	6 号机（筒形阀因故未投入）运行 6000h 后，导叶漏水量大，进水口闸门采用两根 $\phi500$ 钢管长时间充水，闸门前后都无法达到平压要求，水位差仍达 16m

图 2.4-1　某电站水轮机导水机构损坏图片

由表 2.4-1 和图 2.4-1 中导水机构损坏情况的调查结果可以看出：

（1）近年来，由于转轮水力性能研究水平的提高和材料的改进，转轮的抗空蚀、泥沙磨损的能力有了较大的提高。

（2）由于间隙空化和泥沙磨损造成的导叶和上下抗磨板损坏是这些水轮机损坏的主要部件。尽管各制造厂家、运行单位采取了许多改进措施，但收效都不大。因此，导水机构损坏是影响这些机组运行可靠性的主要因素。特别是水头高、转速高的大型水轮机，导叶关闭时上、下端面的间隙处产生高速射流，即使是多年调节水库，水中仍有泥沙，在高速射流和泥沙的联合作用下，导水机构空蚀、磨损加剧。水头越高、过机含沙量越大，导水机构的损坏越严重，致使导叶漏水量大幅度增加，造成停机和调相发生困难，进水阀或进水口事故门的充水平压也发生困难。

（3）没有装设进口阀的电站，若每次正常停机都关闭进水口事故门，漏空输水管中的水，既损失水量又给下次启动机组增加充水时间，大大降低了机组运行的灵活性。由于导水机构的损坏，停机时导水叶漏水造成的电能损失是相当大的。

（4）在水轮机进口或流道上装设进口阀，停机时关闭进口阀，可消除导叶前后压差，是保护导水机构的有效措施，可供选择的进口阀有以下几种型式：蝴蝶阀、球阀、筒形阀。

（5）蝴蝶阀被广泛应用于中低水头水电站，具有水头损失和漏水量较小、结构简单等优点。表 2.4-2 统计了国内外部分大直径水轮机进水蝴蝶阀应用情况，目前水轮机进水蝴蝶阀最大直径为 6000mm。若糯扎渡水电站水轮机进口前装设蝴蝶阀，其直径将达到 7500mm，并且电站最大运行水头为 215m，升压水头为 280m。如此高水头、大直径的蝴蝶阀在设计、制造和运输等方面均存在巨大的困难，而且某些困难目前还无法克服。因此，从技术、经济方面综合分析，采用蝴蝶阀是不可行的。

表 2.4-2　　　　　　　　国内外部分大直径水轮机进水蝴蝶阀统计表

序号	水电站名称	装机容量	型号规格	数量
1	土耳其 G1 水电站		DN5500，PN0.6MPa	1
2	阿塞拜疆明哥桥水电站改造项目	6×71.5MW	DN5300，PN1.2MPa	6
3	云南龙江水利枢纽工程	3×86MW	DN5200，PN1.25MPa	3
4	新疆布尔津山口水利枢纽工程	2×80MW	DN5200，PN1.15MPa	2
5	西藏拉萨河直孔水电站	4×25MW	DN5100，PN0.65MPa	4
6	新疆恰甫其海水电站	4×80MW	DN5000，PN1.2MPa	4
7	四川省阿坝州金龙潭水电站	1×60MW	N5000，PN0.7MPa	1
8	四川省甘孜州硕曲河洞松水电站	3×60MW	DN5000，PN1.2MPa	3
9	四川华能涪江水电公司古城水电站	2×50MW	DN5000，PN0.9MPa	2
10	土耳其 Bagistas Ⅰ 水电站	3×47.2MW	DN5000，PN1.0MPa	3
11	福建芦庵滩水电站	1×100MW	DN6000，PN1.2MPa	1

（6）球阀的优点是水头损失很小（接近于 0），漏水量也很小；缺点是结构复杂，外形尺寸较大，占用厂房空间大，对于大型机组布置相当困难。表 2.4-3 统计了国内外部分大直径水轮机进水球阀的应用情况，目前水轮机进水球阀最大直径达到 2700mm。若糯扎渡水电站水轮机进口装设球阀，其直径将达到 7200mm，初步计算球阀重量约 1380t，接近一台水轮机重量。在设计、制造和运输等方面均存在巨大的困难，甚至超过水轮机，设计、制造都将是无法超越的。因此，从技术、经济方面综合分析，采用球阀是不可行的。

表 2.4-3　　　　　　　　国内外部分大直径水轮机进水球阀统计表

序号	水电站名称	装机容量	型号规格	数量
1	四川省阿坝州黑水河毛尔盖水电站	3×140MW	DN2700，PN3.4MPa	3
2	云南省盈江县大盈江四级水电站	5×175MW	DN2500，PN4.0MPa	5
3	四川木里河卡基娃水电站	4×110MW	DN2500，PN3.65MPa	4
4	伊朗鲁德巴水电站	2×225MW	DN2400，PN6.0MPa	2
5	哈萨克斯坦玛依纳水电站	2×150MW	DN2300，PN6.65MPa	2
6	新疆和田喀拉喀什河波波娜水电站	3×50MW	DN2200，PN3.5MPa	3
7	厄瓜多尔索普拉多拉水电站	3×162MW	DN2200，PN4.9MPa	3
8	厄瓜多尔米纳斯水电站	3×90MW	DN2200，PN6.24MPa	3
9	新疆哈德布特水电站	4×50MW	DN2150，PN3.3MPa	4

（7）筒形阀是区别于蝴蝶阀和球阀的另一类型的阀门，安装于活动导叶和固定导叶之间，具有自关闭能力、水力损失基本为 0、能有效地保护导水机构、不占用厂房空间等优点。20 世纪 80 年代后期，东方电机厂首次从加拿大多米宁公司引进了筒形阀技术，自行生产并安装在云南漫湾水电站。1993 年 6 月至 1995 年 12 月 5 台机组筒形阀全部投入运行，运行情况良好。随后筒形阀在陕西石泉电站扩机工程中得到应用，两台筒形阀分别于 2000 年 8 月和 11 月投入运行，至今运行良好。小浪底水电站、大朝山水电站也根据实际情况选用了筒形阀并运行良好，这些成功的运行经验为大型水电站选用筒形阀提供了有力的依据和宝贵的经验。

综合以上分析，球阀、蝴蝶阀在设计、制造和运输等方面均存在巨大的困难，筒形阀成为糯扎渡水电站水轮机进口阀的首选阀门。

2.4.2　设置巨型筒形阀对水轮机结构的影响

糯扎渡电站水轮机流道尺寸虽不是最大的，但筒形阀直径也达 9390mm/9612mm，筒体高度 1500mm/1436mm，壁厚 190mm。装设筒形阀，由于结构的需要，增加了座环、顶盖的高度尺寸，也增加了顶盖、座环的结构刚度，对大型机组的稳定性有好处。

（1）筒形阀的开启位置位于顶盖内部，因此顶盖的高度与不设筒形阀的结构相比需要增加，同时顶盖与座环的把合处必须设计成上法兰结构，而如果不装设筒形阀，顶盖与座环的把合处可以设计成下法兰结构。顶盖上法兰结构与下法兰结构相比，顶盖尺寸增大，为保证必需的刚度，顶盖法兰厚度需要增加。设置筒形阀后，顶盖重量比不设筒形阀时增加约 35t。

（2）设置筒形阀将造成顶盖自流排水无法实现，但可以考虑设置 2 台顶盖潜水泵排水，互为备用，同时还可以考虑设置 1 台射流泵，当电站厂用电源消失时仍能排出顶盖上的积水。同时，设置顶盖均压管比较困难，若顶盖均压管从控制环以内引出的话，必须跨过控制环的高度后在地板下部向外引出机坑。如果顶盖均压管从控制环以外引出的话，由于空间限制，顶盖均压管的直径不能取太大，造成减少水轮机轴向水推力的效果降低。

经分析认为，在水轮机总体设计时加以充分重视，加工制造筒形阀时保证工艺，可以保证水轮机的总体性能；在电站公用系统设计时，充分考虑机坑内排水的可靠性、安全性，完全能解决顶盖增高带来的问题。设置筒形阀对水轮机的结构设计有一定影响，技术上是可以解决的。

图 2.4 - 2 为筒形阀开启、关闭状态效果图。

2.4.3　筒形阀制造可行性研究

2.4.3.1　国内外筒形阀应用情况

世界上第一台筒形阀投运于 1962 年，安装在法国 Monteynard 水电站。我国第一台筒形阀于 1993 年 6 月在云南省澜沧江漫湾水电站投入运行，当时从加拿大多米宁公司引进了筒形阀的技术。从漫湾水电站开始，国内一批大型、巨型水电站也采用了筒形阀。国内外筒形阀的应用情况见表 2.4 - 4。

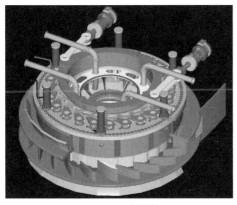 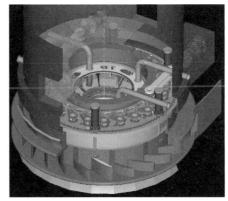

（a）开启状态　　　　　　　　　　（b）关闭状态

图 2.4－2　筒形阀开启、关闭状态效果图

表 2.4－4　　　　　　　　　　国内外筒形阀应用情况统计表

国家	水电站名称	投运或制造年份	（台数×单机容量）/MW	额定水头/最大水头/m	外径/mm	壁厚/mm	高度/mm
法国	Monteynard	1962	4×83	127/	3560	～75	980
法国	Teilet Argenty	1965		41.7/	3410	30	746
加拿大	Outardes 3	1969	4×190	144/146.3	6450	187.5	
加拿大	Monicouagan 3	1975	6×197.2	94.2/96.6	6990		
加拿大	La Grande 2	1979	16×339	137.2/142	7846	127	1460
法国	Sarrans	1981	1×63.5	84/	4074	85	～900
法国	St－Etienne	1981	1×38.5	62/	4074	85	900
法国	L－Aigle	1982	1×133	77/	6240	120	1400
法国	St－Guinenne	1982	2×58	275/	3150	100	270
法国	Couesgue	1984	1×60.5	56/	5200	100	1154
法国	Sf－Pierre－Mareges	1985	1×121	73/	6240	120	1332
法国	Mareges	1985	1×121	73/	6240	120	1332
加拿大	La Grande 4	1984	9×300	116.7/	7640	120	1444
葡萄牙	Torrao	1986	2×74.5	51.8/53	8000	120	1550
加拿大	La Grande 2A	1992	6×338	138.5/	7430		1360
苏联	泽连丘		4×82	234/241	2450		～360
中国	漫湾	1993	5×255	89/100	7450	108	1450
中国	石泉	1993	2×45	39/47.5	5375	120	1410
葡萄牙	Alqueva	1997	2×130	/76	8270		
中国	小浪底	1999	6×300	112/140	8390	145	1509
墨西哥	Chicoasen	2000	3×318	/179	6376		
中国	大朝山	2001	6×225	72.5/85.63	7937	120	1815

续表

国家	水电站名称	投运或制造年份	(台数×单机容量)/MW	额定水头/最大水头/m	外径/mm	壁厚/mm	高度/mm
中国	滩坑	2007	3×204	/127	6628	120	1203
中国	光照	2007	3×270	/164.42	6590	130	1340
中国	漫湾二期	2007	1×306	89/99.2	8278	130	1890
中国	瀑布沟	2009	6×611	/181.7	9348	180	1630

2.4.3.2 筒形阀的制造分析

国内外几个巨型筒形阀制造难度对比见表 2.4-5。

表 2.4-5　　　　　　　　　　国内外几个巨型筒形阀制造难度对比表

水电站名称	水轮机功率/MW	最大水头/m	筒形阀外径/mm	筒形阀高度/mm	难度系数/($\Phi \cdot H_{max}$)	投运年份
La Grande 2	339	142	7846	1460	1114	1979
漫湾	255	100	7450	1450	745	1993
小浪底	306	140	8400	1509	1176	1999
大朝山	229.6	85.63	7937	1815	680	2001
漫湾二期	306	99.2	8278	1890	821	2007
瀑布沟	600	181.7	9348	1630	1699	2009
小湾	714.3	251	8686	1435	2181	2009
光照	270	164.42	6590	1340	1084	2008
糯扎渡	663.3	215	9390/9612	1500/1436	2006	2012

从表 2.4-5 可以看出，本电站筒形阀难度系数已超过 2000，从筒形阀的生产制造情况看，制造上虽存在一定难度，但经分析认为：

（1）国内通过漫湾水电站的技术引进和以我为主的设计和合作试验，已掌握了筒形阀的设计、制造及水力试验技术。

（2）通过改进并吸收漫湾、石泉、大朝山等水电站的筒形阀设计制造经验，并吸收和借鉴国外制造筒形阀的先进经验，可以为筒形阀进行全面的水力试验，优化设计出最佳的筒形阀结构。筒形阀筒体直径超大、高度超高问题可通过分瓣运输解决，筒体分 3 瓣或 4 瓣，可采用落下孔车或平板车铁路转公路的运输方案，运输过程中的变形用设计的专用支撑能有效地控制。

（3）目前筒形阀的设计、制造技术发展很快，同步技术不断完善，动作可靠性不断提高，一些巨型水轮机筒形阀正在设计、制造中，世界上主要的水轮机供货商（如 Voith、Alstom）均可设计制造大型筒形阀，国内东方厂已设计制造了一定数量的筒形阀，生产的漫湾二期水电站筒形阀已投运，哈尔滨电机厂对筒形阀的研究也取得了丰硕成果，生产制造的光照水电站筒形阀已投运，其筒形阀的制造运行经验将为大型筒形阀制造运行提供技术经验和保障。

（4）无论采用机械同步还是采用电气液压同步，国内均有成功的经验。

（5）关键零部件如机械同步的丝杠副、液压同步的伺服阀、接力器缸的主要密封件、控制系统的位移变送器等，可在全世界范围内择优采购。

在总结先行机组成功经验的基础上，国内外大型水轮机制造厂已具备了研制、生产大型水轮机筒形阀的能力。

2.4.4 筒形阀运行可靠性研究

2.4.4.1 国外筒形阀运行情况

截至1988年，加拿大奥塔兹三级、马尼克三级和拉格朗德二级3座水电站的筒形阀运行时间最长的已近30年，最短的也近20年，除了拉格朗德二级的一台筒形阀更换过连接阀体和提升杆的双头螺钉以及奥塔兹三级改进筒形阀上部密封外，其他部件完好无损，从未发生筒形阀启闭卡涩的大事故，有的筒形阀上下密封圈运行20多年尚未更换，筒形阀安全可靠，运行维护简便。

2.4.4.2 国内筒形阀运行情况

漫湾水电站筒形阀除6号机因制造、安装存在问题未能与机组一起投运外，其他4台筒形阀均与机组同步投入运行。6号机筒形阀主要是启闭卡涩问题，卡涩的原因是筒体变形，导致提升杆不垂直，使筒形阀在运行中调心滚子轴承憋劲，转动不灵活。6号机筒形阀经处理后，于1995年6月也投入了正常运行。该电站筒形阀投运前都曾做过无水和空载情况下的动水关闭试验，试验结果正常。2号机筒形阀于1995年7月做了动水关闭试验，试验时水头约82.3m，整个试验过程显示，筒形阀动作无卡涩现象，关闭速度均匀，对机组稳定运行无影响。在历次检修中，电站人员对水轮机导水机构进行检查，水轮机顶盖过流面、底环过流面、导叶端面未发现明显的空蚀和泥沙磨损现象，筒形阀上、下密封未出现过被水流冲刷损坏的现象。漫湾电站筒形阀关闭后机坑内听不到漏水声，而筒形阀开启后，压力水通过导叶间隙漏水，机坑内噪声高达91dB，可见筒形阀对导水机构的保护是有效的。1996年进行过惰性停机试验，在制动未投入的情况下关闭筒形阀，机组转速可降至 $5\%n_r$ 以下（转速降至 $5\%n_r$ 时投入机械制动），说明使用筒形阀的机组可实现惰性停机。

漫湾水电站筒形阀到2000年12月，5台机累计经过了8500多次开关操作实践的考验，运行正常。漫湾电站多年运行实践表明筒形阀运行是安全可靠的，能满足电站运行要求，深受运行单位的欢迎。

石泉水电站两台筒形阀安装投产一次成功，2001年3月，进行了两台机同时动水关闭试验，结果表明设计制造是成功的。

小浪底水电站筒形阀从1999年年底陆续投入运行，运行中没有发现大的问题，运行情况良好。

大朝山水电站第一台筒形阀于2001年12月投入运行，运行情况良好，12月底筒形阀的无水动作试验、静水启闭试验、动水关闭试验全部完成，试验结果达到设计要求。第二台筒形阀于2002年4月完成了无水动作试验，开启时间90s，关闭时间约60s，动作灵活、起落平稳。现6台机全部投入运行，运行情况良好。

东方厂在总结漫湾一期、大朝山水电站筒形阀设计、制造经验的基础上，漫湾二期水电站筒形阀设计更加完善，从 2007 年 5 月投入运行至今，运行情况良好。

综合国内外筒形阀运行情况分析，大型水电站设置筒形阀在运行上是安全可靠的。

2.4.5 装设筒形阀的经济性研究

2.4.5.1 投资分析

根据主机招标过程的厂商报价，4 个投标商的筒形阀所增加的价格最高为水轮机价格的 8.08%，最低为水轮机价格的 5.45%，平均为水轮机价格的 6.4%，最后中标厂商单台筒形阀的报价分别为 735 万元、1340 万元；9 台筒形阀的总投资为 8430 万元。

2.4.5.2 水轮机导叶漏水量分析

漫湾水电站筒形阀实测漏水量仅为导叶的 1/30（筒形阀漏水量为 52L/s，导叶漏水量为 1644L/s）。石泉扩机机组在水头 47.5m 运行时，筒形阀实测漏水量仅为导叶的 1/32（筒形阀漏水量为 16L/s，导叶漏水量为 530L/s）。

参考漫湾水电站数据计算，糯扎渡水电站是多年调节水库，装设筒形阀减少的机组漏水量可储存于水库内，充分利用，多得电量，其经济效益显著。9 台机每年总停机时间约 28800h，电站投运两年后，新导叶漏水按额定流量的 0.6%（额定流量按 380m³/s 计算，导叶漏水为 2.28m³/s，每年漏水量 2.364×10⁸m³），糯扎渡水电站投运两年后筒形阀一年漏水量 7.88×10⁶m³，每年可以减少漏水 2.2852×10⁸m³，按每立方米水发电 0.475kW·h，每年节约的水可发电 10855 万 kW·h，按上网价 0.3 元/(kW·h)，增收约 3256.5 万元/年。

2.4.5.3 经济效益分析

设置筒形阀能延长机组大修周期，减少大修费用。漫湾水电站 1993 年 6 月至 1996 年 5 月，每台机平均每年减少检修费用和利用常规检修期发电增收约 35 万元。经过测算大型水轮机设置筒形阀每年每台可减少检修费用约 40 万元。

利率按近 5~10 年贷款利率最高值 7.9%，考虑到水轮机设备的投资不是一次性全部付出，而是投料款、预付款、交货付款等分批付出，所以利率计算按筒形阀设备估价的单利考虑，不考虑复利。

糯扎渡水电站首台机组于 2012 年 8 月投产发电，最后一台机组于 2014 年 6 月投产发电，在此期间机组停机时关闭筒形阀减少的漏水量用于发电可产生 1941 万元的节资。

装设筒形阀增加的投资为 8430 万元；减少的机组漏水量增收约 3256.5 万元/年，9 台机每年减少的检修费用约 360 万元，共增收 3616.5 万元/年；设置筒形阀所增加的投资 2.86 年就可收回。如果再扣出 1941 万元的节资来计算，设置筒形阀所增加的投资 2.2 年就可收回。

由以上分析可知，糯扎渡水电站水轮机设置筒形阀的经济效益显著。

2.4.6 机组防飞逸措施研究

在以往电站设计中，单元压力管道输水管，水轮机不装设进水阀或在水轮机流道上不装设筒形阀的电站，一般进水口都设有快速事故闸门，作为机组防飞逸的措施之一。水轮机装设了进水阀或装设了筒形阀的电站，如大朝山水电站在水轮机流道上装设筒形阀，进水口设有可动水关闭的检修闸门，把筒形阀和检修门作为机组防飞逸的措施。漫湾水电站在水轮机流道上也装设筒形阀，进水口设有快速事故闸门，把快速事故闸门和筒形阀作为机组防飞逸的措施。

进水口快速事故闸门关闭时间为 2～3min，加上压力钢管中水体的作用，其飞逸时间还将延长（可达 3～4 min），特别是压力钢管过长的引水式电站，对机组安全不利。筒形阀动水关闭时间为 60～70s，紧靠水轮机蜗壳进口，比快速事故闸门能更快速有效地截断水流，减少机组的飞逸持续时间。

大朝山水电站、漫湾水电站已投产运行多年，筒形阀对电站安全运行起到了应有的作用，加之近年来，机组的安全稳定运行越来越被高度重视，因此设计理念也在不断更新。设置了筒形阀的水电站，进水口也设快速事故闸门，快速事故闸门和筒形阀均作为机组防飞逸的措施。当机组过速至机械过速设定值时，机械过速保护装置发电气信号关闭进水口快速事故闸门，同时接通筒形阀液压控制系统的控制油管，筒形阀液压控制系统的紧急关闭阀组动作关机，此时即使供电系统故障，靠液压控制系统也能实现机组安全关机，大大增加了机组防飞逸的可靠性。

糯扎渡水电站每台水轮机进水口设置了快速事故闸门、筒形阀，加强机组过速保护措施，增加了机组防飞逸的可靠性。

2.4.7　筒形阀模型试验和主要结构

2.4.7.1　筒形阀模型试验

为有效避免因筒形阀性能不良而影响水轮机整体性能，筒形阀必须和模型水轮机一起进行模型试验。

（1）哈电在哈尔滨大电机研究所完成了筒形阀模型试验：

1）筒形阀静态力试验：阀体下端形状为 5°，上、下游间隙分别为小间隙和大间隙，筒形阀不同开度位置的静态力测量试验。

2）筒形阀动态力试验：阀体下端形状为 5°，上、下游间隙分别为小间隙和大间隙，筒形阀不同开度位置的动态力测量试验。

3）筒形阀开度对导叶水力矩的影响试验：筒形阀处于不同开度时，进行不同工况水轮机导叶同步试验，测量导叶水力矩。

4）筒形阀对水轮机模型性能的影响试验：筒形阀处于不同开度时，对水轮机模型效率、流量的测量试验。

（2）上海福伊特在瑞士洛桑完成了筒形阀模型试验：

1）筒形阀轴向水压力试验：测量对应于真机正常工况和飞逸工况，最大水头 215m 和最小水头 152m 下不同导叶开度、不同筒形阀位置的轴向水压力。试验结果显示，在任何运行工况下筒形阀具有自关闭趋势。

2）导叶水力矩试验：对应于真机正常工况和飞逸工况，测量了筒形阀不同位置的导叶水力矩，试验结果显示，在规定的运行范围内，有筒形阀时，导叶具有自关闭趋势。

3）3 个相邻导叶处于关闭状态，筒形阀处于 30% 开度位置，对应于真机最大水头 215m 条件下，改变其余导叶开度，测量正常工况和飞逸工况筒形阀轴向水压力的试验。

通过模型试验，分析作用在筒形阀上的静态力和动态力影响，确定阀体下端形状，为原型水轮机筒形阀设计提供可靠依据。

2.4.7.2 筒形阀主要结构

（1）筒形阀安装在水轮机固定导叶和活动导叶之间，关闭时在水轮机的固定导叶和活动导叶间作为止水阀；开启时位于水轮机座环和顶盖间空腔室内，不干扰水流流态。

（2）筒形阀只处于全开或全关位置，不作流量调节用。

（3）受运输条件限制，筒形阀阀体采用分两瓣运输，在现场组装和封焊。

（4）筒形阀能够在152～215m水头范围内，机组在最大功率条件下，动水关闭。并能在阀体外侧有260m静水压力、内侧尾水压力的情况下开启。

（5）筒形阀在90s内完成紧急关闭和90s内完成正常开启，并且启、闭时间分别在60～90s内可调。

（6）筒形阀设置6个油压操作、双作用、液压直缸接力器，能保证筒形阀在开启和关闭过程中不会卡死。操作接力器的压力油由液压源系统的油压装置供给，额定工作压力为6.3MPa，接力器零部件按油源系统最大操作油压以及动水关闭过程中产生最大油压设计。接力器行程设计在开启方向满足筒形阀全开时不阻碍水流的要求，在关闭方向有少量的过行程用以对阀体密封施加一个压紧力。

（7）筒形阀设有一套高精度的电液同步系统，它由齿轮分流器（1～6号机）或同步分流器（7～9号机）和其他一系列阀组组成，能对6个筒形阀接力器进行调整和保持同步。

筒形阀结构布置见图2.4-3。

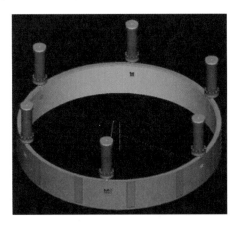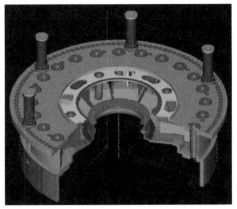

图 2.4-3 筒形阀结构布置图

2.4.8 筒形阀动水关闭试验

2015年2月10日，糯扎渡水电站8号机组完成了筒形阀动水关闭试验，主要试验数据为：筒形阀接力器下腔压力最大达到19.41MPa，小于设计压力30MPa，总的下拉力为178kN，在设计范围内，满足要求。

2015年5月12日，糯扎渡水电站2号机组完成了筒形阀动水关闭试验，主要试验数据为：筒形阀接力器下腔压力最大达到 15.61MPa，小于设计压力 16MPa，总的下拉力为 758kN，在设计范围内，满足要求。

糯扎渡水电站 2 号、8 号机组筒形阀动水关闭试验表明，筒形阀能安全、平稳、可靠地动水关闭。

2.4.9 主要设计成果及创新

（1）在巨型筒形阀对水轮机结构的影响、制造可行性、运行可靠性、经济性、机组防飞逸措施等研究的基础上，糯扎渡水电站水轮机设置了筒形阀，可大大提高水轮机过流部件（包括导叶、上下抗磨板、转轮）的抗磨损、抗空蚀性能，延长机组的大修周期，减少检修费用；可以大大减少导叶漏水量、多发电，增加收入，具有显著的经济效益。

（2）糯扎渡水电站水轮机筒形阀经实际运行证明满足工程需要，符合国家对水电站安全稳定运行和节能要求的政策，经济效益和社会效益显著，达到了国内领先技术水平，具有推广应用价值。

（3）依托小湾、糯扎渡、阿海、梨园等水电站筒形阀开展的"巨型水轮机筒形阀在大型水电工程中的研究应用"项目荣获 2015 年度中国电建科学技术奖二等奖、2015 年度电力工程科学技术进步奖三等奖、2015 年度云南省科学技术进步奖三等奖。

第 3 章

机械辅助设备及系统设计创新

水电站机械辅助设备及系统对水电站的经济、安全、稳定运行起着不可忽视的作用。结合糯扎渡水电站巨型混流式水轮发电机组及地下厂房的特点开展辅助机械设备及系统设计工作，以保证技术先进、可靠，满足电站长期安全稳定运行要求。本章对糯扎渡水电站机械辅助设备及系统设计中具有代表性、创新性的巨型机组顶盖取水技术应用研究、巨型地下厂房排水系统设计、超大起升高度桥式起重机在高垂直竖井 GIL 吊装中的应用研究分别进行介绍。

3.1 巨型机组顶盖取水技术应用研究

混流式水轮机在正常运转时，转动部分（转轮）和固定部分（顶盖）之间的间隙将产生漏水。如果不排除这部分漏水，会使水轮机的轴向水推力大大增加，增加推力轴承的负荷，一般在转轮上冠设排水孔或在顶盖上设排水管将漏水排至尾水管内，以降低水推力。将通过止漏环间隙已废弃的漏水加以利用，引出作为机组冷却用水，称为顶盖取水。

3.1.1 顶盖取水在其他水电站的应用情况

从 20 世纪 70 年代末开始，昆明院就开展了水轮机顶盖取水的试验和研究工作，并在西洱河、绿水河、鲁布革、漫湾、天生桥一级等多个水电站应用成功，受到了运行单位的欢迎。表 3.1-1 为使用顶盖取水水电站的运行及测试情况。

表 3.1-1 使用顶盖取水水电站的运行及测试情况表

水电站名称	装机容量 /MW	水头范围 /m	机组冷却需水量 /(m³/h)	实测供水量 /(m³/h)	运行台年数
西洱河一级	3×35	208～345	343	305～370	66
西洱河二级	4×12.5	101.5～121	97.4		72
西洱河四级	4×12.5	100～122	97.4	88.8～120	72
绿水河	3×15	295～315	132	167～238	63
鲁布革	4×150	295～372.5	410.4	509～635	49
漫湾	5×250	83～100	988	864～1008	40
天生桥一级	4×300	83～143	1123		12

除云南省外，其他省部分水电站也有采用顶盖取水获得成功的经验。总结国内数十个水电站大、中型机组顶盖取水的应用实践，尽管各自经验不尽相同，但一般都具有以下共同特点：

（1）水质好。混流式水轮机的上止漏环间隙一般为 1～3mm，水流通道曲折，水流通过迷宫似的微小间隙，过滤效果较常规滤水器好，水质清洁，是一种相当理想的机组冷却水源。

（2）经济环保。顶盖取水纯属废（漏）水利用，不额外消耗水能和电能，设备少，投资省，经济性好。

（3）运维方便。采用顶盖取水技术后供水泵等设备的运行时间大幅缩短，减少了事故环节和检修维护工作量。

（4）可靠性高。顶盖取水与机组运行同步，供水可靠，自动化水平高。

顶盖取水纯属废（漏）水利用，不消耗水能和电能，水质好，设备布置简单，可为机组冷却供水提供可靠的清洁水源。国内数十个水电站机组顶盖取水的运行实践证明，顶盖取水十分可靠，从未发生因供水不足或水质问题而停机的事故。将顶盖取水作为糯扎渡水电站机组冷却供水的一个独立水源，与水泵供水互为主备用，这一方案将有利于简化整个机组供水系统，减少维护检修工作量，减少运行费用，提高机组运行可靠性。

3.1.2 机组冷却用水量及水压

糯扎渡水电站机组冷却供水对象包括发电机空气冷却器、上导轴承冷却器、推力轴承冷却器、下导轴承冷却器及水轮机水导轴承冷却器等，冷却用水量及水压要求见表 3.1-2。

表 3.1-2　　　　　　　　机组冷却用水量及水压

项　目	用水量/(m³/h)		水压/MPa
	1～6 号机组	7～9 号机组	
上导轴承冷却器	50	42	0～0.4
推力轴承冷却器	400	250	0～0.4
下导轴承冷却器	80	57	0～0.4
空气冷却器	1200	1120	0～0.4
水导轴承冷却器	10.8	30	0～0.4
合计	1740.8	1499	

3.1.3 顶盖取水结构及可行性分析

3.1.3.1 顶盖取水结构要求

顶盖取水中保证用水量和保证供水压力是一对矛盾。取水过多，压力降低；为保证供水压力，又可能减少用水量。一方面希望机组冷却器冷却效率高，冷却用水量小；另一方面希望冷却供水系统阻力越小越好。因此，除了在结构上选择合适的止漏环间隙外，在系统设计时还要考虑管径、流速、管路走向等因素，力求把供水系统损失降到最低。

水轮机转轮旋转时，由于离心力等的作用，顶盖下腔外侧止漏环出口处压力要比顶盖下腔内侧主轴附近的压力大，为保证顶盖取水压力，顶盖取水口应设置在止漏环出口处。结合顶盖取水要求，为避免取水过多，影响效率和顶盖取水压力，转轮上冠采用不开泄水孔的结构型式，将上固定止漏环漏水全部由顶盖排水管引出，顶盖取水口设置在上止漏环后离旋转中心较远处，并设置密封取水腔。

止漏环间隙值的大小不仅影响漏水量、效率、轴向水推力，而且对机组运行稳定性也有较大影响。因此在结构设计上应综合考虑间隙值的大小对顶盖取水、效率、轴向水推力、机组稳定性的影响，合理地选择间隙值。经综合分析并结合制造厂家结构设计要求，糯扎渡水电站 1～6 号水轮机止漏环间隙取 3.0mm，7～9 号水轮机止漏环间隙取 2.5mm。

3.1.3.2 顶盖取水计算分析

顶盖内的水来自转轮之前，因此转轮进口的水压力是顶盖取水的基础。首先计算出转轮进口压力 $H_1 = H \times ⑪ - H_s$，再计算出止漏环的水力损失即止漏环系统进出口压力差 $h_2 = H - V_1^2/2g + V_2^2/2g - \Delta h$，即可得到顶盖取水口的压力 $H_2 = H_1 - h_2$，继而计算出止漏环漏水量即顶盖取水量 $q_2 = \mu f \sqrt{2gh_2}$，水轮机的容积损失 $\phi = 2q_2/Q$。

以哈电和上海福伊特两家制造厂提供的模型资料和机组参数为计算依据，分别对最大水头、额定水头和最小水头时水轮机顶盖取水的水量和水压进行了计算，其结果见表 3.1-3。

表 3.1-3　　　　　　　　　　顶盖取水水量和水压计算结果表

项　目	参　数					
	1～6 号水轮机			7～9 号水轮机		
D_1/m	7.2			7.408		
$n/(r/min)$	125			125		
H/m	152	187	215	152	187	215
$\eta/\%$	94	94.52	96.1	95.8	95.2	96.6
$Q_1'/(m^3/s)$	0.51	0.538	0.428	0.486	0.506	0.403
$n_1'/(r/min)$	73	65.81	61.38	75.11	67.72	63.15
$Q/(m^3/s)$	326	381.4	325.3	328.8	379.7	324.3
Ⓗ	0.662	0.589	0.551	0.679	0.611	0.575
H_1/m	143.59	130.69	128.82	146.21	134.83	134.09
h_2/m	75.66	85.16	93.42	78.28	89.35	98.67
H_2/m	67.93	45.53	35.40	67.92	45.48	35.42
$q_2/(m^3/h)$	2738	2905	3042	2268	2423	2546
$\phi/\%$	0.47	0.42	0.52	0.38	0.35	0.44

计算结果表明：1～6 号水轮机顶盖取水流量变化范围为 2738～3042m³/h，水压变化范围为 35.40～67.93m；7～9 号水轮机顶盖取水流量变化范围为 2268～2546m³/h，水压变化范围为 35.42～67.92m；采用顶盖取水可以满足机组冷却用水的水量、水压要求。

3.1.3.3　顶盖取水与机组效率

水轮机功率损失包括容积损失、机械损失、水力损失。经计算，1～6 号水轮机最大水头、额定水头和最小水头时上止漏环容积损失分别为 0.47%、0.42%、0.52%，7～9 号水轮机最大水头、额定水头和最小水头时上止漏环容积损失分别为 0.38%、0.35%、0.44%。传统设计的机组中这部分漏水只能作为废水处理，顶盖取水正好利用了这部分间隙漏水，不仅不影响机组效率，而是间接地提高了水轮机的容积效率。

3.1.3.4　顶盖取水与轴向水推力

混流式水轮机的轴向水推力由上冠水压力引起的轴向水推力和由叶片、下环、转轮出口等水压力引起的轴向水推力两部分组成，前者和顶盖是否取（排）水、取（排）水方式及取（排）水多少有关。对于某一水轮机在一定工况情况下，上冠的轴向水推力随漏水量增加而减少，已被模型试验和真机运行所证实。苏联布拉茨克水电站研究报告中指出，上冠排水孔（或顶盖取水管）面积 F_1 和上冠止漏环间隙面积 F_2 之比 $m = F_1/F_2$ 从 4.296 降到 2.148 时，上冠水压力引起的轴向水推力增加 1.757 倍。东方电机厂在宝珠寺水电站顶盖取水模型试验中也发现 $m = 1.766$ 比 $m = 0$（顶盖不排水）时顶盖内压力降低 25%～30%。

为使顶盖压力适当，排水量又不太多，合理选择顶盖取水口尺寸和数量尤为重要。经计算并结合布置要求，1～6 号水轮机设 4 根 DN350 顶盖排水管，7～9 号水轮机设 6 根 DN300 顶盖排水管，其总过流面积分别为止漏环间隙面积的 6.6 倍、7.5 倍，满足水轮机结构设计要求。

3.1.4 顶盖取水及技术供水系统设计

3.1.4.1 顶盖供水方式

顶盖供水方式有间接供水和直接供水两种。间接供水是指各机组顶盖取水的供水管路将水送入蓄水池，蓄水池再通过管路向各机组冷却器分别供水的方式；这种供水方式的优点是取水与用水隔离分开，便于调节，提高了用水的稳定性；缺点是增加了管路长度和管路损失，对于糯扎渡这样的地下厂房，管路布置有一定难度，同时还需增加一个大水池，在地下厂房内难以找到合适的布置位置，投资比直接供水方式高。直接供水是将各台机组供水管路直接与用水设备总供水管相连，其管路短，损失小，布置方便，且取水量与机组负荷的变化趋势一致，随其增加而增加，随其减小而减小，具有自动调节功能；缺点是取水压力不稳定，稳压措施的设计有一定难度。

经综合分析比较，糯扎渡水电站的顶盖供水采用直接供水的方式。

3.1.4.2 稳压措施

顶盖取水压力除了随机组负荷变化而变化外，还与下游尾水位变化密切相关。糯扎渡水电站顶盖取水采用直接供水方式，如何保证用水设备有稳定的用水压力，也是顶盖取水必须要解决的问题。

本电站的顶盖取水稳压措施有两种方案可考虑：

方案 1：设置稳压水管即在顶盖取水总供水管上接出一根稳压管，压力的变化靠稳压管自行调节。本方案的优点是简单可靠，但对于本电站这样垂直埋深 200 多米的地下厂房，稳压管的布置非常困难。如果把稳压管直接引至洞外，管路太长；如果稳压管出口设在洞内，顶盖压力按 0.5MPa 估算，稳压管口高程约为 640.00m，高于厂房顶拱高程，还必须设一个水池，并把稳压管溢出的水排至洞外。另外，本电站尾水调压室的最高与最低水位之差约 23m，稳压管出口的高程不易确定。

方案 2：设置自动阀即在顶盖取水管上装设一个安全泄压阀，当顶盖取水压力过高时安全泄压阀自动打开排水，当压力降低到规定值时，阀门自动关闭，保证设备和管路的安全运行。本方案的优点是管路短、布置简单，安全泄压阀的整定值可根据不同季节尾水位的高低进行调节，可保证用水设备较为稳定的用水压力。与方案 1 相比，设置安全泄压阀要增加投资，并要求所选阀门具备调节范围大、性能高、控制精确及使用寿命长的特点。

经综合分析，糯扎渡水电站顶盖取水稳压措施采用方案 2，即装设安全泄压阀方案。在顶盖取水管上装设一个安全泄压阀，安全泄压阀出口管路引至尾水管。当顶盖取水压力过高（约 0.5MPa）时，安全泄压阀自动打开向尾水管排水泄压，保证设备和管路安全运行；当压力降低到规定值时，安全泄压阀自动关闭。

3.1.4.3 技术供水系统设计

根据糯扎渡水电站的水头范围和现行水电站机电设计规范，确定机组冷却供水采用单元供水方式，设有水泵供水和顶盖取水两种方式。水泵供水设有两路，水源均取自尾水管，两路取水分别经供水泵、自动滤水器加压过滤后向机组供水。水泵供水和顶盖取水作为两个独立的水源分别从尾水管和顶盖取水后汇总在机组供水总管上，两种取水方式互为主备用。顶盖供、排水的转换通过电动三通阀切换实现，使用顶盖供水时，电动三通阀切换到供水位，将止漏环漏水引至技术供水总管作为冷却用水；采用水泵供水时，电动三通阀切换到排水位，将止漏环漏水排至下游尾水管。冷却供水系统设有反冲功能，反冲时现地手动、自动或远方自动控制电动四通切换阀，实现供、排水的换向，反冲完成后恢复正向供水。

3.1.4.4 监视和控制

自动化元件及监视、发信等仪表是实现电站自动化的基本元件。为提高顶盖取水供水系统的可靠性，采取监视控制手段是必要的。除设置上冠压力监测，顶盖取水管压力及流量监测外，还设置顶盖取水管压力过低、过高发信号等报警装置。这些装置的应用将使顶盖供水系统在实际运行中得到有效的监视和控制。

机组技术供水系统设计见图 3.1-1。

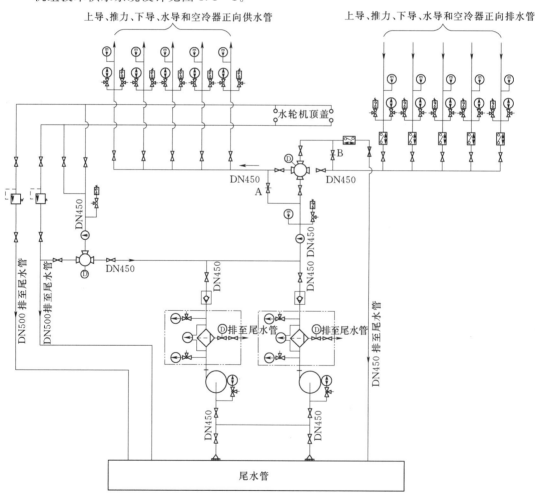

图 3.1-1 机组技术供水系统设计图

3.1.5 顶盖取水试验及应用情况

自 2015 年开始，糯扎渡水电厂组织完成了机组的顶盖取水试验。试验结果表明：顶盖取水水量、水压和机组运行各项技术指标均满足要求。9 台机组的取盖取水均已投入使用。

表 3.1-4 为 2 号机组顶盖取水试验数据，试验水头为 165m，机组最大负荷为 550MW。

表 3.1-4   2 号机组顶盖取水试验数据表

机组出力/MW	空载	50	100	200	250	300	350	400	450	500	550
供水总管流量/(m³/h)	845	1161	1290	1711	1884	1896	1944	2017	1981	1879	1995
供水总管压力/MPa	0.21	0.25	0.27	0.39	0.43	0.43	0.45	0.47	0.47	0.44	0.48
顶盖取水管压力/MPa	0.22	0.25	0.27	0.39	0.43	0.44	0.46	0.47	0.47	0.44	0.49
上导瓦最高温度/℃	47.5	47.8	47.9	47.9	47.7	47.7	47.7	47.7	47.8	47.8	48.0
下导瓦最高温度/℃	43.4	43.4	43.2	42.7	41.6	41.6	41.6	41.8	41.7	41.9	41.8
推力瓦最高温度/℃	70.1	70.4	70.6	72.2	74.5	74.6	74.8	74.9	75.1	75.3	76.1
水导瓦最高温度/℃	57.5	57.8	57.6	56.8	55.0	55.3	55.0	55.1	54.6	55.2	55.2
1 号泄压阀压力/MPa	0.24	0.29	0.31	0.46	0.50	0.51	0.52	0.51	0.53	0.52	0.52
2 号泄压阀压力/MPa	0.24	0.31	0.33	0.48	0.51	0.52	0.53	0.52	0.54	0.53	0.55

3.1.6 主要设计成果及创新

（1）顶盖取水是将水轮机运转时转动部分（转轮）和固定部分（顶盖）之间的间隙产生的漏水加以利用，引出作为机组冷却用水。顶盖取水纯属废（漏）水利用，不消耗水能和电能，水质好，维护检修工作量小，运行费用低，是一种节能环保的技术供水方式。

（2）糯扎渡水电站每台机组冷却供水泵的配套电机功率为 355kW，按照电站年利用小时数 4088h 计算，1 台机组一年需耗电约 145 万 kW·h，9 台机组一年需耗电约 1300 万 kW·h。采用顶盖取水作为机组冷却供水方式，按上网电价 0.21 元/（kW·h）计算，1 台机组每年可减少运行费用约 30 万元，9 台机组每年可节约运行费用约 270 万元。另外技术供水泵的日常维护与检修工作量大为减少，节约人力资源和社会成本，具有明显的经济效益和社会效益。

（3）糯扎渡水电站 650MW 机组采用顶盖取水并成功应用，填补了顶盖取水在巨型机组应用的技术空白，将对机组冷却供水方式产生深远的影响。

3.2 巨型地下厂房排水系统设计

3.2.1 排水系统总体要求

水电站排水系统是比较容易发生故障的部位，若排水系统不可靠，就会引起水淹厂房的重大事故，严重威胁水电站的安全和运行。采用地下厂房的水电站，由于地质结构及相关技术要求，厂房深埋地下几十米甚至几百米不等，为确保电站安全，防止发生水淹厂房等重大事故，排水系统的安全可靠运行更加尤为重要。

糯扎渡水电站厂房为地下式，布置在左岸溢洪道和泄洪隧洞之间的天然缓坡平台下方山体内，垂直埋深为 184～220m，水平埋深大于 265m（沿轴线方向），厂房、主变室和尾水闸门室三者平行布置。厂房及主要设备均位于尾水位以下，山体渗水、天然降水及生产生活用水等均可在厂房内形成积水，若不及时排出，将严重威胁电站的安全运行。为确保厂房安全，检修排水系统和渗漏排水系统分开设置。

3.2.2 检修排水系统设计

3.2.2.1 排水对象及排水量

检修排水系统主要排出机组检修时留存在压力管道、蜗壳、尾水管和尾水支洞内的积水，以及上游进水口闸门、下游尾水检修闸门漏水。为使蜗壳和压力管道内的大量积水能尽量自流排出，在蜗壳进口段最低处设有排水阀及排水管与尾水管相通，使高于下游尾水位的大量积水先自流排出，所余水量再用水泵加以排出。

检修排水为有排水廊道的间接排水系统。在主厂房右端副安装场段下游侧设有检修集水井，集水井底板高程为 558.00m，在厂房 560.00m 高程设有一个 1.5m×2.0m（宽×高）贯穿全厂的排水廊道直通检修集水井。机组检修时蜗壳和压力钢管内的积水通过蜗壳排水盘形阀排至尾水管，然后通过尾水排水盘形阀、检修排水廊道排至检修集水井中，再由排水泵排至下游尾水。检修排水总容积约 23000m³，上、下游闸门漏水量约 30m³/h。

3.2.2.2 系统设计

检修排水系统设置 3 台流量 1000m³/h、扬程 72m 的长轴深井泵，水泵房布置在 593.00m 高程处。集水井内设有 1 套带 4 组接点的电缆浮球液位开关用于控制水泵启停及 1 套投入式水位计用于监视集水井水位。排水泵可手动操作或自动控制运行，排水泵的自动运行通过浮球液位开关进行控制，液位开关共有 4 组接点（第一台泵启动水位，第二台泵启动水位，第三台泵启动并报警水位，停泵水位）。

机组停机检修排水时，首先关闭进水口闸门，确认所有机组尾水盘形阀处于关闭状态，确认检修集水井进人孔处于有效封闭状态，各深井泵运转情况良好，液位传感器和液位开关工作正常，抽干检修集水井内积水，然后打开待检修机组的蜗壳排水阀，使高于下游尾水位的大量积水自流排出，待流道内积水与下游尾水位齐平时，关闭尾水检修闸门，打开尾水盘形阀将水排至检修集水井，手动开启 3 台深井泵将水排到下游，首次排水时间约 8h。在机组检修期间，深井泵设置为 1 台工作 2 台备用，由电缆浮球液位开关控制自动运行，用于排除上游进水口闸门和下游尾水检修闸门漏水。检修集水井有效容积约 800m³，能储存约 1d 的漏水量，工作泵启动后每次工作时间约 50min。

深井泵为预润滑水型，润滑水压为 0.2～0.6MPa，水泵启动前发送信号打开润滑供水管上的电磁阀充水，判断润滑水管路上的流量传感器是否有水流，有水流再经延时 2.5min 后发水泵启动指令，水泵启动后延时 30～60s 关闭电磁阀切断润滑水。

机组检修排水系统设计见图 3.2-1。

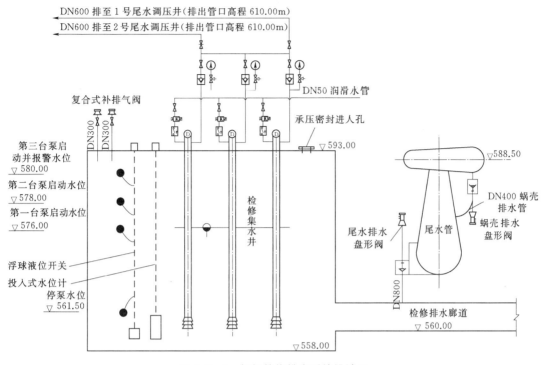

图 3.2－1　机组检修排水系统设计图

3.2.2.3　排水管路布置

检修排水深井泵出口管径为 DN400，3 台排水泵排水管合为一根 DN600 排水总管。考虑尾水调压井和尾水隧洞检修需要，检修排水总管分为两路 DN600 排水管，分别排至 1 号、2 号尾水调压井，排水总管上设有手动切换阀门。在 1 号尾水调压井或 1 号尾水隧洞检修时，检修排水排入 2 号尾水调压井；在 2 号尾水调压井或 2 号尾水隧洞检修时，检修排水排入 1 号尾水调压井。为方便排水管路上与下游尾水连接的第一个阀门检修更换，排水管出口设置在 610.00m 高程处，位于电站 9 台机组发电运行尾水位（609.00m）以上。

3.2.2.4　控制系统

检修排水系统设有 1 面排水泵控制屏及 3 面启动屏，控制屏采用 PLC 控制，电机启动装置采用软启动方式。PLC 选用施耐德公司 Modicon Premium 系列 TSXP57104M 模块。各启动屏上设有排水泵手动/自动/切除三种选择开关，开关位置上送电站计算机监控系统。控制屏采用交直流双回路供电，一路交流电源（来自电站逆变电源，逆变电源为交直流双供电）、一路直流电源。

在手动工况下，排水泵的控制独立于 PLC，每面水泵启动屏设有一组"启、停"手动操作按钮，由操作人员以手动工作方式经软启动器直接控制水泵的启停。在自动控制方式下，控制屏内 PLC 可通过液位开关信号进行水泵启、停控制。PLC 能统计各水泵的运行时间、启动次数，完成对各水泵的逻辑控制。

水泵控制系统配备重载启动的软启动器及相应的保护装置，具有过载、缺相、漏电、欠压、短路等保护功能。控制屏上能显示水泵的电源电压信号，还向电站监控系统提供 DC 4～20mA 的水泵电机电流信号。

3.2.2.5 检修集水井密封及防气锤措施

为保证排水系统安全，检修集水井按承压密封设计，进人孔处设置承压密封盖板。排水泵泵座及基础垫板之间设置密封圈，能承受集水井内不高于 0.8MPa 的内水压力。

为消除集水井内气锤，检修集水井顶部 593.00m 高程设有 2 个 DN300、PN1.6MPa 复合式补排气阀，用于在尾水盘形阀打开向集水井排水时排出集水井内空气、排水泵排水过程中向集水井补入空气。每个补排气阀下面设有一个 DN300、PN1.6MPa 检修闸阀。

3.2.3 渗漏排水系统设计

3.2.3.1 排水对象及排水量

厂房渗漏排水系统主要排出地下厂房和洞室群水工建筑物渗漏水、主轴密封漏水、各部位供排水阀门管件漏水、生活用水等。在主厂房右端副安装场段上游侧设有渗漏集水井，集水井底板高程 558.00m，在厂房高程 560.00m 设有一个 1.5m×2.0m（宽×高）贯穿全厂的渗漏排水廊道直通渗漏集水井。所有渗漏水通过排水管、渗漏排水廊道排至渗漏集水井中，再由排水泵排至下游尾水。

水工建筑物渗漏水量约 160m³/h。考虑机电设备渗漏排水，渗漏水量以 300m³/h 作为设计依据。渗漏集水井有效容积约 500m³，能储存约 1.5h 的渗漏水量。

3.2.3.2 系统设计

渗漏排水系统设置 4 台流量 650m³/h、扬程 90m 的潜水深井泵，两主两备，水泵房布置在 588.00m 高程处。渗漏集水井内设有 1 套带 4 组节点的电缆浮球液位开关用于控制潜水深井泵启停及 1 套投入式水位计用于监视集水井水位。排水泵可手动操作或自动控制运行，自动运行通过电缆浮球液位开关进行控制，液位开关共有 4 组接点（2 台工作泵启动水位，2 台备用泵启动，报警水位，停泵水位）；2 台工作泵启动后每次工作时间约 30min。

渗漏集水井内另设有 2 台射流泵，用于排出集水井内淤泥和配合潜水深井泵排水。射流泵驱动水源取自 1 号、2 号水轮机蜗壳进口段，由布置在 588.00m 高程处驱动供水管上的电动阀控制启停。

每台水轮机由厂家配套提供 2 台潜水排污泵及水位报警信号器，安装布置在水轮机机坑内，用于将顶盖上的积水排至尾水管；潜水排污泵的运行由水位报警信号器自动控制。

厂房渗漏排水系统设计见图 3.2-2。

3.2.3.3 排水管路布置

渗漏排水井用潜水泵出口管径 DN300，4 台排水泵分为两组，每两台排水泵排水管合为一根 DN500 排水总管。射流泵出口管径 DN200，2 台射流泵排水管合为一根 DN300 排水总管。考虑尾水调压井和尾水隧洞检修需要，每组潜水深井泵的排水总管分为两路 DN500 排水管，分别排至 1 号、2 号尾水调压井，排水管上设有手动切换阀门。射流泵排水总管分为两路 DN300 排水管，排水管上设有手动切换阀门。在 1 号尾水调压井或 1 号尾水隧洞检修时，渗漏排水排入 2 号尾水调压井；在 2 号尾水调压井或 2 号尾水隧洞检修时，渗漏排水排入 1 号尾水调压井。为便于排水管路上与下游尾水连接的第一个阀门检修

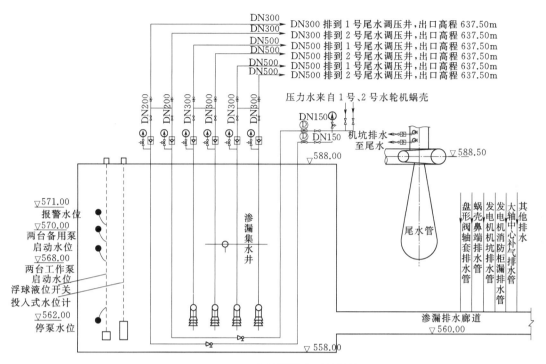

图 3.2－2　厂房渗漏排水系统设计图

更换，排水管出口设置在 637.50m 高程处，位于下游最高尾水位（634.54m）以上。

3.2.3.4　控制系统

渗漏排水系统设有 1 面渗漏排水泵控制屏、4 面启动屏、4 个现地手动控制箱。控制盘采用 PLC 控制，电机启动装置采用软启动方式。PLC 选用施耐德公司 Modicon Premium 系列 TSXP57104M 模块。各启动屏上设有排水泵手动/自动/切除三种选择开关，开关位置上送电站计算机监控系统；控制屏上还设有射流泵驱动供水电动阀手动启停控制按钮。控制屏采用交直流双回路供电，一路交流电源（来自电站逆变电源，逆变电源为交直流双供电）、一路直流电源。

在手动工况下，排水泵的控制独立于 PLC，每面水泵启动屏设有一组"启、停"手动操作按钮，由操作人员以手动工作方式经软启动器直接控制水泵的启停。在自动控制方式下，控制屏内 PLC 可通过液位开关信号和液位变送器输出的模拟量控制信号进行水泵启、停控制。PLC 能统计各水泵的运行时间、启动次数，完成对各水泵的逻辑控制。

水泵控制系统配备重载启动的软启动器及相应的保护装置，具有过载、缺相、漏电、欠压、短路等保护功能。控制屏上能显示水泵的电源电压信号，还向电站监控系统提供 DC 4～20mA 的水泵电机电流信号。

3.2.4　排水系统主要设备配置

3.2.4.1　长轴深井泵

检修排水采用长轴深井泵，主要性能参数为：型号 20EHC/3，额定流量 1000m³/

h，扬程 72m，额定效率 82%，电机功率 335.7kW，供电电压 AC 380V，转速 1475r/min。

长轴深井泵主要由工作部分、扬水管、泵座和电机等组成。工作部分主要包括泵壳、叶轮、叶轮轴和滤网等，扬水管部分主要包括扬水管、传动轴、联轴器和支架轴承等，电机通过多根传动轴和联轴器与泵头叶轮相连接。扬水管分节并采用法兰连接，每节长度 2.5m。电机采用爱默生深井泵专用电机，干式安装，风冷冷却，布置在泵房地面上，防护等级为 IP54，采用 F 级绝缘。电机配有止逆盘（40Cr 销、QT450-10 止逆盘），以防停泵时叶轮和电机倒转。

3.2.4.2　井用潜水泵

渗漏排水泵采用套管嵌入式井用潜水泵，主要性能参数为：型号 18BHC/3，额定流量 650m³/h，扬程 90m，额定效率 80%，电机功率 260kW，供电电压 AC 380V，转速 1475r/min。

井用潜水泵主要由工作部分、导流罩、扬水管、泵座、潜水电机、防水电缆等组成。工作部分主要包括电机接头、泵壳、叶轮、叶轮轴和滤网等，电机与泵头叶轮直接连接。扬水管分节并采用法兰连接，每节长度 2.5m。电机采用井用潜水泵专用电机，淹没在水面以下，采用水冷冷却，其防护等级为 IP68，采用 F 级绝缘。水泵出口设置有止回阀，以防止水泵停泵时水倒流。

3.2.4.3　射流泵

渗漏集水井内设有 2 台射流泵，用于排出集水井内淤泥和配合井用潜水泵排水。射流泵主要性能参数为：扬程 69.89～86.07m，吸上流量 48.62～114.77m³/h，进口直径 150mm，出口直径 200mm，喷嘴直径 40mm，混合管直径 75mm，喷嘴距离 48mm，喷嘴平直段长度 20mm，混合管长度 538mm，扩散管长度 930mm，扩散管锥角 8°。吸水方式为泵体周边吸水方式。

3.2.4.4　电缆浮球液位开关

检修集水井、渗漏集水井内各设置 1 套电缆浮球液位开关用于排水泵自动运行控制。每套液位开关均提供 4 个水位位置（每个水位设 2 个浮球开关）的开关量信号，其中 1 组为下垂接通，3 组为上悬接通。浮球液位开关型号为 KEY-4，接点容量为 AC250V/3 A，信号输出为开关量。

3.2.4.5　投入式水位计

检修集水井、渗漏集水井内各设置 1 套投入式水位计用于集水井水位监视。投入式水位计由防水电缆、接线盒及装入一个不锈钢壳体的传感器和变送器专用电路组成，是一种全密封潜入式固态压阻水位测量装置。水位计供电电源为 DC 24V，输出信号为 DC 4～20mA，传输方式为两线制。

3.2.5　渗漏排水系统抽排能力复核

根据现场实测结果，地下厂房实测渗流量为 1182m³/d（约 50m³/h），小于原设计考虑的渗漏水量，排水泵约每 10h 抽排一次，2 台工作泵启动后每次工作时间约 30min，厂房渗漏排水系统排水能力满足要求。

3.2.6　主要设计成果及创新

（1）排水是水电站安全运行的重要环节之一，对于糯扎渡水电站这样不具备自流排水条件的巨型地下厂房而言，为保证电站、机电设备的正常运行及运行人员的安全，设计一套安全可靠的排水系统尤为重要。

（2）本电站检修排水系统与渗漏排水系统分开设置，配备了充足的排水设备，并根据水位信号控制排水泵自动运行。经电站实际运行证明，排水系统设备配置完善，运行情况稳定，满足电站安全稳定运行要求。

3.3　超大起升高度桥式起重机在高垂直竖井 GIL 吊装中的应用研究

3.3.1　厂房及 GIL 布置

本电站厂房为地下式，水轮发电机组、发电电压设备、主变压器、500kV GIS 设备等均布置在地下厂房内。主变洞位于厂房下游侧，共分三层，从上往下依次为 500kV GIS 层、SF_6 气体绝缘母线层和主变层。500kV 地面出线场布置在主变及 GIS 室顶部821.50m 高程处，出线场内布置有地面副厂房和 500kV 出线设备。

地下 GIS 与地面 500kV 出线场间通过 2 条高度为 206m 的垂直出线竖井相连，1 号出线竖井内敷设 2 回 500kV SF_6 气体绝缘母线（GIL）共 6 根，2 号出线竖井内敷设 1 回 500kV SF_6 气体绝缘母线（GIL）共 3 根。出线竖井断面净直径为 7m，每个竖井内设有 1 部电梯兼作地下厂房与 500kV 地面出线场上下联络通道。GIL 在 1 号出线竖井中的位置和 1 号出线竖井剖面图分别见图 3.3－1、图 3.3－2。

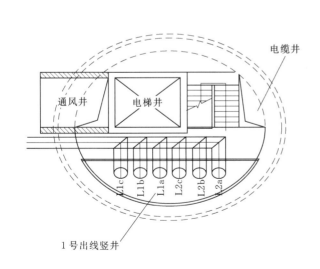

图 3.3－1　GIL 在 1 号出线竖井中的位置

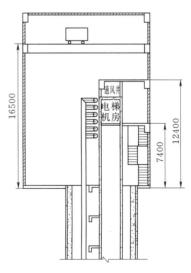

图 3.3－2　1 号出线竖井剖面图

（单位：mm）

3.3.2 GIL 主要结构

气体绝缘输电线路 GIL（gas insulated transmission line），是一种采用 SF_6 气体或 SF_6 和 N_2 混合气体绝缘、外壳与导体同轴布置的高电压、大电流电力传输的电力设备；GIL 截面为同轴圆柱结构。图 3.3-3 为 GIL 实体模型示意图，图 3.3-4 为 GIL 现场安装图。

图 3.3-3 GIL 实体模型示意图　　　　　　图 3.3-4 GIL 现场安装图

糯扎渡水电站 500kV GIL 由美国 AZZ/CGIT 公司制造供货，单相式，相间距 711mm。GIL 外壳由螺旋焊接铝镁合金管制成，导体由高导电率的铝合金管制成，铝合金导体和外壳为同心结构，采用三柱式的活动绝缘子和盆式固定绝缘子支撑。标准单节长度为 11.5m，节间导体采用插接，外壳采用法兰螺栓连接，法兰面为双密封圈结构。

地下水平段和地面水平段采用焊在外壳上的钢支架安装，钢支架有固定式和滑动式两种，滑动式支架允许 GIL 纵向移动，以便消除运行中热胀冷缩产生的位移。出线竖井内 GIL 采用上部单点悬挂式承重支撑，以消除安装及运行中的不利位移。

3.3.3 GIL 吊装用桥式起重机选择及配置

3.3.3.1 GIL 吊装用桥式起重机选择

为便于出线竖井内 GIL 吊装，需在出线竖井顶部副厂房内设计并配置起升高度 240m 的起重设备。在 206m 高垂直、小竖井（断面直径 7m、最外侧 1 根 GIL 距离竖井边距离仅 0.7m）及狭窄空间中设置超大起升高度的桥式起重机并用于吊装 GIL 设备，主要存在以下技术难点：

（1）在整个起吊高度范围内 GIL 下降、起升过程中不出现钢丝绳缠绕及打铰。

（2）保持 GIL 下降、起升过程中吊点水平位置固定且吊装过程平稳。

（3）保证钢丝绳不碰撞竖井土建结构等。

经对如此大起升高度桥式起重机的设计制造可行性、可靠性、参数选择、结构设计和设备布置等进行研究，确定了主要结构设计及配置方案，采用双梁＋单小车＋双卷筒＋双电机＋双钢丝绳的特殊结构型式及大直径卷筒、两根钢丝绳分别左、右旋缠绕等技术措施，使桥机满足高垂直、小竖井内 GIL 设备的安全可靠吊装要求。

3.3.3.2　桥式起重机主要参数

　　每个出线竖井顶部副厂房设置一台电动双梁单小车单钩桥式起重机，供出线竖井内 GIL 母线的吊装和检修使用。起重机不设司机室，采用地面线控操纵为主（821.8m 高程），同时配有地面无线遥控的操纵方式（606.50m 高程）。

　　桥式起重机主要参数见表 3.3-1。

表 3.3-1　　　　　　　　　　　　桥式起重机主要参数表

项　　目	参数	项　　目	参数
起重量/t	6	起重机工作级别	A5
跨度/m	9	起重机宽度/m	4.58
起升高度/m	240	起重机高度/m	2.359
额定荷载时起升速度/(m/min)	0.6～6	吊钩上游极限尺寸/m	1.2
空载时起升速度/(m/min)	6～12	吊钩下游极限尺寸/m	1.8
大车运行速度/(m/min)	4.3	吊钩钩口中心至大车轨顶最小距离/m	0.768
小车运行速度/(m/min)	2.63	轨道中心至端梁外侧距离/m	0.25

3.3.3.3　桥式起重机主要结构

　　（1）桥架。桥架采用双梁结构，由两根箱形主梁、端梁及附属钢结构组成。主梁材料采用 Q345B，主梁与端梁采用高强度螺栓连接。在桥架的主梁、端梁的通道上设有高度为 1050mm 的栏杆，并设有间距不大于 350mm 的水平横杆，底部应设置高度不小于 100mm 的围护板。

　　（2）小车架。小车架采用刚性框架焊接结构，材料采用 Q345B。小车架以及小车架上的所有设备基础和连接孔均整体加工、镗孔，以保证小车架上所有机构和装置安装的准确性。

　　（3）运行机构。大、小车运行机构均采用两台电机驱动车轮的驱动形式，采用电机、制动器、减速器"三合一"型式的驱动装置。大车和小车的运行机构均设有行程开关、止挡、扫轨板和缓冲器。运行机构的制动采用支持制动和控制制动并用；支持制动采用液压式制动，控制制动采用电气制动。

　　（4）起升机构。起升机构布置在小车架上。起升机构采用交流变频无级调速，并具有微动功能，且可进行遥控调速。起升机构制动采用支持制动和控制制动并用。支持制动采用两套液压盘式制动，其中一套为工作制动器，另一套为辅助制动器，辅助制动器滞后于工作制动器动作；控制制动采用电气制动。在卷筒的一端安装一套盘式制动器作为安全制动器。

　　（5）减速器。起升机构和大小车行走机构减速器均采用中硬齿面减速器，所有齿轮均应为油浴闭式齿轮。减速器采用焊接壳体，焊后对主要焊缝进行 100％无损检测，机械加工前对壳体进行整体退火处理。

　　（6）卷筒及钢丝绳。卷筒采用双联卷筒，采用 Q345B 合金钢钢板卷焊而成；卷筒与减速器低速轴之间采用联轴器直接相连。卷筒短轴支撑基础与卷筒体焊为一体，然后整体加工，以保证短轴与卷筒的同轴度。卷筒上设有绳槽和排绳装置，钢丝绳采用两根 8 股面接触钢丝绳，其中一根为左旋缠绕，另一根为右旋缠绕。钢丝绳在卷筒上采用压板固定方式，具有防松或自紧的性能。

（7）安全防护装置。桥机设有超载限制器、起升高度限位器、下降深度限位器、大小车运行机构限位开关、缓冲器、连锁保护装置、扫轨板、防碰撞装置、阻进器等保护装置。

桥机具有过载、超速、吊钩限位、小车限位、大车限位等可靠的安全保护装置。当桥机接近保护位置时会自动减速并发出声光警报，到达保护位置时自动停机。

（8）电气防护。桥机设有短路保护、过电流保护、失压保护、零位保护、断相保护、接地保护、过速保护、紧急开关、行程开关等电气保护。

3.3.4　GIL 吊装方案研究

由于 GIL 单相长度均超过了 300m，地下厂房与地面出线场分别使用不同的测量控制网，局部的微小偏差可能会造成出线场设备或 GIL 对接不上，因此，必须保证测量放点的准确度。在安装时，以出线竖井底部作为安装基准点，向两侧安装以分散安装误差，保证 GIL 两端能准确与 GIS 及出线场设备连接。

现场自制两副承重能力足够的门形架用于 GIL 安装，门形架底部装有方便移动的轮子。安装时，通过吊带和手拉葫芦将 GIL 吊到门形架上，再移动门形架、调整手拉葫芦使 GIL 与已安装好的 GIL 对齐安装。竖井内 GIL 单节长度 11.5m，安装时由下而上，三节组装在一起为一个吊装单元。为提高安装效率，在竖井顶部设有"预组装区"和"最终安装区"，两个工作面可同时进行。竖井底部安装有液压机构，安装完后可作为竖井内管道母线的减震器。

GIL 吊装主要步骤如下：

（1）用 6t 桥式起重机将第一节清洁好的 GIL 吊到预安装平台上，并合拢可移动钢板以支撑顶部法兰，将 GIL 固定牢固。

（2）将起重机从上述 GIL 移开，并将下一节清洁好的 GIL 吊到第一节 GIL 上方，并与第一节 GIL 连接好。

（3）用起重机将上面连接好的两节 GIL 提起，移开可移动钢板，降下已连接好的母线段，当第二节 GIL 的顶部法兰接近支撑臂时，合拢可移动钢板以牢固支撑起第二节 GIL 的顶部法兰。

图 3.3-5　GIL 吊装图

（4）重复步骤（2）、（3）将第三节清洁好的 GIL 与第二节 GIL 连接好。

（5）用起重机把组装好的三段 GIL 整体吊起沿竖井井壁导轨下降到安装高程，再通过手拉葫芦吊住 GIL，拆下临时滑块，使 GIL 与导轨分离，利用手拉葫芦将母线下降到最终安装位置并与已安装好的 GIL 对接。

（6）重复以上步骤，直到竖井中所有的 GIL 都安装完毕。

GIL 吊装见图 3.3-5。

3.3.5　主要设计成果及创新

（1）对高垂直、小竖井中气体绝缘管道母线 GIL 的吊装方法，及对狭窄空间布置超大起升高度桥式起重机的可行性、可靠性进行研究，确定了安全可靠的特殊结构设计方案，对解决高垂直、小竖井内安全可靠吊装 GIL 设备具有重要意义。

（2）将 240m 超大起升高度桥式起重机应用到糯扎渡水电站高垂直竖井内 GIL 吊装工程中，加快了设备安装进度，缩短了安装时间，保证了电站发电投产目标的顺利实现，具有明显的经济效益和社会效益。

第 4 章

消防及通风空调系统设计创新

糯扎渡水电站厂房为地下式，水轮发电机组、发电电压设备、主变压器、500kV GIS 等设备均布置在地下厂房内。为确保电站安全，电站的消防系统、通风空调系统等的优化设计及安全可靠运行同样重要。本章对 IG-541 环保气体灭火系统设计及通风空调系统设计中的地下厂房岩石热物理性质和热工状态研究分别进行介绍。

4.1 IG-541 环保气体灭火系统设计

糯扎渡水电站地下主厂房右端主安装场外侧为端部副厂房，共分为 6 层，其中布置在 623.50m 高程的中央控制室、618.00m 高程的计算机室和通信设备室的主要控制设备均为高科技的电子产品和高精密器械，它们是电站的控制中枢和核心部位，更是消防保护的重中之重。根据消防规范要求，采用固定式气体灭火方式。

4.1.1 气体灭火介质选择

气体灭火技术比较成熟，性能指标符合我国现行《水电工程设计防火规范》（GB 50872—2014）、《建筑设计防火规范》（GB 50016—2014）和其他相关法规要求，具有推广价值的气体灭火材料主要有 CO_2（二氧化碳）、FM-200（七氟丙烷）、IG-541（烟烙尽）、气溶胶 4 种产品，各种气体灭火系统性能指标及经济综合对比见表 4.1-1。

表 4.1-1 各种气体灭火系统性能指标及经济综合对比表

灭火剂名称	CO_2	FM-200	IG-541	气溶胶
分子量	44	170	34	—
沸点/℃	−78.5	−16.3	−196	—
临界温度/℃	31.1	101.7	147.7	—
主要灭火方式	窒息为主	化学抑制为主	窒息为主	化学抑制为主
臭氧损耗潜能值 ODP	0	0	0	0
温室效应潜能值 GWP	1	2050	0	0.5
大气存活寿命值 ALT/a	120	31~42	0	0
喷射时间/s	≤60	≤8	≤60	≤60
灭火速度	慢	较慢	较慢	快
储存压力/MPa	2.07/5.17	2.5/4.2	15	—
灭火剂毒性	4%浓度时，人体即有不适感；20%浓度可致人死亡	短时接触对人体无影响	短时接触对人体无影响	短时接触对人体无严重影响
酸性值	较低	较低	低	低
适用范围	无人区域	有人区域	有人区域	有人区域
对人类安全性	危险	安全性高	安全性高	安全性高
综合费用	较高	较高	高	适中

经综合分析比较，选用 IG-541 混合气体作为地下端部副厂房中央控制室、计算机室、通信设备室气体灭火系统的灭火介质。

4.1.2　IG-541气体灭火系统的灭火原理

IG-541气体灭火系统又称为烟烙尽气体灭火系统，是一种采用IG-541混合气体作为灭火介质的新型灭火系统。IG-541混合气体灭火剂气源来自空气中，它是由大气中的氮气（N_2）、氩气（Ar）、二氧化碳（CO_2）三种气体以52％、40％、8％的比例混合而成，其臭氧损耗潜能值ODP＝0，温室效应潜能值GWP＝0，在大气中的存活寿命值ALT＝0。

IG-541气体灭火系统的灭火机理属于物理灭火方式。当IG-541气体喷放到着火区域时，能在短时间内降低保护区内氧气的浓度（由空气正常含氧量的21％降到不支持燃烧的12.5％以下），产生窒息作用，使燃烧迅速终止。同时也把二氧化碳的含量提高至2％～5％，二氧化碳含量的提高会刺激人的呼吸中枢神经，促使人体加快呼吸或深呼吸，从而增加血液中的含氧量，加速血液循环，以保证人体在低氧环境下（12.5％左右）仍能正常呼吸。这样，在气体喷放后，既能达到灭火效果，又能保证人的生命安全。

IG-541气体灭火系统用于全淹没灭火系统，可用于扑救电气火灾，电子产品及通信设备火灾，甲、乙、丙类液体火灾或灭火前能切断气源的气体火灾，固体表面火灾及棉毛、织物、纸张等固体深位火灾，广泛用于电子计算机房、电子设备间、数据存储间、控制室、通信机房、档案馆、票据库房、文物资料库房等场所灭火。

4.1.3　IG-541气体灭火系统的性能特点

IG-541气体灭火系统主要性能特点如下：

（1）保护环境。IG-541混合气体灭火剂由惰性气体组成，系统释放时只是将氮气（N_2）、氩气（Ar）、二氧化碳（CO_2）这些天然气体放回大气，其臭氧损耗潜能值ODP＝0，温室效应潜能值GWP＝0，不会对地球的温室效应产生影响，不产生具有长期存活寿命的化学物质，灭火时不会发生化学反应，不污染环境、无毒、无腐蚀、电绝缘性能好。

（2）保护生命安全。IG-541混合气体是一种无色透明气体，不含有毒气体成分，灭火时不会产生有毒气体，也不会产生影响疏散人员视线的白色浓雾，利于逃生；在规定的灭火浓度下对人体无害，在有人工作的场所可以安全使用，防护区内的工作人员能正常呼吸，便于火灾发生后能及时扑救，减少损失。

（3）保护财产安全。IG-541混合气体属于惰性气体，而非化学合成气体，喷放后不会因燃烧或高温而产生任何腐蚀分解物或残留物，对精密设备无任何腐蚀作用；以压缩气体的形式储存，而非液态储存，喷放时不会引起保护区域内温度急剧下降，不会造成冷凝效应，不会对保护区内精密设备造成任何污染或破坏；可在保护区内存留较长时间而不会很快流失，具有良好的长时间浸渍功能，以达到防止复燃的目的；喷放时可降低保护区内湿度，减少室内大气的导电性，有利于保护电子、电器等精密设备。

（4）保护距离长。IG-541气体灭火系统充装压力为15MPa，保护距离可远至上百米，解除了灭火剂储瓶必须设在防护区附近的限制，使储瓶站位置选择具有更多的灵活性，便于布置；在采用组合分配方式下，可以连接更多的保护区域，节省灭火系统投资。

（5）使用维护方便。IG-541混合气体灭火剂完全由惰性气体组成，取自大气，药剂来源广泛，且灭火剂的更换周期较长，维护保养费用低，可确保长期使用。

4.1.4 灭火系统设计

4.1.4.1 系统选择

本电站地下端部副厂房气体灭火系统的灭火对象为中央控制室、计算机室、通信设备室三个独立分区，若采用独立系统，将会造成消防设备用量增加及设备布置空间增大，增加系统投资，造成重复设置及浪费。因此，本电站地下端部副厂房IG-541混合气体灭火系统采用全淹没固定式组合分配系统。

该系统包括管网子系统和控制子系统两部分，其中管网子系统由灭火剂储瓶、灭火剂储瓶容器阀、灭火剂单向阀、瓶组架、压力软管、集流管、安全泄压阀、减压装置、选择阀、压力信号器、启动气体储瓶、电磁启动装置、气流单向阀、启动管路、低泄高密阀、喷嘴、灭火剂输送管道、管接件等组成，控制子系统由灭火控制器（控制盘）、火灾探测器、模块、警铃、声光报警器（蜂鸣器及闪灯）、气体释放指示灯、紧急启动/停止按钮、手动/自动转换开关、DC 24V辅助联动电源、导线和穿线管等组成。

图4.1-1为IG-541组合分配式气体灭火系统结构示意图。

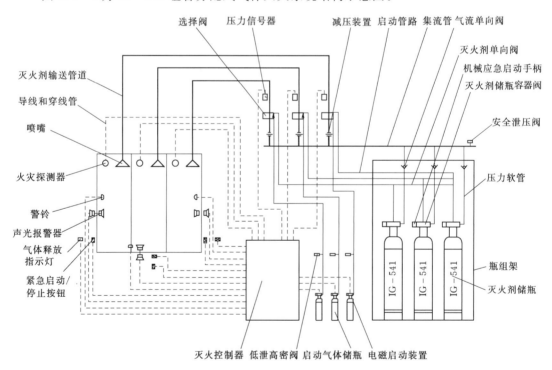

图 4.1-1 IG-541组合分配式气体灭火系统结构示意图

4.1.4.2 灭火系统设备及部件选择

中央控制室位于副厂房623.50m高程，长21.15m，宽10.15m，净高5.3m。计算机室位于副厂房618.00m高程，长6.6m，宽7.16m，净高5m。通信设备室位于副厂房

618.00m 高程，长 14.33m，宽 10.15m，净高 5.3m。三个防护分区的保护对象均为电气火灾，灭火设计浓度取 37%，系统喷放时间取 55s，浸渍时间取 10s，设计温度按 20℃计，海拔高度按 600m 计，根据《气体灭火系统设计规范》（GB 50370）进行计算，各防护区设计及计算参数见表 4.1-2。灭火剂储瓶考虑 100% 备用量，根据计算结果，设置 IZR 80/15 型灭火剂储瓶 84 只（其中 42 只备用），灭火系统设备及部件配置见表 4.1-3。

表 4.1-2　　　　　　　　　　　　各防护区设计及计算参数表

防护区名称	中央控制室	计算机室	通信设备室
净容积/m³	1138	236	771
设计用量/kg	694	144	470
灭火剂储瓶规格/L	80	80	80
充装量/(kg/个)	16.89	16.89	16.89
瓶组数/个	42	9	29
总充装量/kg	709.38	152.01	489.81
灭火主管直径/mm	DN100	DN50	DN80
泄压口面积/m²	0.43	0.08	0.27
喷头型号	IQZ-40	IQZ-32	IQZ-40
喷头数量/个	8	2	7

表 4.1-3　　　　　　　　　　灭火系统设备及部件配置表　　　　　　　　单位：只

名称	型号	数量	名称	型号	数量
灭火剂储瓶	IZR-80/15	84	选择阀	IZF-80/15	1
启动气体储瓶	IQD-7/6	3	选择阀	IZF-50/15	1
电磁启动器	MF21-4.5	3	减压装置	IJY-100/15	1
灭火剂单向阀	IDF-12/15	84	减压装置	IJY-80/15	1
气流单向阀	IDF-6/6	6	减压装置	IJY-50/15	1
安全泄压阀	IAF-7/21.5	1	喷头	IQZ-40	15
选择阀	IZF-100/15	1	喷头	IQZ-32	2

4.1.4.3　灭火系统设备及管网布置

灭火剂储瓶和启动气体储瓶布置在副厂房 599.00m 高程的气体消防设备室，用选择分配阀通过管网分别引至中央控制室、计算机室、通信设备室，管网采用无缝不锈钢管。图 4.1-2 为 IG-541 气体灭火系统管网透视图。

4.1.5　灭火系统控制方式

IG-541 气体灭火系统设有自动控制、手动控制和应急机械手动控制三种方式。自动控制和手动控制可通过专用的自动/手动选择开关切换，具体灭火过程包括以下几个方面：

（1）自动控制方式灭火过程。当灭火控制器的手自动转换开关置于"自动"位置时，

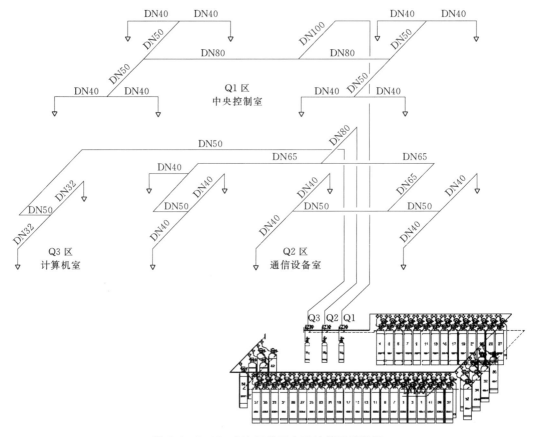

图 4.1 - 2 IG - 541 气体灭火系统管网透视图

针对该防护区的灭火控制方式处于全自动状态。在此状态下，当灭火控制器接收到某一防护区两种不同类型火灾探测器同时探测到火险信号时，即向其对应的电磁启动装置发出灭火联动信号；启动设于对应防护区内外的声光报警器（蜂鸣器及闪灯），向防护区内外的人员发出紧急疏散和气体喷放预警报；联动关闭该防护区所有有关的防火阀、空调、通风设备及其他影响灭火效果的设备或装置；进入气体喷放前的延时（0～30s 可调），延时阶段结束，立即向灭火系统中对应防护区的电磁启动装置发出灭火指令；电磁启动装置动作，启动气体储瓶中的气体（氮气）释放，依次打开相应的选择阀及预先确定数量的灭火气体储瓶容器阀等组件，释放气体灭火剂，实施灭火；在管道内灭火气体压力作用下，压力信号器启动并将动作信号反馈至灭火控制器，灭火控制器发出联动信号点亮防护区入口处设置的气体释放指示灯，提醒人员勿入。

（2）手动控制方式灭火过程。当灭火控制器的手自动转换开关置于"手动"位置时，针对该防护区的灭火控制方式处于手动状态。在此状态下，当灭火控制器接收到某一防护区两种不同类型火灾探测器同时探测到火险信号时，将火灾信号发送消防控制中心，并联动启动安装于防护区内外的声光报警器；经现场值班人员确认后，可在消防控制中心发出灭火启动指令或手动按下防护区门口设置的紧急启动按钮启动灭火系统，即可进入上述灭火程序，释放气体灭火剂，实施灭火。

（3）应急机械手动控制方式灭火过程。当发生火灾时，由于事故等原因采用上述两种方法均无法启动气体灭火系统，经现场值班人员确认发生火灾的防护区名称、防护区人员已经撤出并有效防止人员误入、影响灭火效果的设备及装置已关闭后，可直接进入气体灭火系统储瓶间，拉动对应防护区启动气体储瓶上的电磁启动装置——机械应急启动手柄下的保险卡环，按下启动手柄后释放启动气体（氮气），从而启动气体灭火系统，释放气体灭火剂，实施灭火。

4.1.6 主要设计成果及创新

主要设计成果及创新包括以下内容：

（1）作为哈龙 1301 的一种新型替代产品，IG-541 混合气体灭火剂取自大自然，灭火时只是将这些天然气体放回大气，该灭火系统具有优良的技术性能、环保性能和安全性能。

（2）本电站地下副厂房中央控制室、计算机室和通信设备室消防采用组合分配式 IG-541 混合气体灭火系统，能有效保护生命安全和财产安全。通过工程实践，IG-541 气体灭火系统将在我国水电工程中得到更广泛应用。

4.2 地下厂房岩石热物理性质和热工状态研究

现代化科学技术的高速发展，对工业生产过程的环境空气质量提出了越来越高的要求。糯扎渡水电站位于澜沧江下游河段，发电机组安装在地下厂房岩体内，气候潮湿炎热。采用何种技术措施来保证厂房内的空气环境适应设备的运转要求和运行人员的生活条件，是采暖通风专业要研究的重要课题。因此，中国电建昆明勘测设计研究院有限公司组织开展了"糯扎渡水电站地下厂房岩石热物理性质和热工状态研究"工作，其中现场测试任务由院勘测总队承担，理论方面的研究则委托西安建筑科技大学环境与市政工程学院承担。

4.2.1 地下厂房岩石热物理性质研究

4.2.1.1 岩石热物理性质

糯扎渡水电站厂房位于地下岩石洞体内，地质资料表明，地下厂房岩石为花岗斑岩。花岗岩种类很多，其物理性质有较大差异。为了取得岩石的准确相关参数，在主厂房轴线地质勘探平洞 PD204 进深 500m、700m 处，取岩石标本，并且委托西安建筑科技大学进行物理性质测定，用实验方法确定糯扎渡水电站洞室岩石的导热系数、导温系数、密度、比容等物性参数。

4.2.1.2 岩石密度及比容的测试

测量密度采用阿基米德称重法，测出岩石试件的质量 m 和体积 V 后获得密度 ρ。

从隧道 500m 和 700m 处分别取得大小不等的 6 块试件，岩石试件的质量用天平称重法获得（天平精度为 ±1g），每一试件重复测试 3 次。体积测量采用阿基米德原理，采用一个大号量筒（量筒精度为 ±1mL），将试件全部浸入水中，读出试件浸泡前后量筒的示值，由此获得岩石试件体积，每一试件重复测试 3 次。测量数据见表 4.2-1、表 4.2-2。

表 4.2-1 500m 处岩石试件密度实验值

项 目	参　数								
	待测试件 1			待测试件 2			待测试件 3		
	第一次	第二次	第三次	第一次	第二次	第三次	第一次	第二次	第三次
质量/g	39.0	39.0	39.0	1.8	1.8	1.8	2.7	2.7	2.7
体积/mL	5	4	4	9	9	9	1	0	1
密度/(kg/m³)	2558			2476			2550		
平均密度/(kg/m³)	2528								
平均比容/(m³/kg)	3.96×10^{-4}								

表 4.2-2 700m 处岩石试件密度实验值

项 目	参　数								
	待测试件 1			待测试件 2			待测试件 3		
	第一次	第二次	第三次	第一次	第二次	第三次	第一次	第二次	第三次
质量/g	182.0	182.1	182.0	123.0	123.0	123.0	65.5	65.7	65.8
体积/mL	72	71	73	49	48	47	26	27	25
密度/(kg/m³)	2528			2562			2526		
平均密度/(kg/m³)	2538.7								
平均比容/(m³/kg)	3.94×10^{-4}								

综上可得，岩体平均密度 $\rho = 2533.3 \text{kg/m}^3$，平均比容 $\nu = 3.95 \times 10^{-4} \text{m}^3/\text{kg}$，试验误差为 1.67%。

4.2.1.3 平面热源法测定热绝缘材料导热系数 λ、导温系数 α 及比热

（1）实验原理。实验原理见图 4.2-1。

根据不稳定传热理论，在初始温度为 t_0 的半无限大物体表面 $x=0$ 处突然作用一均匀分布的常热流 Q_0（W/m²），经过一段时间 t_1 后，得出在 $x=x_1$ 处的过余温度。如果在 t_1 时刻突然停止表面加热，则在 t_2（$t_2 > t_1$）时刻得出表面 $x=0$ 处的过余温度，最终求出导温系数。

（2）实验装置和测试仪表。实验装置见图 4.2-2。

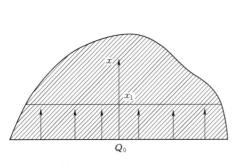

图 4.2-1　实验原理图

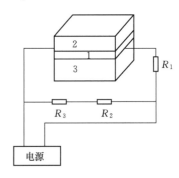

图 4.2-2　导温、导热系数测定
实验装置图

试件 1、2、3 是厚度分别为 δ、x_1、$x_1+\delta$ 的三块相同材料的试件,试件 1 的长和宽是厚度的 8～10 倍,试件 1、3 之间放置了一个用直径 0.23mm 的康铜丝绕成的平面型加热器,此加热器由 WYJ-45A 型晶体管稳压电源供电,R_1、R_2、R_3 是标准电阻,用 UJ31 型低电势直流电位差计配 AC5/15 型检流计测定 R_1 上的电压降 U_1,即可计算得出加热器电流。测量时通过测量 R_2 上的电压降 U_2 来调整稳压电源的电压 U。

试件 1 的上下表面中间分别装有铜-康铜热电偶,用以测量 $t_1(x_1,\tau)$ 和 $t_2(0,\tau)$。热电偶的电动势也采用 UJ31 型低电势直流电位差计测定,时间 t_1 和 t_2 用两块秒表测量。

4.2.1.4 岩石标本测定结果

从糯扎渡水电站工地上取 PD204 平洞岩石标本 6 块,其中洞进深 500m 处 3 块,洞进深 700 处 3 块。现场取得的岩石样品厚度在 3～6cm 之间,极不规整,为此特委托西安水泥制管厂对岩石根据测试要求进行了加工,通过切削、研磨等工艺,最终获得平滑规整的有效岩石试件 6 件,其中 200mm×100mm×21.5mm 试件 2 块、200mm×100mm×30mm 试件 2 块、200mm×100mm×51mm 试件 2 块,满足实验要求。经严格测定,结果见表 4.2-3。

表 4.2-3　　　　　　　　岩石物理性质参数实验结果

物性参数	密度 ρ /(kg/m³)	比容 ν /(m³/kg)	导热系数 λ	导温系数 α /(m²/s)	比热 c_p
测试值	2529.8	3.95×10⁻⁴	3.283 W/(m·℃)	1.43×10⁻⁶	0.906 kJ/(kg·℃)
工程单位制	2529.8	3.95×10⁻⁴	2.823 kcal/(mh·℃)	1.43×10⁻⁶	0.216 kcal/(kg·℃)

4.2.2 洞室岩壁温度理论计算分析

经理论计算,得出 PD204 平洞岩壁全年温度变化,见表 4.2-4、图 4.2-3,计算误差小于 0.312℃,经分析在工程允许范围内。

表 4.2-4　　　　　　　　PD204 平洞岩壁全年温度变化表

进深 /m	温度/℃											
	1月	2月	3月	4月	5月	6月	7月	8月	9月	10月	11月	12月
0	21.8	26	25.7	27.7	27.4	29.4	27.2	28.6	28.2	26.5	24.9	22.4
20	21.9	26.1	25.8	27.7	27.4	29.4	27.2	28.5	28.1	26.5	25	22.5
90	22.3	26.3	26	27.8	27.5	29.4	27.3	28.5	28	26.6	25	23.1
160	23.5	26.6	26.3	27.9	27.6	29.2	27.4	28.4	27.9	26.7	25.4	23.7
230	24	26.8	26.5	28	27.7	29.2	27.5	28.3	27.8	26.8	25.6	24.2
300	24.6	27.1	26.8	28.1	27.8	29.1	27.6	28.2	27.7	26.9	25.8	24.8
370	25.2	27.4	27.1	28.1	27.9	28.9	27.7	28.1	27.6	27.1	26	25.3

进深/m	温 度/℃											
	1月	2月	3月	4月	5月	6月	7月	8月	9月	10月	11月	12月
440	26	27.6	27.3	28.2	28	28.7	27.8	28	27.5	27.2	26.2	25.9
510	26.5	27.8	27.6	28.3	28.1	28.6	27.9	27.9	27.4	27.3	26.5	26.5
580	27.2	28.1	27.9	28.4	28.2	28.5	28	27.8	27.3	27.4	26.7	27.0
650	27.7	28.3	28.1	28.5	28.3	28.4	28.1	27.7	27.1	27.5	26.9	27.5
706（洞底）	28.3	28.7	28.4	28.6	28.4	28.2	28.2	27.6	27	27.6	27.1	28

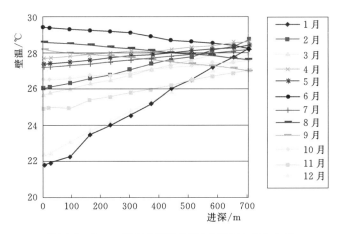

图 4.2-3　PD204 平洞岩壁温度理论计算分布图

4.2.3　洞室岩壁热工状态变化分析

4.2.3.1　采用反应系数法计算壁体传热量

通过理论计算和分析，对于深埋地下建筑，壁面传热量受洞室内空气温度变化的影响，而洞室内空气温度的变化同样受壁面传热量的影响，二者互为边界条件耦合确定，为使问题处理简单，引入壁体反应系数，即当壁面边界条件——洞室内空气温度波动值为一单位矩形波脉冲时的壁面传热量，可以用第一个时间的温度波动值为输入，得到此时刻的壁面传热量，用此传热量作为室内空气的边界条件求取第二个时刻的室内温度，再用此时刻温度计算壁面传热量，依次下去，就可得到洞室内全年温度波动、壁面全年温度波动以及壁面传热量全年波动的计算结果。

4.2.3.2　壁体反应系数及壁面得热量的确定

对实际的地下建筑，岩体沿洞室方向的导热可忽略不计，而只有垂直于壁体方向的导热。经理论分析，计算参数和结果见表 4.2-5、表 4.2-6，图 4.2-4 给出了不同通风风速下（0、0.1m/s、0.5m/s、1m/s、2m/s）地下洞室在不同月份的壁面得热量及洞内温度的变化规律。

表 4.2-5　　　　　　　　　　　计　算　参　数

月份	1月	2月	3月	4月	5月	6月	7月	8月	9月	10月	11月	12月
进风温度/℃	15.2	17.3	21.7	25.3	27.1	26.4	25.4	25.1	24	21.9	18.8	15.9
通风风速/(m/s)	0			0.1		0.5		1		2		
通风量/(m³/s)	0			8.91		44.5		89.1		178.2		
洞室截面积/m²	89.1											

表 4.2-6　　　　　　　　　　　计　算　结　果

月份	1月					2月				
风速/(m/s)	0	0.1	0.5	1	2	0	0.1	0.5	1	2
得热量/kW	−58.8	130.9	373.2	455.4	509.4	−58.8	99.3	301.1	369.5	414.4
出口温度/℃	40.3	32.8	23.2	20	17.8	38.2	32	24	21.3	19.5
月份	3月					4月				
风速/(m/s)	0	0.1	0.5	1	2	0	0.1	0.5	1	2
得热量/kW	−58.8	32.8	149.8	189.4	215.4	−58.8	−21.6	25.9	42	52.6
出口温度/℃	33.9	30.2	25.6	24	23	30.2	28.8	26.9	26.2	25.8
月份	5月					6月				
风速/(m/s)	0	0.1	0.5	1	2	0	0.1	0.5	1	2
得热量/kW	−58.8	−48.8	−36	−31.6	−28.8	−58.8	−38.2	−12	−3	2.9
出口温度/℃	28.5	28	27.5	27.3	27.2	29.1	28.3	27.3	26.9	26.7
月份	7月					8月				
风速/(m/s)	0	0.1	0.5	1	2	0	0.1	0.5	1	2
得热量/kW	−58.8	−23.1	22.5	37.9	48.1	−58.8	−18.6	32.8	50.2	61.7
出口温度/℃	30.1	28.7	26.9	26.3	25.9	30.4	28.8	26.8	26.1	25.7
月份	9月					10月				
风速/(m/s)	0	0.1	0.5	1	2	0	0.1	0.5	1	2
得热量/kW	−58.8	−19.5	70.7	95.3	111.4	−58.8	29.8	142.9	181.2	206.3
出口温度/℃	31.5	29.3	26.4	25.4	24.8	33.6	30.1	25.6	24.1	23.1
月份	11月					12月				
风速/(m/s)	0	0.1	0.5	1	2	0	0.1	0.5	1	2
得热量/kW	−58.8	76.6	249.5	308.1	346.6	−58.8	120.4	349.3	426.8	477.8
出口温度/℃	36.7	31.4	24.5	22.2	20.7	39.6	32.5	23.5	20.4	18.4

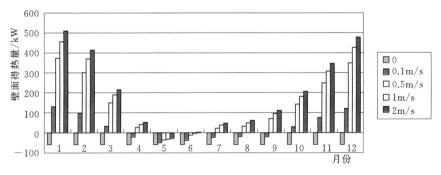

图 4.2-4　壁面得热量与月份的关系

4.2.4 现场实测数据的分析

4.2.4.1 岩石温度数据测量

为获取地下岩石温度变化的第一手资料，从 2001 年 12 月 1 日至 2002 年 11 月 30 日，在已经打好的勘测平洞内布置测点，对 4 个勘测平洞（PD204、PD214、PD412 和 PD428）进行了一周年的观测。PD204 平洞测量岩壁温度，是在岩壁上位于垂直于地面、距地 1m 的高度上打孔 300mm 进深，埋设精度为 0.2℃ 刻度的温度计于岩体内，测定的数据即为岩石的常年温度。第一个测点在距洞口 20m 处，之后每隔 70m 布置一个测点，直至洞底。PD412 等已经打好的平洞的洞壁温度测量，是用于进行对比分析。

PD204、PD412 观测数据分别见表 4.2-7、表 4.2-8。根据这些数据，绘制了糯扎渡水电站地下厂房岩石温度的变化曲线，见图 4.2-5、图 4.2-6。

表 4.2-7　　　　　　　　　　　　PD204 平洞壁温测量数据

进深 /m	壁面温度/℃					
	2001 年 12 月 8 日	2002 年 2 月 9 日	2002 年 4 月 27 日	2002 年 6 月 15 日	2002 年 8 月 17 日	2002 年 10 月 26 日
0（洞口）	24.8	25.5	30.7	30.2	25.2	22.8
20	21.9	21.2	24.6	24.8	25.8	24.7
90	25.2	25.0	25.7	26.1	26.3	25.9
160	26.4	26.6	26.2	27.1	26.8	26.5
230	26.8	27.1	26.2	26.8	26.9	26.5
300	26.9	27.5	27.2	27.2	27.1	26.6
370	27.1	27.6	27.7	27.4	27.6	27.0
440	27.3	27.5		27.6	27.6	27.2
510	27.4	27.6		27.6	27.4	27.3
580	27.4	27.8	28.2	27.8	27.4	27.4
650	27.5	28.2	28.7	28.0	27.6	27.5
706（洞底）	28.0	28.7	28.6	28.2	27.4	27.7

表 4.2-8　　　　　　　　　　　　PD412 平洞壁温测量数据

进深 /m	洞内温度/℃					
	2001 年 12 月 8 日	2002 年 2 月 2 日	2002 年 4 月 6 日	2002 年 6 月 8 日	2002 年 8 月 13 日	2002 年 10 月 5 日
0（洞口）	24.5	24.5	29.3	30.4	28.8	24.9
50	22.9	22.6	24.3	25.6	25.4	25.1
100	24.0	23.4	24.3	26.2	25.6	25.6
150	25.5	24.2	24.8	26.0	26.0	26.1
200	26.0	25.4	25.2	26.1	26.4	26.3
250	26.1	26.2	25.8	26.1	26.6	26.5

进深 /m	洞内温度/℃					
	2001 年 12 月 8 日	2002 年 2 月 2 日	2002 年 4 月 6 日	2002 年 6 月 8 日	2002 年 8 月 13 日	2002 年 10 月 5 日
300	26.2	26.2	26.7	26.8	26.8	26.5
350	26.3	26.2	26.9	27.0	27.1	26.5
400	26.3	26.3	27.1	27.2	27.4	26.5
450	26.6	26.4	26.7	26.8	27.0	26.7
500	26.9		27.1	27.0	27.1	
550（洞底）	27.5		27.4	28.2	27.4	

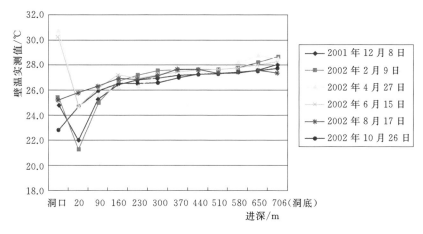

图 4.2－5 PD204 平洞壁温综合图

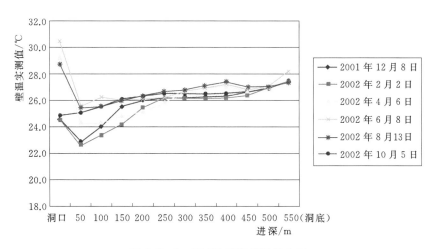

图 4.2－6 PD412 平洞壁温综合图

4.2.4.2 岩石温度变化分析

从整理的温度变化曲线中可以看出：

（1）岩石温度的变化与洞的深度有关。从洞口到洞内 90m 处是温度变化最明显的区域，90～370m 段温度在逐渐上升，370m 后温度基本稳定在一定范围内，温度波动不大于 1℃。

（2）岩壁温度与洞内温度的变化趋势一样，都是从外到里经过陡然降温后有规律的逐渐升温，两种温度差值在 1℃ 左右。

（3）岩石温度的变化随着季节的变化而变化。

4.2.5 岩石热工状态的理论计算与实测数据的比较

PD204 平洞实测壁面温度与理论计算壁面温度对比见表 4.2-9 和图 4.2-7，PD412 平洞实测壁面温度与理论计算壁面温度对比见表 4.2-10 和图 4.2-8。

表 4.2-9　　　　　　PD204 平洞实测壁面温度与理论计算壁面温度对比表

进深 /m	实测壁面温度/℃						理论计算壁面温度/℃					
	2 月	4 月	6 月	8 月	10 月	12 月	2 月	4 月	6 月	8 月	10 月	12 月
0（洞口）	25.5	30.7	30.2	25.2	22.8	24.8	26	27.7	29.4	28.6	26.5	22.4
20	21.2	24.6	24.8	25.8	24.7	21.9	26.1	27.7	29.4	28.5	26.5	22.5
90	25.0	25.7	26.1	26.3	25.9	25.2	26.3	27.8	29.3	28.5	26.6	23.1
160	26.6	26.2	27.1	26.8	26.5	26.4	26.6	27.9	29.2	28.4	26.7	23.7
230	27.1	26.2	26.8	26.9	26.5	26.8	26.8	28	29.2	28.3	26.8	24.2
300	27.5	27.2	27.2	27.1	26.6	26.9	27.1	28.1	29.1	28.2	26.9	24.8
370	27.6	27.7	27.4	27.6	27.0	27.1	27.4	28.1	28.9	28.1	27.1	25.3
440	27.5		27.6	27.6	27.2	27.3	27.6	28.2	28.7	28	27.2	25.9
510	27.6		27.6	27.4	27.3	27.4	27.8	28.3	28.2	27.9	27.3	26.5
580	27.8	28.2	27.8	27.4	27.4	27.4	28.1	28.4	28.5	27.8	27.4	27
650	28.2	28.7	28.0	27.6	27.5	27.5	28.3	28.5	28.4	27.7	27.5	27.5
706（洞底）	28.7	28.6	28.2	27.6	27.7	28.0	28.7	28.6	28.2	27.6	27.6	28

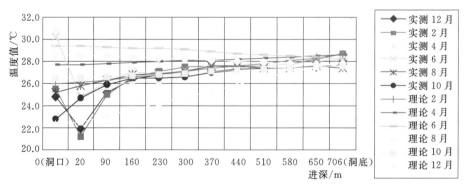

图 4.2-7　PD204 平洞实测壁面温度与理论计算壁面温度的对比

表 4.2-10　　　　　PD412 平洞实测壁面温度与理论计算壁面温度对比表

进深 /m	实测壁面温度/℃						理论计算壁面温度/℃					
	2 月	4 月	6 月	8 月	10 月	12 月	2 月	4 月	6 月	8 月	10 月	12 月
0（洞口）	24.5	29.3	30.4	28.8	24.9	24.5	24.5	29.3	30.4	28.8	27.3	24.5
50	22.6	24.3	25.6	25.4	25.1	22.9						
100	23.4	24.3	26.2	25.6	25.6	24.0						
150	24.2	24.8	26.0	26.0	26.1	25.5						
200	25.4	25.2	26.1	26.4	26.3	26.0						
250	26.2	25.8	26.1	26.6	26.5	26.1	25.8	29	29.5	27.5	26.9	25.8
300	26.2	26.7	26.8	26.8	26.5	26.2						
350	26.2	26.9	27.0	27.1	26.5	26.3						
400	26.3	27.1	27.2	27.4	26.5	26.3						
450	26.4	26.7	26.8	27.0	26.7	26.6	26.5					
466										26.8	26.7	
500		27.1	27.0	27.1		26.9						
538								27.7	27.7			
550		27.4	28.2	27.4		27.5						26.6

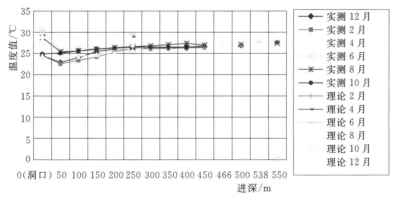

图 4.2-8　PD412 平洞实测壁面温度与理论计算壁面温度的对比

由以上图表比较可知：

（1）PD204 平洞岩石壁面温度的理论计算和实测值的变化趋势是相同的，两种状态的变化都是在洞口比较剧烈，越进深洞内就越平稳。

（2）PD204 平洞岩石壁温理论计算和实测值的变化频率是不同的，当进深达到 370m 时，理论计算壁面温度稳定在 27.1～28.8℃之间，温差 $\Delta t = 1.7℃$；而实测值稳定在 27.0～27.6℃之间，温差 $\Delta t = 0.6℃$。当进深达到 500m 时，理论计算壁面温度稳定在 27.3～28.6℃之间，温差 $\Delta t = 1.3℃$；而实测值稳定在 27.3～27.6℃之间，温差 $\Delta t = 0.3℃$；实测值比计算值更稳定。

（3）当洞内进深达到 700m 时，岩壁温度稳定在 27.6～28.6℃，平均温度 $t_{pj} = 28.1℃$。

（4）当温差在 $\Delta t = 0.3℃$ 以内时，在工程设计范围内，通风气流通过岩石隧洞温度的计算可以按稳定温度场考虑。

4.2.6 通风气流通过地下厂房隧洞的温度变化设计计算

地下厂房隧洞温度变化计算根据现场测定的资料，按照《暖通空调水电站机电设计手册》有关理论计算公式，壁面温度取现场实测值综合修正为 28℃。计算出本电站空气流过进厂交通洞后，温降为 2℃ 左右，因此进行通风和空调设计计算时，根据现场实测数据，当室外空气经过进洞约 90m 的不稳定陡然降温后，温度变化趋于平缓。经计算并考虑到工程安全可靠的原则，夏季空调室外计算干球温度取 33.5℃，夏季通风室外计算干球温度取 30.0℃。

4.2.7 通风空调设计参数的确定

糯扎渡水电站深埋于地下，进深达 1100m 之多，隧洞温降的研究很有科学价值。本电站地下厂房岩石热物理性质和热工状态的研究和翔实可靠的实测资料，为电站的设计提供了科学依据，设计参数的选取有了可靠的技术保证。归纳如下：

（1）岩石壁面温度的确定。岩石壁面温度的确定至关重要，它是隧洞温降计算的基本参数。理论计算和实测数据表明，岩壁温度定为 28℃ 是合适的。

（2）空调机入口进风计算参数修改确定。考虑到工程安全可靠的原则，将洞口进风计算参数修改为：夏季空调机入口计算干球温度取 33.5℃（比原设计温度降低 3.0℃）；夏季通风机入口计算干球温度取 30.0℃（比原设计温度降低 1.5℃）。

4.2.8 主要设计成果及创新

（1）"糯扎渡水电站地下厂房岩石热物理性质和热工状态研究"成果表明，由于地质结构和地理位置的不同，地下厂房岩石热物理性质和热工状态也不同，从而引起洞内热工状态的变化，对空气状态产生直接影响。

（2）项目研究成果为糯扎渡水电站通风空调系统设计方案的可靠性提供了完整的实测数据和严谨的数学模型，为通风空调设计温度的取值提供了科学的依据。经对通风空调系统设计方案进行优化，通风空调风量减少了 30 万 m^3/h，通风系统使用面积减少了 500m²，减少制冷量 1253kW，节约设备投资约 500 万元。

（3）"糯扎渡水电站地下厂房岩石热物理性质和热工状态研究"项目荣获 2004 年度云南省科学技术进步奖三等奖、2004 年度中国水电顾问集团科学技术进步奖三等奖。

第 5 章

HydroBIM® 机电数字化设计

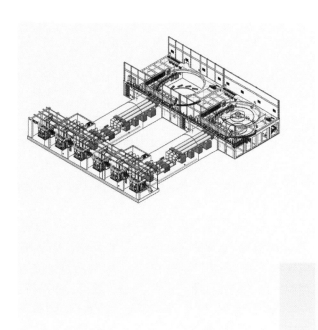

HydroBIM® 是昆明院拥有自主知识产权的注册商标。水电信息模型（Hydro Building Information Modeling，HydroBIM®）是昆明院三维设计的核心成果。基于 HydroBIM® 开发的 HydroBIM® 土木机电一体化设计平台解决了软件间数据孤岛问题和设计数据不一致的问题，建立一个统一的数据库，使各数据软件与其交互数据，从而做到数据唯一，实现对设计数据的规范管理，整合多款设计软件为基础，将设计流程标准化，专业协同固化在软件流程中，实现设计标准化。

5.1　HydroBIM® 土木机电一体化设计平台

BIM 的本质是数字化与可视化技术在工程全生命周期的应用，HydroBIM® 土木机电一体化设计平台将系统原理设计与三维布置设计以统一的工程数据库相结合，实现完整工程设计的数字化与可视化，并将数字化设计产品的更大价值通过数字化移交交付各工程各个相关方，推动工程全生命周期建设与运营水平。

机电数字化设计核心理念为：紧紧围绕统一数据库，实现基于 CAD 与 Revit 平台的系统和布置联动。通过流畅的数据传递，体现三大设计理念：由原理图驱动设备布置概念设计；以数据管理为基础的各专业并行与全厂整体设计；设计施工一体化的全阶段设计。

数字化设计的方案为：原理图设计采用 AutoCAD；三维布置设计采用 Revit。以原理图为顶层设计开展的数字化设计，以数据驱动设计各个阶段和流程，流畅的数据传递真正实现在设计源头的数据管理。

5.1.1　原理图设计

在 CAD 环境下调用典型方案或典型串快速建立原理图的图形，从设备库中调用设备信息赋值给二维图形符号，软件具有纠错功能，对于不匹配的信息将红色报警。自动提取图面信息生成标注和材料表，发布原理图数据进入工程数据库，作为顶层数据。后续设计只要使用顶层数据就只能引用，不能重新定义，从而保证了数据的一致性和联动。参考图 5.1-1 原理图设计——水力机械。

设计流程为：首先通过调用典型库，快速拼出原理图，然后开展数据定义，原则为数据一次定义，多次引用。通过图面提取，实现自动标注和统计；自动提取材料表见图 5.1-2。通过半自动编码实现设备数据全工程唯一标识，原理图设计完发布到工程专业库，实现全工程唯一数据存储。设备编码见图 5.1-3，系统数据发布见图 5.1-4。

电气一次的厂用电、电气二次的原理图可以自动提取出电缆清册表头，作为电缆敷设的依据，此外可以自动从电气二次的原理图生成端子图，大大提高了设计效率和质量。电缆清册提取-电气二次见图 5.1-5，端子排提取和端子图见图 5.1-6。

数据定义以后，通过图面提取，实现自动标注和统计。所有设计数据均由数据驱动创建生成，并存储入库，均可实现数据联动设计。

5.1.2　Revit 布置设计

糯扎渡水电站厂房机电三维设计采用工作共享的协同模式，"工作共享"指多个工作

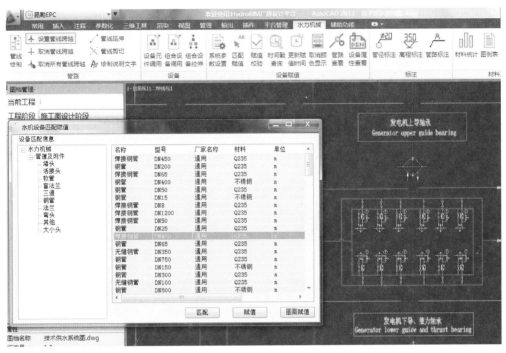

图 5.1-1　原理图设计——水力机械

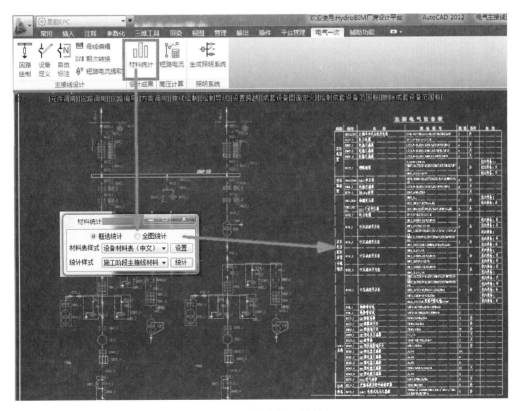

图 5.1-2　自动提取材料表

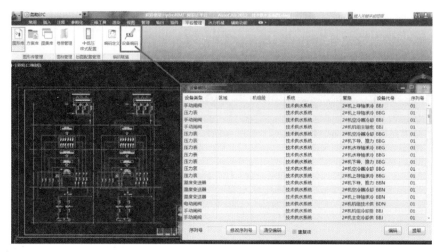

图 5.1-3 设备编码

图 5.1-4 系统数据发布

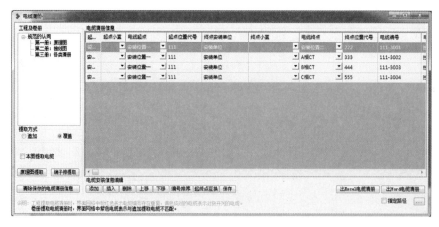

图 5.1-5 电缆清册提取-电气二次

图 5.1-6　端子排提取和端子图

集同时对一个中心文件进行处理的协同工作方法。该模式的特点是工作集通过"与中心文件同步"操作实时更新整个项目的设计信息，保证共享信息的及时性和准确性。Revit MEP 软件通过控制"工作集"的读写权限来保护各专业设计成果不会被其他专业人员误修改或误删除。厂房机电三维设计实现了水工、建筑、水机、通风、电气等多专业基于同一三维模型的协同设计。

5.1.2.1　设备族库的建立

Revit 平台是基于建筑行业的三维设计平台，因此，水电站机电设备模型库严重空缺。机电项目组建立了完善的机电三维族库，为三维建模打下了坚实的基础。

族库建设过程中采用"参数化建模"，将族库的各个部分利用多个参数约束起来，这些关键性的参数是根据实际设备的外形控制尺寸参数确定的。因此，通过这些尺寸约束可以实现三维模型在外形上与实际设备完全一致，从而避免了二维设计存在的"图纸中示意的设备尺寸过小或过大，设备布置空间不真实"的问题。此外，"参数化建模"可以建立三维模型数据库与设备外形尺寸序列之间的关系，进而实现一次建模就可以生成同一类型不同型号设备的三维模型库。

为了满足施工图设计深度，水机专业建立了自动滤水器、深井泵、潜水泵、双吸泵、排水盘形阀、水力控制阀、四通循环阀、球阀、蝶阀、闸阀、止回阀、气罐、低压空压机、中压空压机、低压冷干机、中压冷干机、低压空气过滤器、中压过滤器、油桶、中间油箱、消火栓箱、浮球开关、流量开关、波纹管膨胀节、橡胶柔性节、压力变送器、温度变送器、压力表、弯头、变径、三通等常用设备与元件族库；通风专业根据需要，建立了轴流风机、组合式空调机组、各式风口等设备族库；电气专业建立了发电机出口断路器、VT 柜、10kV 和 400V 开关柜、端子柜、控制盘、励磁盘、直流盘、主变压器、厂用变、励磁变、照明变、电制动变压器、中性点柜、各式离相封母构件、GIS 设备（CB、CT、DS、ES、VT、LA、现地柜、各种型号弯头）、桥架构件（直通、弯通、三通、四通、各种型号工字钢、各种型号托臂）、屋顶出线设备（BS、CVT、SA、WT、高压套管构件、绝缘子串、人字架、架空线）等常用设备与元件族库；电气二次专业中建立了包含电话机、摄像头、工业电视、控制盘柜及盘柜基础等专用设备与元件族库；项目组建立了出图所需的图框、标高、设备编号等注释族库。电气族三维展示见图 5.1-7～图 5.1-11。

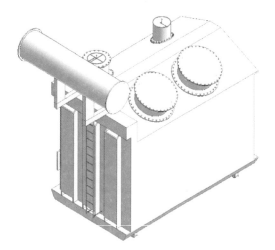

图 5.1-7 电气族三维展示图——
单相主变压器

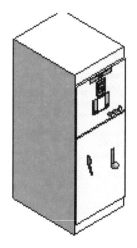

图 5.1-8 电气族三维展示图——
厂用配电盘

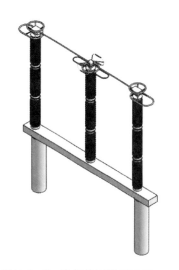

图 5.1-9 电气族三维展示图——
隔离开关

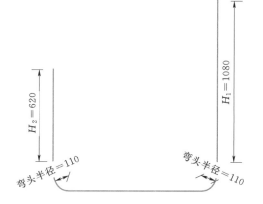

图 5.1-10 电气族三维展示图——
埋管族

5.1.2.2 三维建模

糯扎渡水电站厂房机电布置设计涉及机电全专业：水力机械、电气一次、电气二次、通信。它是以 Revit 为平台，采用协同模式展开的。即各专业同时开展设计、实时设计、实时更新、实时检查，保证最新、最准、最直观的设计的展示。

在各专业的族库文件建立完善以后，开始在模型文件下进行组装设计出图工作。首先，由水工专业按照主厂房结构布置图搭建了主厂房的建筑主体三维模型。在这一过程中，对于尾水管、蜗壳等异形实体专门进行了建模工作，力图使三维模型与机组的流道数学模型尽可能一致。而后按水力，机械、通风、电气一次等专业并行设计的流程开展机电

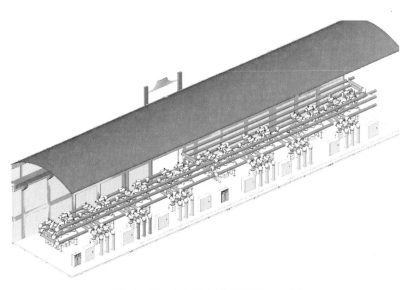

图 5.1-11   电气族三维展示图——GIS

多专业协同设计工作。在这一过程中，三维设计的直观性的优势得到了最大的体现。各专业的设计成果一目了然地反映在三维模型上，见图 5.1-12。

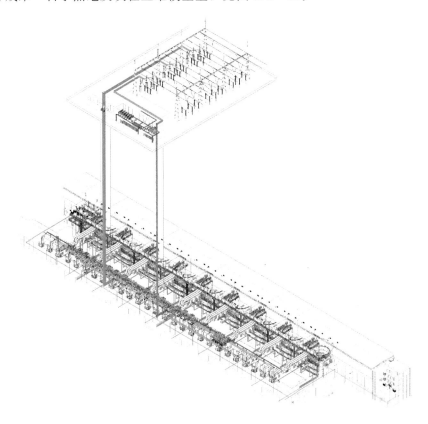

图 5.1-12   厂房机电三维模型

通过推敲三维模型，设计方案得到了极大的优化，避免了很多管路系统与土建结构以及管路系统内部"打架"的问题，提高了设计产品的质量，也为后续现场施工工作的顺利进行提供了有力的保障。

5.1.2.3 三维出图

施工图纸均从三维模型直接剖切生成，其平面图、立面图、剖面图及尺寸标注自动关联变更，有效解决了错漏碰问题，减少图纸校审工作量，与二维 CAD 相比，三维出图效率提升了 50% 以上。

(1) 三维出图质量控制。结合昆明院传统制图规定及 HydroBIM 技术规程体系，针对三维设计软件本地化方面做了大量二次开发工作，建立了三维设计软件本地化标准样板文件及三维出图元素库，并制定了《三维制图规定》，对三维图纸表达方式及图元的表现形式（如线宽、各材质的填充样式、度量单位、字高、标注样式等）做了具体规定，有效保障三维出图质量。

(2) Revit 出图软件自身特点。昆明院从计划开展三维设计时就定位明确，三维设计必须出施工详图。将先进的三维设计手段直接装备于一线工程师，指导具体的施工建设，真正将三维设计强大的功能带给施工建设实惠。因此，昆明院在三维软件引入阶段做了大量的市场调查，通过多方比对最终确认采用 Revit 三维软件。

Autodesk 系列三维设计软件均可快速从三维模型剖切生成平、立、剖图形，标注方便快捷，且平面图、立面图、剖面图及图纸尺寸标注自动关联变更；因此，单快速生成剖面这一点就已经大大提高了出图效率。

(3) 三维出图族的扩充。为了使三维平台的图纸产品在标注等表达方式上和以前的二维设计产品保持一致，便于施工人员读图，理解设计意图。三维设计人员建立了一套从图纸尺寸标注到图框的一系列出图图元族，从而保证了三维图纸的可读性。

(4) 三维出图流程。在平面视图下进行视图编辑，包括图面显示区域、尺寸标注、出图界面、注释等处理；在平面区域上利用剖面插件快速创建剖面，并在剖面视图里做视图编辑；在三维视图里编辑出图区域，进行简单的注释；各视图间关联对应。

在平面图、剖面图、三维视图都编辑好的情况下，调用图框族建立图纸文件，设置各视图出图比例，可以在一个图纸中添加不同比例的视图。将平面图、剖面图、三维视图拖到图纸文件上就完成视图放置，通过材料表统计插件，将生成的材料表在绘制视图下拖到图纸文件中，进行简单的图纸说明文字注释编辑，便可快速生成三维图纸。

(5) 三维出图成果展示。三维图纸平、剖面严格对应，因此在平面上能表示清楚的标注信息，在剖面上不需要重复标注，整个图面看起来更加简洁易读；三维图纸在表现空间关系上更加有优势，昆明院的三维图纸采用白图彩喷的形式，因此，不同系统可以通过不同颜色加以区分，增强了图纸的表现力；三维图纸会通过系统三维透视图的形式表现各设备系统全厂布置的整体性方案，便于施工人员对整个系统方案进行全面了解；多形式透视图的应用，也使三维设计表现得更加直观，各设备的空间关系一目了然，便于设计者准确传达设计意图。

在糯扎渡水电站工程项目中，机电专业基于三维设计平台完成了机电厂房布置套图、水机管路布置套图、通风布置套图、桥架布置套图等施工图纸，图纸效果详见图 5.1 - 13～图 5.1 - 16。

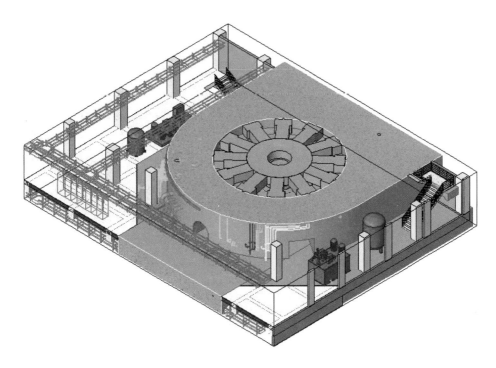

图 5.1 - 13 机组段机电设备布置图

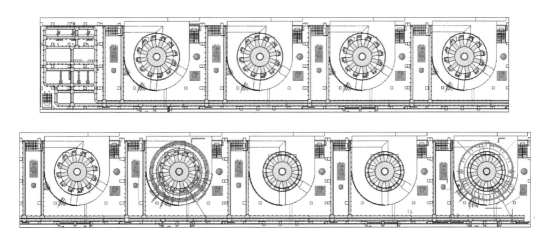

图 5.1 - 14 厂房桥架布置图

5.1.3 设计表现

（1）碰撞检查。Revit MEP 提供了碰撞检查功能，能快速准确地帮助用户确定某一项目中图元之间或主体项目和链接模型间的图元之间是否互相碰撞。

（2）渲染。三维设计可基于虚拟现实技术生成具有真实感的渲染图，渲染图可以更直观地展现设计远景，有利于找出设计缺陷，完善设计方案。

（3）漫游。Revit MEP 提供的漫游功能，可以制作身临其境的动画。

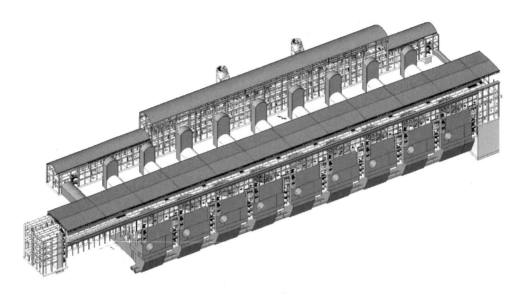

图 5.1-15　厂房三维透视图

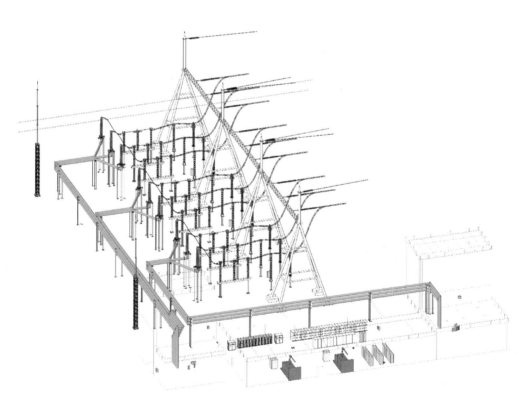

图 5.1-16　500kV 地面出线场透视图

5.1.4　主要设计成果及创新

（1）糯扎渡水电站工程厂房机电设计工作从一开始就立足于三维，力求通过这一特大型工程的设计来摸索三维设计方法。通过在这一特大型水电站厂房设计中引入机电厂房三维设计的方法，填补了昆明院机电三维设计空白，设计手段得到了很大的改进，生产效率有了很大的提高。本工程的三维设计成果开创了水电行业三维设计的先河，为三维设计在水电行业的发展奠定了坚实的基础。

（2）本电站厂房机电三维设计成果将在多个大型电站的设计中推广应用，并在应用过程中不断深化，扩展到机电设计的各个领域和阶段，这一技术的应用精确了工程设计，缩短了设计时间，提高了工程质量。

（3）三维设计成果可以帮助设计人员和决策人员在工程项目动工之前全面准确地掌握其技术要点，尽早发现设计缺陷，并及时提出可行的修改意见，避免工程建设中出现问题和可能造成的巨大损失，有助于设计方案的优化，缩短设计与施工的周期，加快整个项目设计开发的进程，对工程具有指导性的意义。三维产品的直观性也可促进设计方与业主和施工方的良好沟通。

（4）"糯扎渡水电站机电设备布置工程设计"获 2013 年度云南省优秀工程勘察设计一等奖。

5.2　厂用电标准化设计的应用

糯扎渡水电站装机容量大，电站用电设备组成类型多样、分布广泛，对运行方式要求高，使得厂用电系统更加复杂，设计难度进一步增加。而厂用电系统设计在整个水电站电气设计中起着举足轻重的作用，因此，为了保证工期和图纸质量，形成完备的工程数据库，推进"建设数字化智能型电站"的进程，本电站采用了标准化设计系统进行厂用电设计。

5.2.1　厂用电设计的主要特点

厂用电设计应根据水电厂规模、运行方式、电气主接线、枢纽布置、初期发电和分期过渡条件、自然环境以及运行、维护等要求，贯彻国家技术经济政策，坚持节能降耗，积极慎重采用新技术和新设备，科学、合理地制订设计方案，以保证水电厂安全、可靠、经济运行。

厂用电系统在设计过程中主要存在以下特点：

（1）涉及专业较多，且与设备厂的关系紧密；在设计、招标、定标及最终出图的整个过程中，需要处理的数据繁多，图纸量大，每个阶段都要经常进行大量修改。

（2）在以往的设计流程中，分配负荷、划分柜子、调整回路、选择电缆截面等各个环节的设计要求和表现方式都存在很大差异，可以说是因人而异。

（3）使用标准化设计后，整个设计采用同一套数据，有效避免人为失误，减少了各个设计环节的工作量，缩短了设计时间，提高了设计产品的准确度，所有的数据由上一阶段的设计工作流向下一阶段，各阶段同步更新。并将设计习惯与具体工程的设计要求结合设计手册和规范归纳为统一的设计原则，保证设计质量。

5.2.2 原有厂用电设计模式简介

厂用电设计是根据各个电站的具体情况，按照水电站的运行、检修、初期发电和分期过渡等需要作全面考虑，合理、经济、安全可靠地实现全厂的供配电系统。为完成厂用电设计，原有模式设计流程如图 5.2 - 1 所示。

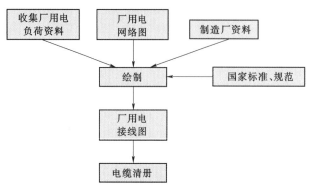

图 5.2 - 1 原有厂用电设计流程图

在原有厂用电设计模式中，每个单项工程进行过程中都要核对厂家资料和国家标准，且在采用方式和表述方法上总存在较多差异，手工工作量比较大；厂用电系统涉及范围广，进出线回路众多，人工设计和核对的工作量巨大，且容易出错，不易发现和修改；后期也需要人为编制电缆清册，重复工作量较大；完成厂用电系统接线后，未形成工程数据库与产品数据库等电子档案，不利于今后的数据查询和调用。

5.2.3 厂用电标准化设计

为提高设计效率、产品质量，最大限度地汇集资深工程师的设计经验，推进标准化设计的进程，利用厂用电设计软件 IPS 进行整个厂用电标准化设计的过程如下：

（1）确定厂用电供电网络图。

（2）根据各个专业提供的负荷资料合理分配负荷，生成工程数据库。

（3）根据常用制造厂提供的产品参数资料，录入后，形成元件数据库。

（4）根据规程规范和昆明院多年的设计经验确定厂用电设计的计算标准化、设备标准化、制图标准化和设计标准化的四个"标准化"，扩充设计标准数据库及图形标准库。

（5）在规划厂用电网络系统后，对各段母线进行数据定义，进行 IPS 系统自动处理，自动生成图形，人为调整个别回路和柜体排列。

（6）完成厂用电标准化设计，自动生成厂用电系统接线图，自动生成电缆清册。

厂用电标准化设计系统的流程如图 5.2 - 2 所示。

5.2.3.1 厂用电供电网络图

厂用电供电网络是根据厂用电负荷大小、枢纽布置、厂坝区负荷分布及地区电网等条件经过技术经济比较后确定的。糯扎渡水电站厂用电系统具有供电范围广、负荷点分散、厂用电负荷大、供电距离远、大容量电机多等特点，厂用电系统采用高压 10kV，低压 400V 两级电压供电。为提高机组自用电的供电质量和供电可靠性，本电站厂用电系统采用机组自用电系统、照明用电系统、坝区用电系统、机组尾水闸室检修门用电系统、绝缘

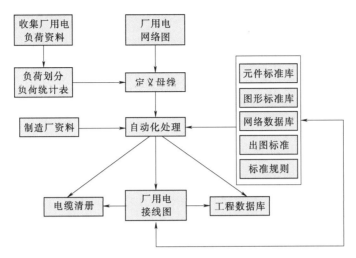

图 5.2-2　厂用电标准化设计系统流程图

油库用电系统、尾水洞出口检修门用电系统和全厂公用电系统相互独立的方式，供电网络示意图如图 5.2-3 所示。

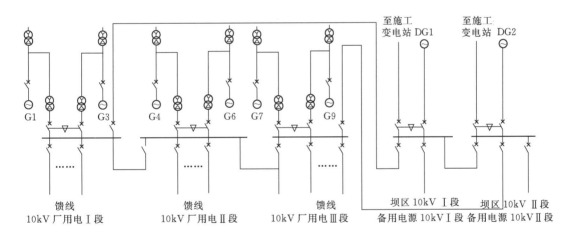

图 5.2-3　供电网络示意图

5.2.3.2　负荷统计与分配

将各个专业的负荷资料，根据负荷的功能和枢纽位置合理地分配到机组自用电盘、公用电盘、坝区用电盘、照明用电盘等配电盘，并按照既有格式填写负荷统计表。糯扎渡水电站厂用电负荷统计表包含设备名称、设备总数、单台设备电机容量、设备类型、KKS编码、有无控制箱、相别等项，具体格式见表 5.2-1。

5.2.3.3　标准化的工程数据库

根据工程实际情况，扩充工程数据库，做到计算标准化、设备标准化、制图标准化及设计标准化。

计算标准化：按照国家颁布的电力设计标准及规定，根据资深工程师的设计经验及已建工程的成功案例进行方案论证及系统设计，做到短路电流计算、矩形硬导体选择计算、电缆选择计算、电动机启动计算、电压校验等的计算方法、计算公式、计算参数标准化，为厂用电系统电气设备和导体的标准化选择提供有效依据。

表 5.2 - 1　　　　　　　　　　　　厂用电负荷统计表格

序号	设备名称	额定电压/V	设备总数/台	备用设备数量/台	单台设备电机容量/kW		厂家是否配套提供操作或起分理处设备	运行方式	安装地点	备注	设备类型	KKS编码	有控制箱	相别
					工作	备用	（是否）							
1	1号机组自用													
2	1号机组变压器冷却供水系统自动滤水器-1	380	1	0	2	0					常规电机	51ZYA0102		三相
3	1号机组变压器冷却供水系统电动阀-1	380	1	0	2.2	0					常规电机	51ZYA0103		三相
4	1号机组调速器油压装置油泵	380	2	0	132	0					常规电机	51ZYA0104~51ZYA0105	1	三相
5	1号机组发电机动力柜电源-1	380	1	0	93	0					常规电机	51ZYA0106		三相
6	1号机组坑环形吊车	380	1	0	6	0					常规电机	51ZYA0107		三相
7	1号机组顶盖排水件-1	380	1	0	5.5	0					常规电机	51ZYA0108	1	三相

设备标准化：根据业主要求和工程实际，确定电缆类型、电流互感器变比，选择合适的配电产品厂家。确定设备之后，将设备信息扩充入元件库，作为设计的基础数据。

制图标准化：根据国家颁布的制图标准及水电行业的设计经验，设定出图规范。统一表头和出图形式，制定标准化的变压器进线、母联开关、负荷回路及设备串、并联的图形表达方式。并将出图规范扩充到工程数据库，做到制图的标准化，不管任何设计人员出图，均能得到相同的图纸表达形式。

设计标准化：根据众多工程的积累，提取典型设计方案，制定元件、电源进线、电源馈线、母联开关和变压器进线的选型规则，并通过这些选型规则完整工程数据库，将积累于资深工程师头脑中的设计经验体现在数据库中，这样就算年轻工程师进行厂用电设计，也能得到与资深工程师相同的设计成果，保证图纸质量的同时提高了设计效率。

5.2.3.4　定义母线

根据厂用电网络系统，在 IPS 软件平台下定义各段母线，包括母线编号、电压等级、母线类型及接线形式等，其格式如图 5.2 - 4 所示。

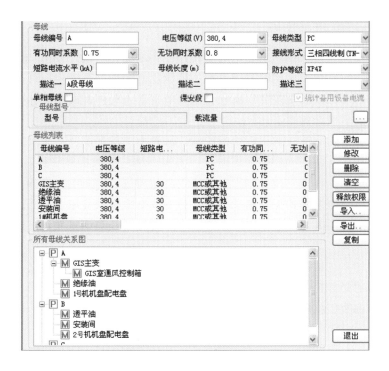

图 5.2-4 定义母线

5.2.3.5 自动化处理

在 IPS 系统中导入负荷统计表，划分开关柜。根据设定的规则选择设备，确定每一回路占用开关柜的模数，并按每一开关柜负荷基本平衡的原则组合成柜，以降低设备造价，备用回路按照整体模数控制在事先设定的范围内，开关柜划分界面如图 5.2-5 所示。

图 5.2-5 开关柜划分界面

根据开关柜划分情况，自动生成厂用电接线图，自动提取电缆清册。糯扎渡水电站厂用电的标准化设计，提高了设计效率，保证了工期，取得了满意的效果。

5.2.4　主要设计成果及创新

（1）厂用电标准化设计在本工程中的应用，极大地提高了设计效率，保证了工期。在利用多年积累的实际工程设计经验和国家相关手册规范标准的基础上，可以实现一人一次定义标准数据库，多人多次重复使用系统，极大节省了工程师翻阅相关标准、规范、厂家资料的时间，提高了设计效率。

（2）厂用电标准化设计在本工程中的应用，从根本上保证了产品质量。标准化、精细化的元件库和选型规则的建立、标准化的设计流程、统一的数据库管理，使得每张图纸、每个产品都具有资深工程师的设计水平，保证了产品质量。厂用电接线图、电缆清册完成的同时也形成了厂用电系统的工程电子档案，为后续电缆敷设奠定了基础。随着工程数量的增多，同时也形成了大量工程数据库，方便今后的追溯和知识整理，以进一步的提高产品质量。

（3）标准化的厂用电设计顺应了时代的发展，设计成果的数字化移交成为"数字化智能型电网"发展的必然趋势；而基于网络数据库的数字化、标准化的厂用电设计系统使得厂用电设计产品的数字化移交成为可能，以便形成全新的服务盈利模式。

5.3　数字化电缆敷设

糯扎渡水电站全厂施工的电缆包括：10kV 高压动力电缆、400V 低压动力电缆、控制电缆、计算机屏蔽电缆、光纤等共 15000 多根。电缆通道主要有架空电缆桥架、电缆沟、竖井、预埋保护管、明敷保护管等，具有电缆数量繁多、种类及路径复杂的特点。

5.3.1　传统电缆敷设技术简介

电缆敷设需要依靠二维平面图纸，根据电缆桥架、竖井、电缆沟等电气设备的位置敷设电缆，手工测量、统计电缆总长度，图纸中表现不出电缆敷设的信息，在敷设电缆过程中会出现空间位置和电缆长度不准确的情况。

电缆敷设的质量在一定程度上直接影响建设的质量，针对水电站电缆数量繁多、种类及路径复杂的实际情况，传统的电缆敷设方法会存在以下三方面的问题：

（1）电缆敷设路径缺乏系统的规划，使得有些电缆通道过分拥挤而有些又非常空，造成电缆分布不均匀。

（2）电缆长度须进行一根根的量取，工作量大，效率低，电缆统计不精确，电缆长度与采购量相差较大，造成资源的浪费或者长度不够给工期造成影响。

（3）电缆敷设时，路径具有随意性，日后更换电缆时无据可查。

因此，需要新的、更先进的方法自动进行电缆优化敷设，精确统计电缆长度，生成电缆路径图、相同电缆汇总表等。

5.3.2　电缆敷设研究目标

随着信息技术的不断进步，我国水电站的设计手段正逐步从传统的二维平面设计转变为三维数字化平台设计。为了解决传统电缆敷设中存在的问题，借助电缆敷设自动化软件，对糯扎渡水电站进行了数字化电缆敷设，以达到以下目标：

（1）电缆桥架、电缆沟绘制方便，可直接拖动绘制，可绘制多层桥架，交叉处可自动生成弯通、三通等，可自动生成剖面图。

（2）在设定好路径后，电缆可自动敷设，根据设定的规则寻找最优路径，准确统计长度。

（3）敷设完成后可进行电缆标注，标注内容，样式可自由设定。

（4）自动根据电缆类型进行分层敷设，可按照高压、动力、控制、信号电缆分层敷设。

（5）可以生成任意位置处电缆桥架的各层断面，并标示每层经过的电缆编号。避免由于设计不清，引起施工单位的歧义，杜绝因图纸标识不明而引起的施工单位进行电缆敷设时的随意性。

（6）统计结果准确，避免了因材料统计过多而引起的浪费或统计不足引起的电缆追加、延误工期等情况。

（7）统一规划全厂电缆，使得电缆在通道中均匀分布。

（8）精确统计电缆长度，可以自动生成相同电缆汇总表。

（9）电缆敷设成果可以指导施工，方便查找电缆路径。

（10）尽早发现电缆通道中存在的一些问题，例如电缆通道不够，可以提前考虑解决方案。

（11）电缆路径有据可查，方便日后更换电缆。

5.3.3　电缆敷设具体实施方案

本工程数字化电缆敷设的范围是地下主厂房、地面副厂房、500kV 出线场、主变压器室及 GIS 室。数字化电缆敷设的具体实施步骤如下。

5.3.3.1　搭建桥架、电缆沟网络，建立电缆通道

整理电站数字化电缆敷设范围内所有的电气布置图，在电气布置图上利用自动化电缆敷设软件绘制前期已经规划好的电缆桥架、电缆沟及竖井等，形成完整的电缆通道，为自动化电缆敷设提供条件。不同层间电缆桥架通过竖井相连，电缆敷设范围内连接电缆采用引线符号表示相对位置。对电缆桥架进行编码，以方便施工中识别。

5.3.3.2　整理电缆清册

根据 10kV 厂用电接线图、400V 厂用电接线图自动生成电气一次的电缆清册，并汇总电气二次的电缆清册，形成全厂的电缆清册。电缆清册包括电缆起点、终点的设备名称及编码、电缆编号、电缆型号和规格、额定电压，电缆长度和电缆路径。对电缆起点和终点的设备进行统一编码，以方便设备在总体布置图上的赋值；对所有电缆进行编号以方便查找和敷设；电缆长度和电缆路径可以待电缆自动敷设完成后写回清册，完整的电缆清册如表 5.3 - 1 所列。

表 5.3 - 1 电 缆 清 册 样 式

序号	电缆起点	电缆起点设备编码	电缆终点	电缆终点设备编码	电缆编号	电缆型号	额定电压	电缆长度/m	电 缆 路 径
1	机端厂用变101STr	101STr	10kV 厂用电Ⅰ段开关柜1CQ08	1CQ08	1CQ08 - 101STr	ZRB - YJV22 3x85	8.7/10kV	65	1MXD - 2 - 4 - A　1MXD - 2 - 3 - A　1MXD - 2 - 2 - A　1MXD - 2 - 1 - A　1MXD - 2　1MXD - 3 - 8 - A　1MXD - 3 - 9 - A
2	机端厂用变102STr	102STr	10kV 厂用电Ⅰ段开关柜1CQ09	1CQ09	1CQ09 - 102STr	ZRB - YJV22 3x185	8.7/10kV	130	3MXD - 2 - 1A　3MXD - 33 - 5A　3MXD - 33 - A　3MXD - 3 - 1 - A　3G - 3 - 5 - A　2G - 3 - 5 - A　1MXD - 3 - 2 - 1　1MXD - 3 - 9 - A
3	10kV 厂用电Ⅰ段开关柜1CQ10	1CQ10	备用电源10kVⅠ段开关柜1BY04	1BY04	1CQ10 - 1BY04	ZRB - YJV32 3x185	8.7/10kV	492	1MXD - 3 - 9 - A　1MXD - 3 - 2 - A　2G - 3 - 5 - A　3G - 3 - 5 - A　3MXD - 3 - 1 - A　3MXD - 3 - 3 - A　3MXD - 3 - 5 - A　3MXD - 2　3MXD - 2 - 1 - A　3MXD - 4　ZBD - 1 - 20 - A　ZBD - 1 - 21 - A　ZBD - 1 - 23 - A　ZBD - 1 - 7 - A　ZBD - 1 - 9 - A　ZBD - 1 - 11 - A　ZB - 5　FCF - 10 - 3 - A　PCF - 10 - 4 - A　FCF - 10 - 14 - A　PCF - 10 - 16 - A　FCF - 10 - 17 - A　FCF - 10 - 19 - A
4	10kV 厂用电Ⅰ段开关柜1CQ04	1CQ04	坝区 10kVⅠ段开关柜1BQ06	1BQ06	1CQ04 - 1BQ06	ZRB - YJV32 3x120	8.7/10kV	515	1MXD - 3 - 9 - A　1MXD - 3 - 2 - A　2G - 3 - 5 - A　3G - 3 - 5 - A　3MXD - 3 - 1 - A　3MXD - 3 - 3 - A　3MXD - 3 - 5 - A　3♯MXD - 2　3MXD - 2 - 1 - A　3♯MXD - 4　ZBD - 1 - 20 - A　ZBD - 1 - 21 - A　ZBD - 1 - 23 - A　ZBD - 1 - 7 - A　ZBD - 1 - 9 - A　ZBD - 1 - 11 - A　ZB - 5　FCF - 10 - 3 - A　FCF - 10 - 4 - A　FCF - 10 - 5 - A　FCF - 10 - 6 - A　FCF - 10 - 8 - A　FCF - 10 - 9 - A
5	10kV 厂用电Ⅰ段开关柜1CQ05	1CQ05	1 号机组自用变201STr	201STr	1CQ05 - 201STr	ZRB - YJV22 3x35	8.7/10kV	56	1MXD - 3 - 9 - A　1MXD - 3 - 2 - A　2G - 3 - 5 - A　1G - 3 - 4 - A　1G - 3 - 3 - A　1G - 3 - 1 - A

5.3.3.3 参考全厂资料，对设备进行赋值

查找相关的电缆埋管图，连通设备与桥架之间的通道；对于不同层之间的桥架可以利用竖井连通，对于下进线设备采用引线符号建立连接关系。为了校验桥架的容积率，需要根据实际采用电缆的规格扩充电缆敷设自动化软件的电缆信息数据库，使得电缆外径与电缆型号一一对应。设定电缆敷设规则，使得动力电缆和控制电缆分开敷设，分别走不同的桥架，进行数字化智能敷设，桥架内的电缆敷设效果如图 5.3 - 1 所示，电缆沟内的电缆敷设效果如图 5.3 - 2 所示。

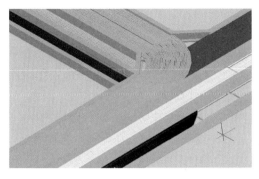
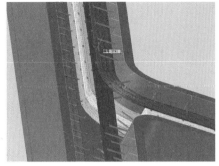

图 5.3-1 桥架内的电缆敷设效果图　　图 5.3-2 电缆沟内的电缆敷设效果图

5.3.3.4 电缆敷设成果处理

电缆自动敷设成功后，数字化电缆敷设软件可以生成电缆清册、设备电缆汇总表、相同电缆汇总表、电缆路径走向表、断面电缆汇总表及设备材料汇总表等各种报表，可以标注通过任何一个桥架的所有电缆的电缆编号，可以生成桥架断面图及电缆桥架容积率校验表等。根据糯扎渡工程需要，将电缆长度和电缆路径走向导回电缆清册，完成电缆清册的编制。对主要断面进行标注，方便现场施工，完成电缆敷设图纸。根据施工单位需要也可生成电缆通道、设备、管线的三维效果图，如图 5.3-3 所示，方便施工。

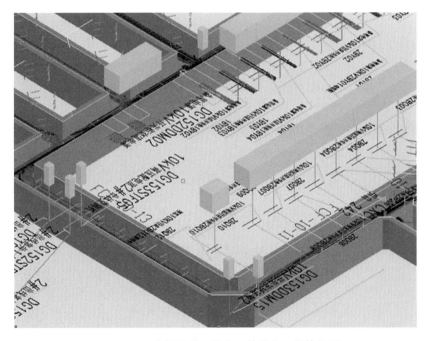

图 5.3-3 电缆通道、设备、管线的三维效果图

5.3.4 主要设计成果及创新

（1）利用数字化电缆敷设软件的路径虚拟功能，可以看到电缆敷设的走向，自动敷设出最优的路径，使设计人员不必到现场，就可以看到电缆敷设是否满足设计要求，而且软

件具有一定的修改功能，可以根据现场的具体情况修改电缆的走向，真正实现了电缆敷设路径最优化。

（2）利用数字化电缆敷设软件的查询功能，可以查找出电缆桥架任意位置处的电缆信息，也可以具体到某根电缆的信息，方便施工人员和业主更直观、更详细地了解电缆走向，方便施工，实现电缆路径有据可查，方便日后更换电缆。

（3）利用数字化电缆敷设技术，从传统的二维平面设计转变为三维数字化平台设计，实现巨型水电站的电缆路径规划设计和自动进行电缆敷设规划设计，可以较准确地计算出电缆长度，并可以根据设计经验增加裕量。成品的电缆清册原则上不需要再次进行校核，可以缩短设计时间，避免在施工中浪费电缆，为业主节约了费用。

第 6 章

电气设计关键技术应用

本章主要介绍了大型电站电气设计中的几个关键点，主接线选择时采用可靠性指标定量计算，可以就各方案全寿命周期的总投资及费用进行比较，择优选择最佳方案；高压电气设备的选择和布置对工程的进度和投资影响较大，设计中应就各种可行性方案进行详细的技术经济比选，以确定最终方案；500kV 系统过电压分析采用计算机仿真计算，可帮助最终确定 500kV 系统的绝缘配合方案和过电压保护方案，以便用最低的代价确保设备安全运行。

6.1　可靠性计算

为保证电站运行的可靠性，有必要对电气主接线各方案进行可靠性的定量评估，为择优选择电气主接线提供必要的依据。

糯扎渡水电站工程可靠性计算采用逻辑表格法进行。逻辑表格法的算法比较成熟，简单直观、易于理解，无论接线简单与复杂，也无论是发电厂还是变电站，均同样适用，比较适合工程计算，在我国得到了广泛应用。基本计算方法是：一一列举各个元件发生故障时能导致接线中有关元件故障切除的各种状态，分别计算出现的故障频率和平均修复时间，然后按全概率原理计算其可靠性指标。通过多个工程的实例证明，其计算结果已满足工程设计的需要。

6.1.1　计算方案

根据接入系统的方案，经初步筛选，对以下两个方案进行了详细比较：方案一：4/3＋3/2混合接线方案，示意图见图 6.1-1。方案二：4/3 接线方案，示意图见图 6.1-2。

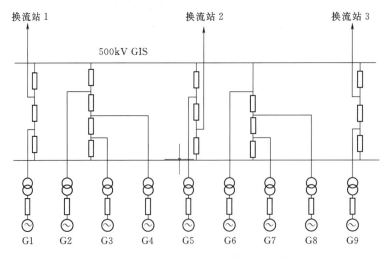

图 6.1-1　4/3＋3/2 混合接线方案示意图

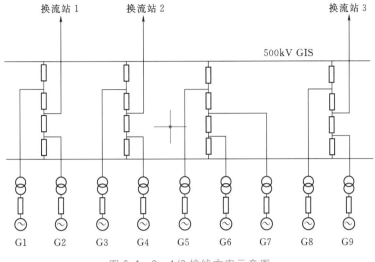

图 6.1-2　4/3 接线方案示意图

6.1.2　主接线可靠性评估的元件模型

6.1.2.1　电气主接线元件的分类

电气主接线通常是由母线、变压器、断路器、隔离开关、电压互感器、电流互感器以及继电保护等电气设备组成的，可靠性分析中往往将这些电气设备统称为元件。电气主接线系统的元件在运行过程中，经历着不同的状态，按它们在电气主接线中的功能和作用划分，可分为静态元件和动态元件。

（1）静态元件。如变压器、输电线路、母线都属于这类元件，静态元件状态图见图 6.1-3。

（2）动态元件。动态元件是在其他元件发生故障的情况下，可能出现动作而切除故障，使得电气主接线结构发生变化的元件，又可分为动作元件和控制元件。断路器、隔离开关都属于动作元件。

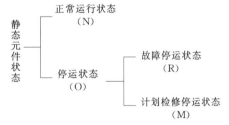

图 6.1-3　静态元件状态图

6.1.2.2　电气主接线元件的可靠性模型

在进行主接线可靠性评估时，会涉及很多种类的元件，除了发电机组外，还包括升压站/开关站中大部分设备，例如变压器、断路器、隔离开关、母线、电压互感器及电流互感器等。要精确地模拟这些元件具有一定的困难，其中又以断路器的故障模式最为复杂，需要考虑的因素很多。

（1）断路器的模型。断路器的模型见图 6.1-4，其中，N 为正常运行状态；R 为故障停运状态；M 为计划检修停运状态；λ_R 为故障率；μ_R 为故障修复率；λ_M 为计划检修率；μ_M 为计划检修修复率。这种模型在实际工程中的应用最为广泛。

（2）发电机、输电线路、变压器、隔离开关的模型。发电机、输电线路、变压器都属于静态元件，静态元件的模型见图 6.1-5，其功能是从一点到另一点传输功率。它们可以处于下列状态之一：正常运行状态、故障停运状态和计划检修停运状态。隔离开关的可靠性模型与以上元件相似。

（3）母线的模型。对于有倒闸操作的母线（双母线接线）来说，参数与图 6.1-4 类似，母线的模型见图 6.1-6，只是其中 S 为开关切换状态，相应的 λ_S、μ_S 含义不同，而 μ_S 是切换时间的 T_S 的倒数。

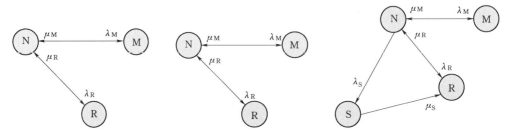

图 6.1-4　断路器的模型图　　图 6.1-5　静态元件的模型图　　图 6.1-6　母线的模型图

6.1.2.3　主要电气设备的可靠性参数统计分析

我国的电力可靠性管理中心长期开展全国范围内输变电设施的可靠性统计工作，积累了大量的原始数据。糯扎渡水电站工程计算中，设备可靠性参数的选取是根据历年收集整理的有关资料而提出的，部分参数来自国外有关参考资料，详见表 6.1-1。

表 6.1-1　　　　　　　　　　　　　　设 备 可 靠 性 参 数

设备名称	可靠性指标	可靠性数据	备　注
机组	平均故障率	4.82 次/（台·年）	
	平均故障停运时间	73h/次	
	计划检修时间	720h/（台·年）	
500kV 主变压器	平均故障率	0.014 次/（台·年）	
	平均故障停运时间	300h/次	
	计划检修时间	16h/年	考虑与机组配合检修
500kV 断路器（GIS）	平均故障率	0.02495 次/（台·年）	
	平均故障停运时间	160h/次	
	计划检修时间	80h/年	
500kV 断路器（AIS）	平均故障率	0.1996 次/（台·年）	
	平均故障停运时间	120h/次	
	计划检修时间	200h/年	
发电机断路器	平均故障率	0.002 次/（台·年）	
	平均故障停运时间	80h/次	
	计划检修时间	10h/年	考虑与机组配合检修
500kV 母线（GIS）	平均故障率	0.015 次/（台·年）	
	平均故障停运时间	20h/次	
	计划检修时间	12h/年	

设 备 名 称	可 靠 性 指 标	可 靠 性 数 据	备　注
500kV 母线（AIS）	平均故障率	0.12 次/（台·年）	
	平均故障停运时间	24h/次	
	计划检修时间	24h/年	
500kV 输电线路	平均故障率	0.219 次/（100km·年）	
	平均故障停运时间	14h/次	
	计划检修时间	60h/年	

6.1.3　电气主接线可靠性及经济性的评估方法

6.1.3.1　电气主接线可靠性判据及指标

电气主接线故障的影响主要体现在电厂发电能力、输电能力的降低以及对系统安全稳定的影响，因此，可靠性判据定义为：任一回进线、出线发生故障停运。根据这条判据，可衍生出多个判据，例如：①所有出线都必须能连续供电；②任两回进线/出线组合停运；③不出现全站停电事故，即至少有一条出线连续供电；④全厂停运。

发电厂的电气主接线运行应满足供电的连续性、充裕度和运行安全性等方面的要求。

6.1.3.2　电气主接线可靠性评估算法

在理论分析和工程实践的基础上，本次计算采用了表格法来进行主接线可靠性评估，包括筛选偶发事件、分析偶发事件构成的系统状态、计算可靠性指标三个主要步骤。在筛选偶发事件时，主要选择故障概率大的偶发事件，首先选择单重故障事件，然后选择双重故障事件，如有必要再分析三重故障事件。

对拟出的两种电气主接线方案，按照上述原则和方法分别进行了可靠性的定量计算，其计算成果详见表 6.1－2。

表 6.1－2　　　　　　　　　　可靠性计算成果表

序号	可靠性指标	方案一（4/3＋3/2）	方案二（4/3）
1	全厂故障停机频率（次/年）及停运时间（h/次）	0.0000（0.0000）	0.0000（0.0000）
2	任意 4 台发变组同时故障停机频率（次/年）及停运时间（h/次）	0.0103（0.0054）	0.0063（0.0031）
3	任意 3 台发变组同时故障停机频率（次/年）及停运时间（h/次）	0.0329（0.1732）	0.0176（0.0873）
4	任意 2 台发变组同时故障停机频率（次/年）及停运时间（h/次）	0.7033（0.9039）	0.3704（0.4614）
5	任停一机一变故障频率（次/年）及停运时间（h/次）	2.4254（3.3406）	2.1568（2.4928）
6	任停一回出线故障频率（次/年）及停运时间（h/次）	0.6898（5.5645）	0.8754（5.6777）
7	年故障损失费用（万元/年）	74.11	47.97

6.1.3.3　电气主接线的经济性评估原理

在进行可靠性的经济分析中采用的是现在价值法。现在价值法是把所有不同年份发生的各种形式的费用都折算到某一指定的年份，一般为进行方案比较的起始年份，经折算后所得的一笔总数即称为"现在价值"。比较时取现在价值小者为优。其优点是比较直观，所有被比较的各种方案的经济性均表现为按同一年份支付的折算总投资。缺点是当各被比较方案中拟购置安装的设备使用寿命期不同时，必须取各设备寿命的最小公倍数作为比较期。这是为了使比较期终结时，各种设备均同时达到其寿命期，以避免某些设备仍具有使用价值而使方案做不同等价的比较。

根据有关单位对运行电站的调查及昆明院的工程经验，计算出各方案的年运行维护费。

事故损失费主要考虑直接损失费和间接损失费。直接损失费根据可靠性计算得出，间接损失费主要由各供电地区的经济状况及每度电的经济效益来确定，糯扎渡水电站主要的送电地为经济发达的广东，间接事故损失费较大；且在当前厂网分开的形式下，停电将引起不能履行合同而索赔，造成电能质量不稳定影响电站的信誉，将造成不可预计的损失。

通过 30 年故障损失费及运行维护费的比较，对投资有一个动态的比较，以便能得出更接近实际的结论，根据对计算出来的年故障损失费及运行维护费进行 30 年折现计算，得出 30 年故障损失费及运行维护费。

对两个方案的可比设备（升高电压部分）投资逐项进行计算，得出电气设备总投资。各方案投资比较详见表 6.1-3。

表 6.1-3 各 方 案 投 资 比 较 表

序号	经济指标	方案一（4/3+3/2）	方案二（4/3）
1	可比设备投资/万元	20400.0	19200.0
2	年运行维护费/万元	108.20	101.84
3	年故障损失费期望值/万元	74.11	47.97
4	30 年故障损失费及运行维护费现值/万元	1719.0	1412.0
5	可比总投资/万元	22119.0	20612.0
6	投资差额/万元	+1507.0	0
7	投资比/%	107.3	100

6.1.4 主要设计成果及创新

方案二采用 4 串 4/3 接线，其中 3 串分别接两变一线，另一串接三个发变组。这种接线方式除具有方案一的供电可靠性高、故障影响范围小、运行维护方便，有利于实现自动化和运行调度灵活等优点外，还具有以下几个特点：

（1）3 回出线设于 4/3 串的中间，在联络断路器不发生故障的情况下，除本串两端母线断路器同时发生故障外，均不会造成线路停电。

（2）只有一个"变压器—变压器—变压器"串，在单母线运行时母线故障，或者双母线运行时母线同时故障的情况下，停电的机组数量比方案一少。

（3）任一回路故障，均需开断本回路两侧的断路器，特别是 2 台联络断路器负担较重，对断路器的要求较高。但由于采用可靠性较高的 GIS 设备，可以弥补上述不足。

（4）本方案 500kV 侧断路器数量为 16 组。

综上所述，方案二的可靠性更高、设备一次投资更省、停电损失更小。因此，采用方案二是最优的选择。

糯扎渡水电站电气主接线方案比选中采用可靠性计算方法，定量分析了备选方案的优劣。采用表格法进行可靠性的计算，有利于设计人员直观地检查，便于推广。

6.2 大型地下厂房高压配电装置选型及布置

6.2.1 主接线方案

电站采用 500kV 一级电压接入系统，出线 3 回，接入拟建的思茅换流站，线路长度约 30km。电站 500kV 侧采用 4 串 4/3 接线，其中 3 串分别接两回发变组和一回出线，另 1 串接三个发变组；500kV 配电装置包括 500kV 地下 GIS、地面敞开式出线设备及连接地面地下配电装置的 SF_6 管道母线（GIL），电气主接线方案见图 6.2-1。

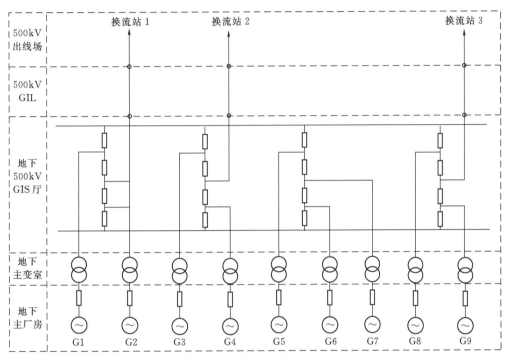

图 6.2-1 电气主接线方案图

6.2.2 500kV 高压配电装置型式选择

根据电站枢纽布置及地形地貌，如采用敞开式开关站（AIS），只能选用右坝肩 1100m 平台作为敞开式开关站站址，该站址山势较平缓，可开挖布置敞开式开关站。9 回主变压器高压引出线从竖井中引出到达地面出线场，出线场到 500kV 开关站之间必须跨越大坝及澜沧江平行布置 9 回出线，出线场距站址的直线距离约为 1.5km。

开关站布置有 4 个 4/3 断路器间隔串，全部采用常规敞开式户外设备中型布置。开关站 9 回进线从左岸引入，3 回出线从右岸出线。横向、纵向及周围设有运输道，还设有控制楼及其他辅助设施。开关站的面积为 350m×350m。为提高电站的可靠性，减少占地面积，本方案采用 SF_6 断路器和三柱式隔离开关。

此方案开关站占地面积大，还需在澜沧江两侧架设 500kV 线路及杆塔，布置较为困难；且在大坝施工期间施工干扰较大；9 回 500kV 架空线与大坝平行架设，出线走廊难以形成。出线场距站址的直线距离约 1.5km，右岸开关站高程比大坝高近 200m，要修 3067m 的盘山公路才能到达。

考虑到 SF_6 全封闭组合电器（GIS）设备较敞开式开关站（AIS）设备可靠性高、检修周期长，可减少大量的维护工作量，减少停电损失，且 GIS 占地面积小，可避免大量土建开挖；因此，本电站高压配电装置选用 GIS。

本电站引水发电系统为地下式，500kV 出线场须布置在 821.50m 高程上，从布置位置来看，出线场位于主厂房和主变压器洞室上方，因此，出线通道确定为竖井。从主变室高程 606.50m 到出线场地面高程 821.50m，高差为 215m。所以，高压引出线型式的选择与 GIS 设备布置方案密切相关。

根据设备生产技术水平，可供采用的高压引出线型式为充油电缆、GIL 和挤包绝缘电缆。

500kV 充油电缆因结构特点，易发生漏油现象，导致其接头维护工作量大。且本工程电缆敷设高差达到 215m，在国内，现阶段还缺少高落差充油电缆的应用实例。在采用 GIL 或挤包绝缘电缆均可满足工程所需，且有较多工程成功实例的前提下，为保证今后电站设备运行稳定、安全及维护工作少，不推荐采用 500kV 充油电缆。

GIL 的最大特点是输送容量大，最大输送容量可以达到 8000A，而且额定电流从 2000A 增加至 4000A，造价增加不多，仅增加导体的壁厚，而外壳尺寸却增加很少，特别适合于短距离大容量的电能传输；而电缆的输送容量受到制造截面的限制，已制造的 500kV 电压等级 XLPE 电缆最大截面 $1 \times 2500mm^2$ 铜芯，输送容量最大仅为 2500A 左右，相对较小。

针对本工程发-变单元，若采用地面 GIS 楼布置方案，既可通过 9 回 500kV GIL 引入地面 GIS，也可通过 9 回 500kV 挤包绝缘电缆引入地面 GIS；由于单回 GIL 与干式电缆相比，不但价格昂贵的多，且安装尺寸也大得多；而 500kV 出线采用标称截面为 $1000mm^2$ 挤包绝缘电缆，可与发电机容量匹配。

若 GIS 设备布置在地下，位于主变室顶上，出线场布置在地面，从地下 GIS 到地面出线场有 3 回出线，按 "$n-1$" 的原则，2 回线路应能输出全厂电能，每回线路极限输送容量约为 3000MW，工作电流为 3464A。因为输送容量已超出挤包绝缘电缆的极限输送容量，所以只能采用 GIL 连接。

为此，若采用 500kV GIS 地下布置方案，则采用 500kV GIL；若采用 500kV GIS 地面布置方案，则采用 500kV 挤包绝缘电缆。

6.2.3　开关站布置及高压引出线方案比选

根据不同型式的高压引出电路，结合 GIS 开关站的布置，基于糯扎渡水电站的具体条件，拟定以下 3 个开关站布置及高压引出通道方案进行技术经济比较。

6.2.3.1　方案一：地面 GIS 方案

GIS 设备及出线场布置在地面，从地下主变室到 GIS 有 9 回出线，采用挤包绝缘电缆连接。为便于安装及运行维护，同时考虑到土建施工的安全性及消防要求，设置 3 条竖井作为高压电路引出通道，并设电梯兼作联系地下厂房和地面开关站的通道，考虑到电缆进出竖井所需的断面及安装要求，此方案所需的竖井断面直径为10m，详见图 6.2－2。

6.2.3.2 方案二：地下 GIS、一条竖井方案

GIS 设备布置在地下，位于主变室顶上，出线场布置在地面，从地下 GIS 到地面出线场有 3 回出线，采用 GIL 连接。设置一条竖井作为

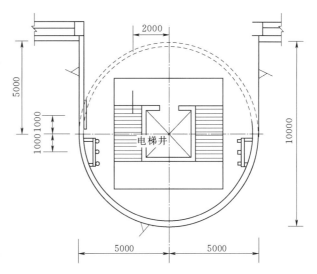

图 6.2－2 电缆竖井布置方案图（单位：mm）

高压电路引出通道，并设电梯兼作联系地下厂房和地面出线场的通道，考虑到 GIL 进出竖井所需的断面及安装要求，此方案所需的竖井断面直径为12m，详见图 6.2－3。

6.2.3.3 方案三：地下 GIS、两条竖井方案

考虑到施工、安装时的干扰以及运行期的安全，在方案二的基础上，设置两条出线竖井，从而形成方案三。考虑到 GIL 进出竖井所需的断面及安装要求，此方案所需的竖井断面直径为10m，详见图 6.2－4。

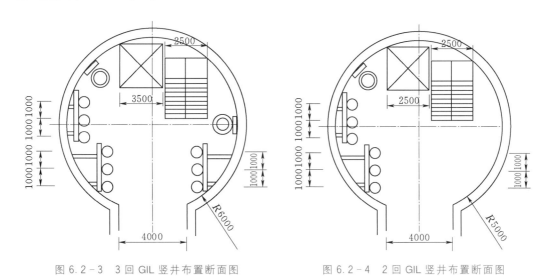

图 6.2－3 3 回 GIL 竖井布置断面图　　　　图 6.2－4 2 回 GIL 竖井布置断面图

6.2.3.4 技术经济比较

根据以上方案，参考部分工程以往各时期的合同价格和制造厂的报价，拟订出作为方案比较中的价格指标，对 3 种高压引出线方案设备及土建投资进行比较，详见表6.2－1。

表 6.2 - 1 开关站布置及高压引出方案经济比较表

方案	方案一	方案二	方案三
	挤包绝缘电缆	GIL（一条竖井）	GIL（两条竖井）
电压等级/kV	500	500	500
单价/（元/m）	7800	18000	18000
引出线回路数/回	9	3	3
引出线总长度/m	9450	3150	3150
引出线总价/万元	7371	5670	5670
电梯总价/万元	900	300	600
土建工程造价/万元	11974.42	11486.20	12595.19
投资合计/万元	20245.42	17456.20	18865.19
价差/万元	1380.23	−1408.99	0

从表 6.2 - 1 可见，方案三，即地下 GIS 布置并采用 GIL 经两条竖井引出方案的综合投资比方案一低 1380.23 万元；而方案三比方案二增加投资 1408.99 万元。由于本电站每回 GIL 输送容量大（极限容量 3000MVA），如都从一条竖井引出，风险太大，同时，考虑到施工、安装的方便，减少电站投运后检修 GIL 时的相互干扰，设置两条竖井多出的投资是值得的。

GIL 在制造及运行方面已有丰富的实践经验，可靠性及使用寿命较干式电缆高；因此，本电站开关站布置方案采用地下 GIS 布置方案，并采用 GIL 从两条竖井引出方案。

6.2.4 500kV 高压配电装置典型参数选择

6.2.4.1 额定电流选择

电站总装机 $9 \times 650MW$，3 回出线，按 "$n-1$" 的原则，2 回线路能输出全厂电能，每回线路极限输送容量约为 3000MW，工作电流为 3464A，因此，500kV 高压配电装置额定电流选择为 4000A。

6.2.4.2 额定短时耐受电流和短路开断电流

根据接入系统资料及电站相关参数，经计算：500kV 侧三相短路电流为 39.2kA，单相短路电流为 43.5kA；500kV 高压配电装置短时耐受电流及开断电流可按 50kA 选择即可；但接入系统报告要求电站 500kV 侧设备按 63kA 的短路电流水平选择电气设备，因此，考虑远期发展及适当留有裕度，500kV GIS 短时耐受电流选定为 63kA/3s，断路器额定开断电流选定为 63kA。

6.2.4.3 500kV 高压配电装置绝缘配合及绝缘水平

为防止雷电侵入波沿架空线进入配电装置而损坏电气设备，在 500kV 母线上配置 420kV 的氧化锌避雷器，与架空线连接处配置 444kV 的氧化锌避雷器，主变高压侧出线处配置 420kV 的氧化锌避雷器。

仿真计算和研究，结果表明：

（1）一线一变单母线运行方式下站内各设备上的过电压水平最严重，CVT 过电压水平最大时达到了 1402.3kV，主变压器上的雷电过电压幅值最大为 1065.4kV，GIS 上的雷电过电压幅值最大为 1288.1kV。

（2）GIL 与 GIS 之间如装设避雷器，CVT 的过电压水平基本没有影响，其他设备的过电压水平有所改善；但即使 GIL 与 GIS 之间无避雷器，各设备绝缘裕度均大于 15%，GIL 与 GIS 之间加装避雷器的必要性不大。

（3）沿线合闸操作 2% 统计过电压均小于 500kV 系统绝缘配合要求值 2.0p.u.，避雷器吸收能量均在其吸收能力 15kJ/kV 以内。

上述避雷器的配置方案，可以将可能产生的过电压限制在规范允许的范围内。CVT 最大过电压为 1402.3kV，因此，有必要将其雷电冲击耐受电压水平提高为 1800kV（峰值），绝缘裕度为 22.09%。500kV 高压配电装置设备的绝缘水平选择如下：①主变压器：LI 1550AC 680/ LI 185AC 85/ LI 125AC 55；②GIS：LI 1675kV/SI 1300kV/AC 740kV；③GIL：LI 1550kV/SI 1250kV/AC 740kV；④CVT：LI 1800kV/SI 1300kV/AC 790kV。

6.2.5 500kV 高压配电装置布置

6.2.5.1 主变洞室

主变洞位于主厂房下游侧，共分为三层，从上到下依次为 GIS 层、SF_6 气体绝缘母线层和主变层。

GIS 层底板高程为 623.00m，净尺寸为 215.62m×16.70m×15.00m（长×宽×高），长度比主变洞短 132m，有效节约了洞室开挖工程量。4 串 4/3 断路器接线的 GIS 设备呈"一"字形沿 GIS 层长轴方向布置，所有分支母线均向上游侧引出并穿楼板至下一层，所有控制盘柜均布置在上游侧，上、下游侧均留有维护通道，GIS 左端部为预留的试验场地和 500kV 继电保护盘室，在 GIS 室内设 1 台 10t 单梁桥吊供设备安装及检修使用。

GIS 层下部为 SF_6 气体绝缘母线层，底板高程为 617.00m，净尺寸为 348m×16.7m×4.8m（长×宽×高）。本层主要布置有 GIS 的 9 回进线和 3 回出线，8 号主变分支母线沿下游侧墙布置，其余所有分支均布置在上游侧，下游为预留的检修及维护通道。

母线层下部为主变层，主变层底板高程为 606.50m，长度和宽度与母线层相同。主变室沿上游侧和机组段对应布置 27 台 241MVA 的单相变压器，在每台变压器之间设有防火隔墙，底部设有事故贮油池，备用变压器布置在 9 号主变左侧。下游侧为主变搬运道（设有轨道），主变压器高压侧通过 SF_6 气体绝缘母线（GIB）与 500kV GIS 设备连接。主变洞设备布置见图 6.2-5、图 6.2-6。

6.2.5.2 母线出线竖井

地下 GIS 与地面 500kV 出线场之间通过主变洞下游侧的两条出线竖井相连，1 号竖井位于 3 号、4 号主变之间，2 号竖井位于 5 号、6 号主变之间，相距 68m。两条出线竖井由 GIS 室至 500kV 地面出线场全长约 200m，1 号竖井内敷设 1 号、2 号 GIL，2 号竖井内敷设 3 号 GIL。母线出线竖井断面内径为 7m，每个竖井内均设有一部电梯兼作地下厂房及出线场上下联络的通道。

出线竖井断面见图 6.2-7。

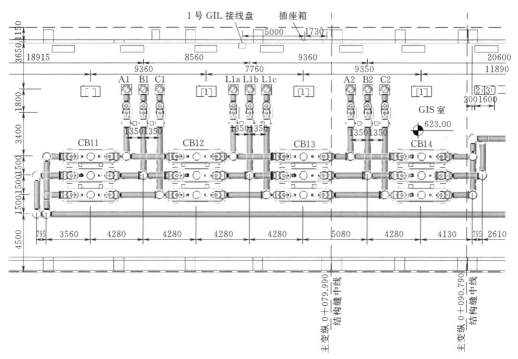

图 6.2-5 GIS 单串典型平面布置图 (尺寸单位：mm)

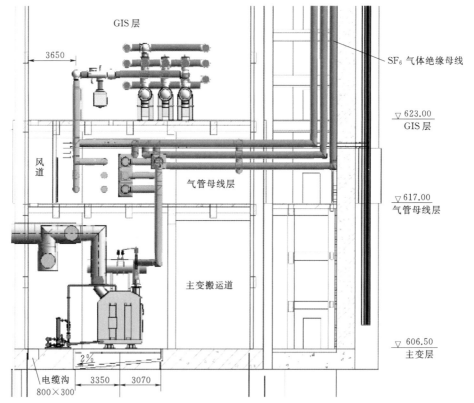

图 6.2-6 GIS 横剖面图 (尺寸单位：mm；高程单位：m)

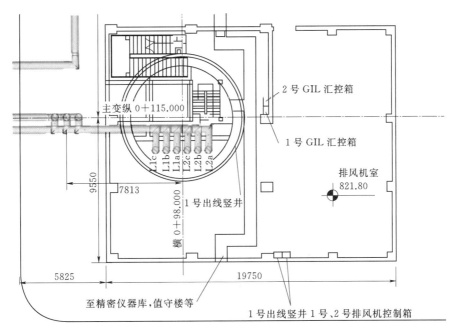

图 6.2-7　出线竖井断面图（尺寸单位：mm）

6.2.5.3　500kV 出线场

500kV 地面出线场布置在主变及 GIS 室顶部 821.50m 高程处。出线场内布置有地面副厂房和 500kV 出线设备，尺寸为 159m×111.8m（长×宽）。

500kV 出线设备为敞开式、中式布置，详细布置见图 6.2-8 和图 6.2-9。

6.2.6　主要设计成果及创新

（1）由于水电站地处山区，为布置敞开式开关站特别是超高压开关站，往往需要进行大量的土石方挖填工作，对地下厂房更是如此，使两者造价相对趋近，统计表明，敞开式开关设备事故率 70% 来自设备外绝缘，GIS 设备相对提高了运行的可靠性，运行维护简单，检修周期长，安装方便，因此，一些地形条件复杂的山区水电站较多采用 GIS。近年来，我国已建或在建的大中型水电站大多采用 GIS 设备替代 AIS。随着 GIS 设备技术的不断完善、造价逐渐下降，大型水电站选用 GIS 设备的优越性将日趋明显。

（2）对于 GIS 布置于地面还是地下，应针对各工程的具体情况进行专题研究。本电站经详细研究比较后确定采用地下 GIS 布置、GIL 从两条竖井引出的方案。在方案的比选及研究中，有以下几点经验可供类似工程参考：

1）单回电缆和 GIL 的价格不具可比性，应结合土建工程的费用和全寿命周期内的运行维护费用进行比选。

2）地面 GIS 布置，主变和 GIS 的连接用电缆比较经济。

3）地下 GIS 布置，GIS 和架空线的连接回路由于输送容量超过了电缆的极限容量，因此，采用 GIL 送电。

（3）糯扎渡水电站工程在绝缘配合和过电压保护方案设计时，进行了仿真计算和研究，

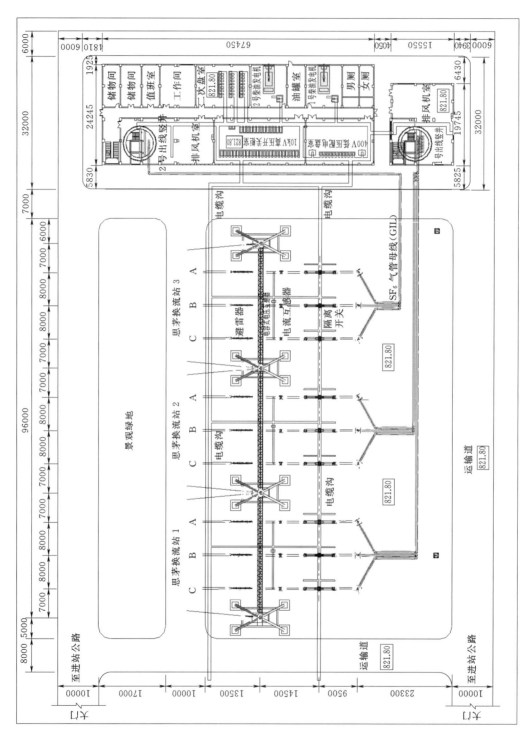

图 6.2-8　500kV 出线场平面布置图（单位：mm）

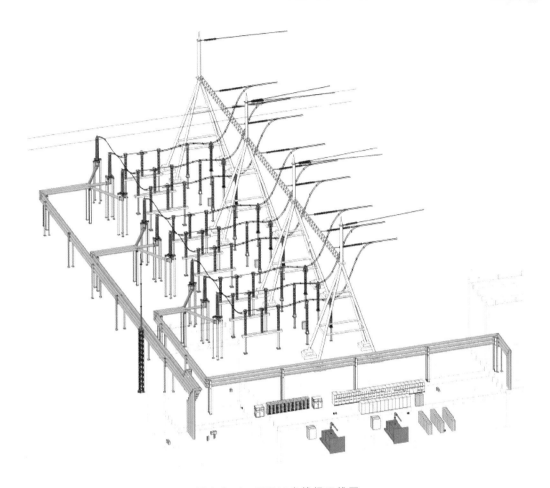

图 6.2 - 9 500kV 出线场三维图

研究成果显示：雷电过电压峰值最高点在户外 CVT 上，应提高其绝缘水平；GIL 和 GIS 的连接部位不需设置避雷器，其余参数和配置满足要求。实践证明，不同的工程其雷电过电压峰值和绝缘薄弱点是不同的，应进行有针对性的计算研究，进而确定绝缘配合及过电压保护方案。

（4）糯扎渡水电站工程 GIS 为地下布置，GIS 厅位于主变洞顶层。为减少开挖量，GIS 厅并不和主变层等长，主变洞纵剖面呈"凸"字形。4 串 GIS 成一列布置，2 回主母线分列两侧，分支母线全部向上游引出。GIS 厅所有设备排列整齐，没有过多的管道干扰，母线层布置了 36 相进出线，保证了必要的检修及维护通道。类似工程可详细比选进出线一一对应的方案，再行取舍。

（5）巨型或大型水电工程多采用高电压开关设备送出，其价值较高，占地面积大，布置复杂，因此，其布置关系到工程本身的安全性和经济性。糯扎渡水电站工程通过多方案比选，综合考虑工程的安全性和经济性，确定了高压设备的选型、布置及送出方案；通过计算机仿真计算，确定了过电压保护方案，保证了设备运行和人员的安全；方案确定的过程及方法可推广至类似工程。

6.3 500kV 系统过电压计算分析

发电厂、变电站是电力工业的重要组成部分，是电力系统能量供应的来源和枢纽，其设备一旦遭到过电压损坏，将直接影响电网的安全可靠运行，对国民经济造成巨大的损失。发电厂、变电站内变压器、电抗器、发电机等设备价格昂贵，其内绝缘一旦遭受过电压损坏，不能够自恢复，损坏后修复十分困难。要防止过电压对电气设备造成损坏就需要提高设备的绝缘水平，但是绝缘水平取得过高，将大大增加电气设备的尺寸、造价，形成不必要的投入。因此，需要从技术、经济等各方面综合考虑，合理地确定电气设备的绝缘水平，使设备造价、维护费用和设备绝缘故障引起的事故损失费用三者综合为最低。

研究糯扎渡水电站 500kV 系统的过电压水平，并提出技术、经济上均合理的过电压保护方案，进而确定电站 500kV 系统绝缘水平，为电气设备的设计、制造提供准确数据，确保电力系统的安全、可靠运行，具有重要的工程价值和经济效益。

6.3.1 计算接线方案

糯扎渡水电站采用 500kV 出线，至思茅换流站。电气主接线方案为：发电机和主变压器组成单独单元接线；装设发电机出口专用断路器；500kV 侧接线采用 4 串 4/3 断路器接线。

电站 9 台发电机组及主变压器均布置在地下厂房内，地下 GIS 开关设备布置在主变室顶上，GIS 开关站与地面出线场采用 3 回 GIL 通过两条竖井连接，竖井高度为 215m，地面出线场布置有 500kV 避雷器、电容式电压互感器、隔离开关及电流互感器等敞开式设备。

初步拟定的过电压保护配置方案如下：在主变进线处及两条母线上设置电站型金属氧化锌避雷器 MOA 420/1046，20kA；在户外出线场 3 回出线上设置了敞开式金属氧化锌避雷器 Y20W1-444/1106，20kA；过压电保护计算接线方案见图 6.3-1。

6.3.2 研究内容和方法

6.3.2.1 研究内容

根据接线方案，建立 500kV 系统雷电侵入波过电压数值计算模型。分变电站进线段远区落雷和近区落雷计算研究电站 500kV 系统不同运行方式下雷电侵入波过电压水平，分析各种因素对雷电侵入波过电压的影响，并根据计算结果提出经济可靠的防雷保护方案。

计算研究 500kV 系统操作过电压水平，分析各种保护装置（避雷器、合闸电阻、并联电抗器等）对电站 500kV 系统过电压的抑制作用及配置方式。

根据 500kV 系统操作过电压及雷电过电压水平，确定电站 500kV 系统绝缘水平和系统绝缘配合系数。

6.3.2.2 研究方法

采用计算机数值仿真计算的方法，建立基于 ATP-EMTP 的 500kV 系统过电压计算

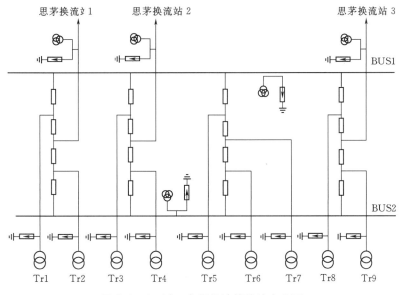

图 6.3-1　过压电保护计算接线方案图

模型，研究分析各种因素对电站 500kV 系统过电压水平（操作过电压及雷过电压）的影响，并根据计算结果提出经济可靠的防雷保护方案。

ATP-EMTP 是国际上通用的一种数字程序，通用性强，精确性较高。其基本原理是：根据元件的不同特性，建立相应的代数方程、常微分方程和偏微分方程，形成节点导纳矩阵。采用优化节点编号技术和稀疏矩阵算法，以节点电压为未知量，利用矩阵三角分解求解，最后求得各支路的电流、电压和所有消耗的功率、能量。在稳态计算中应将非线性元件线性化，包括利用简单的迭代进行潮流计算。在暂态计算中非线性特性可以用分段线性化来处理，也可以进行迭代求解。

6.3.3　雷电侵入波过电压计算及分析

发电厂、变电站的雷害来源主要有两个方面：一是雷直击于变电站；二是沿线路传过来的过电压波。对直击雷的防护一般采用避雷针或避雷线。运行经验表明：凡按规程及标准要求正确安装避雷针、避雷线和接地装置的变电站，绕击和反击的事故率都很低，防雷效果是很可靠的。而输电线路地处旷野，绵延数千公里，雷击线路的机会远比雷直击变电站的多，所以以沿线路侵入变电站的雷过电压是对变电站电气设备构成威胁的主要方式之一。

变电站的雷电侵入波有两种方式：绕击和反击。对于沿全线装设避雷线的线路来说，距离变电站 2km 内的线路称为进线段。线路其余长度的避雷线是为线路防雷用的，而这 2km 进线段的避雷线除了为了线路防雷，还担负着避免或减少变电站雷电侵入波事故的发生，有着重要作用。对反击而言，又分为近区雷击和远区雷击：离变电站 2km 及以外的为远区雷击，2km 以内的为近区雷击。对 500kV 变电站进线段，档距一般为 400m，计算时以雷击 6 号杆塔为远区雷击。由电气几何模型分析得出，当雷电流大于某一值时，雷或击中避雷线,或击中大地,而不会发生绕击,计算绕击过电压时,雷电流取其临界值,即最大绕击电流。但最大绕击电流较反击计算电流小得多,产生的过电压相对较低。

当雷击于距杆塔一段距离的避雷线时,比如在档距中央,空气间隙必须承受的过电压比由相同强度的雷电流在杆塔绝缘子串上造成的过电压要高得多,因而档距中央发生击穿是很罕见的。如果雷击档距中央未发生击穿,则和雷击塔顶的情形一样。此时杆塔绝缘上的最大过电压与雷击塔顶时具有同一数量级,这就说明雷击档距中央时,在档距中央虽不会发生击穿,但却可使杆塔绝缘闪络,由于雷击避雷线档距中央发生反击要满足一定的条件,所以雷击档距中央发生档中闪络的可能性很小,一般不考虑。

根据以上分析,将雷击进线段架空线路杆塔反击(近区和远区)形成的雷电波作为侵入波进行计算。

6.3.3.1　电气设备的模型

因为雷电侵入波等值频率较高,维持时间很短,通常 $10\mu s$ 左右即可出现最大过电压幅值。则变电站设备如变压器、断路器、隔离开关、互感器等,在雷电波作用下,均可等值成冲击入口电容,它们之间有分布参数线段相隔。计算时各设备等值入口电容的取值见表 6.3-1。

表 6.3-1　　　　　　　　　　　　　设 备 等 值 入 口 电 容

设 备 名 称	电容值/pF	设 备 名 称	电容值/pF
变压器(TB)	5000	GIS 套管	300
断路器(CB)	800	电容式电压互感器(CVT)	5000
隔离开关(DS)	300	电压互感器(TV)	1000
电流互感器(CT)	700		

6.3.3.2　杆塔接地电阻的影响

在最严重的运行方式下(即单线单变运行),雷电流为 240kA,对雷击 2 号杆塔时,杆塔接地电阻在 7~30Ω 之间变化。设 1~3 号杆塔的接地电阻为 R_1,为近区接地电阻,4~6 号杆塔接地电阻为 R_2,为远区接地电阻,分别对改变近区接地电阻而远区接地电阻不变和改变远区接地电阻而近区接地电阻不变的两种情况进行计算,以观察过电压与接地电阻的关系。设备上的过电压及流过避雷器的电流见表 6.3-2,表中,TB 表示变压器,CVT 表示出线电容式电压互感器,GIS 表示 GIS 入口套管,VT 表示变压器侧电压互感器,VTL 表示出线电压互感器;L_{MOA} 表示出线避雷器,M_{MOA} 表示母线避雷器,TB_{MOA} 表示变压器侧避雷器。

从表 6.3-2 可以看出,远区杆塔的接地电阻减小时,各点处的过电压略有降低;近区杆塔接地电阻对各设备过电压水平的影响不尽相同,TB、VT 处过电压随着近区杆塔接地电阻的增大而增大,而对于 CVT、GIS、VTL,其过电压水平与杆塔接地电阻之间并不是简单的关系,由于受到多个因素的影响,杆塔冲击接地电阻并不是越低越好,在一定的范围之内可能存在对侵入波防护有利的最佳值。

6.3.3.3　避雷器的影响

(1) GIL 与 GIS 间有无避雷器。单线单变运行方式,雷电流为 240kA,杆塔接地电阻为 10Ω,雷击不同杆塔时,GIL 与 GIS 间有无避雷器(电站式避雷器)时各设备上的过电压水平如表 6.3-3 所示。

从表 6.3-3 可以看出，在 GIL 与 GIS 之间加装避雷器时各设备过电压水平得到了明显的改善，特别是对变压器、GIS、电压互感器上的过电压改善明显。对于 CVT，当雷击 1 号、2 号杆塔时，在 GIL 与 GIS 之间加装避雷器对 CVT 上的过电压水平略有改善，但当雷击 3～6 号杆塔时在 GIL 与 GIS 之间加装避雷器对 CVT 上的过电压水平基本没有影响。

表 6.3-2　　　　　　　雷击线路 2 号杆塔时不同接地电阻的计算结果

杆塔接地电阻/Ω		设备过电压/kV					MOA 电流/kA		
R_1	R_2	TB	CVT	GIS	VT	VTL	L_{MOA}	M_{MOA}	TB_{MOA}
7	7	998.0	1168.9	1061.3	997.3	1051.4	8.72	4.17	7.57
	10	998.0	1168.5	1061.6	997.6	1051.8	8.74	4.17	7.58
	13	998.0	1168.4	1061.9	997.9	1052.2	8.77	4.17	7.59
	15	998.0	1168.4	1062.1	998.1	1052.5	8.79	4.17	7.60
	20	998.1	1168.5	1062.5	998.4	1053.1	8.85	4.17	7.62
	25	998.3	1169.0	1062.9	998.7	1053.7	8.92	4.17	7.65
	30	998.5	1169.6	1063.3	998.9	1054.4	8.98	4.17	7.67
10	10	1001.7	1250.1	1047.2	1005.4	1049.3	12.54	5.48	8.17
	15	1001.9	1249.7	1047.2	1005.6	1049.3	12.51	5.48	8.18
	20	1002.1	1249.5	1047.3	1005.8	1049.3	12.49	5.48	8.19
	25	1002.3	1249.4	1047.4	1006.0	1049.4	12.48	5.48	8.20
	30	1002.4	1249.5	1047.5	1006.2	1049.5	12.48	5.48	8.21
13	10	1006.0	1191.8	1030.9	1006.8	1029.9	13.47	6.36	8.50
	15	1006.1	1191.1	1030.8	1006.8	1029.8	13.45	6.36	8.50
	20	1006.1	1190.5	1030.8	1006.9	1029.8	13.44	6.36	8.50
	25	1006.2	1190.1	1030.8	1007.0	1029.8	13.44	6.36	8.51
	30	1006.3	1189.9	1030.8	1007.1	1029.8	13.44	6.36	8.51
15	10	1024.7	1166.5	1037.5	1014.0	1037.2	13.44	6.17	9.06
	15	1024.7	1166.4	1037.5	1014.1	1037.2	13.44	6.17	9.07
	20	1024.7	1166.4	1037.5	1014.1	1037.2	13.44	6.17	9.07
	25	1024.7	1166.4	1037.6	1014.2	1037.2	13.44	6.17	9.07
	30	1024.7	1166.5	1037.6	1014.3	1037.3	13.44	6.17	9.08
20	20	1079.7	1216.2	1059.4	1016.4	1031.7	14.43	7.28	12.10
	25	1079.7	1216.2	1059.4	1016.4	1031.8	14.44	7.28	12.10
	30	1079.7	1216.2	1059.4	1016.4	1031.8	14.45	7.28	12.10
25	25	1091.5	1259.6	1110.8	1044.5	1088.5	14.84	8.59	14.08
	30	1091.5	1259.6	1110.8	1044.5	1088.5	14.85	8.59	14.08
30	30	1095.3	1293.8	1143.6	1069.6	1132.2	15.95	9.71	14.70

表 6.3-3　　　　　　　　　　　GIL 与 GIS 间有无避雷器时的计算结果

雷击点	MOA	设备过电压/kV					MOA 电流/kA			
		TB	CVT	GIS	VT	VTL	L_{MOA}	M_{MOA}	TB_{MOA}	GIL_{MOA}
1 号杆塔	无	1006.7	1150.2	1048.4	1013.7	1049.9	8.86	6.28	8.68	—
	有	956.0	1097.9	965.5	955.8	963.4	7.80	3.95	4.69	5.96
2 号杆塔	无	1001.7	1250.1	1047.2	1005.4	1049.3	12.54	5.48	8.17	—
	有	962.6	1232.6	950.0	948.8	956.9	11.11	5.08	4.34	4.69
3 号杆塔	无	1065.4	1397.5	1090.2	1083.4	1073.5	17.93	8.41	11.72	—
	有	997.5	1397.5	969.1	1007.0	979.8	17.93	6.06	6.55	6.26
4 号杆塔	无	960.6	1113.6	953.8	939.8	952.1	8.78	3.25	4.01	—
	有	937.4	1113.4	921.3	920.5	921.5	8.77	2.95	2.65	2.72
5 号杆塔	无	960.2	1094.4	959.1	952.6	959.8	6.50	3.36	4.73	—
	有	939.4	1094.4	901.8	925.1	906.5	6.41	2.67	3.35	1.91
6 号杆塔	无	974.9	1289.1	963.7	964.7	971.7	15.91	3.08	5.05	—
	有	961.1	1289.1	922.2	926.1	923.0	15.60	2.53	3.84	2.76

　　取绝缘配合系数为 15%，GIL 与 GIS 间有无避雷器（电站式避雷器）时绝缘配合裕度见表 6.3-4。

表 6.3-4　　　　　　　　　　　GIL 与 GIS 间有无避雷器时的绝缘配合裕度

设　备		TB	CVT	GIS	VT	VTL
无避雷器	耐受电压/kV	1550	1800	1675	1550	1675
	最大过电压/kV	1065.4	1397.5	1090.2	1083.4	1073.5
	绝缘配合裕度/%	31.26	22.36	34.91	30.10	35.91
有避雷器	耐受电压/kV	1550	1800	1675	1550	1675
	最大过电压/kV	997.5	1397.5	969.1	1007	979.8
	绝缘配合裕度/%	35.65	22.36	42.14	35.03	41.50

　　从表 6.3-4 可以看出，各设备上的过电压水平均低于考虑绝缘裕度后的允许值，TB、GIS、VT、VTL 绝缘裕度超过了 30%；CVT 绝缘裕度最低为 22.36%。

　　（2）避雷器敏感性分析。单线单变运行方式下，雷电流为 240kA，杆塔接地电阻为 10Ω，雷击站外 2 号杆塔，避雷器伏安特性：线路侧 444 型避雷器 20kA 残压分别取为 1106kV、1063kV，站内 420 型避雷器 20kA 残压分别取为 1052kV、1046kV，不同避雷器组合方案如表 6.3-5 所列。

　　采用 ATP-EMTP 建立仿真模型，计算不同避雷器组合方案下，各设备上的过电压水平如表 6.3-6 所列。

　　从表 6.3-6 可以看出，采用第④种避雷器组合方案时，各设备上的过电压水平最低，TB、CVT、GIS、VT、VTL 上的过电压分别比采用第①种时降低了 10.7kV、34.8kV、16.4kV、11.0kV、14.3kV。

表 6.3 - 5　　　　　　　　　　　　避 雷 器 伏 安 特 性

避雷器组合方案		①	②	③	④
444 型 MOA 残压/kV	1106	√	√		
	1063			√	√
420 型 MOA 残压/kV	1052	√		√	
	1046		√		√

表 6.3 - 6　　　　　　　　　　不同避雷器型式下的计算结果

避雷器组合方案	设备过电压/kV				
	TB	CVT	GIS	VT	VTL
①	1001.7	1250.1	1047.2	1005.4	1049.3
②	996.6	1250.0	1041.1	1001.7	1043.5
③	995.7	1215.4	1035.3	998.2	1039.1
④	991.0	1215.3	1030.8	994.4	1035.0

6.3.3.4　不同运行方式下的过电压

通过对不同运行方式近、远端不同杆塔雷击点进行仿真计算，研究各设备过电压情况。

运行方式符号说明：L 表示出线；M 表示母线；TB 表示变压器；数字表示出线、母线及变压器编号，思茅一线带 1 号变压器单母线（母线一）运行的表示方式为 L1M1TB1，若是带 1～9 号变压器运行则表示为 L1M1TB1～9。仿真计算时雷击出线一时，杆塔接地电阻均取为 10Ω，当雷击出线三时，杆塔接地电阻取为 20Ω。

（1）单出线运行，雷电流为 240kA 时不同运行方式下各设备上的过电压值，见表 6.3 - 7。表中"雷击点"一列，如最大值均来自同一雷击点则标明具体的杆塔号，如最大值来自不同的雷击点则不标明。

表 6.3 - 7　　　雷电流为 240kA 时不同运行方式下各设备上的过电压值（单出线）

运行方式	雷击点	设备过电压/kV					MOA 电流/kA		
		TB	CVT	GIS	VT	VTL	L_{MOA}	M_{MOA}	TB_{MOA}
L1M1TB1	3 号杆塔	1065.4	1397.5	1090.3	1083.6	1074	17.93	8.41	11.73
L1M12TB1	最大值	1034.5	1397.5	1083.3	1045.2	1078.4	17.93	7.87	10.42
L1M1TB12	最大值	1018.9	1397.5	1057.9	1015.1	1045.4	17.93	5.81	9.10
L1M12TB12	最大值	1002.8	1397.5	1073.7	1005.0	1052.5	17.93	5.33	8.09
L1M1TB123	最大值	1050.7	1397.5	1079.6	1019.4	1057.9	17.93	5.21	9.59
L1M12TB123	最大值	985.7	1397.5	1073.7	983.1	1052.2	17.93	5.40	6.87
L1M1TB1～4	最大值	985.6	1397.5	1016.1	986.7	1004.4	17.93	4.59	7.12
L1M12TB1～4	最大值	990.9	1397.5	1068.4	989.5	1053.8	17.93	4.49	6.42
L1M1TB1～7	最大值	994.3	1397.5	1024.6	990.7	1015.9	17.93	3.01	7.31
L1M12TB1～7	最大值	964.3	1397.5	979.7	966.3	965.6	17.93	3.01	4.62

运行方式	雷击点	设备过电压/kV					MOA 电流/kA		
		TB	CVT	GIS	VT	VTL	L_{MOA}	M_{MOA}	TB_{MOA}
L1M1TB1~9	最大值	1021.6	1397.5	1034.7	1000.0	1019.8	17.93	2.60	7.83
L1M12TB1~9	最大值	970.0	1397.5	976.3	951.9	966.3	17.93	2.35	4.42
L3M1TB1~4	2 号杆塔	1002.5	1305.1	1288.1	1006.0	1291.5	14.37	9.85	8.50
L3M12TB1~4	最大值	957.4	1241.2	1135.0	961.6	1106.3	9.05	7.68	4.94
L3M1TB12	2 号杆塔	990.4	1310.7	1237.3	996	1229.1	13.87	10.85	7.58
L3M12TB12	最大值	975.4	1299.7	1126.1	974.9	1110.8	11.01	8.92	6.38
L3M1TB1	2 号杆塔	1062.6	1293.1	1261.3	1066.3	1256.8	14.18	12.62	13.46
L3M12TB1	最大值	993.0	1299.7	1153.2	995.2	1146.4	10.49	10.38	8.03
L3M1TB9	最大值	1039.8	1299.7	1093.7	1036.9	1080.6	10.46	8.27	11.73
L3M12TB9	最大值	992.6	1299.7	1027.7	997.4	1019.6	10.76	6.40	8.21

（2）双出线运行，雷电流为 240kA 时不同运行方式下各设备上的过电压值，见表 6.3-8。

表 6.3-8　雷电流为 240kA 时不同运行方式下各设备上的过电压值（双出线）

运行方式	雷击点	设备过电压/kV					MOA 电流/kA		
		TB	CVT	GIS	VT	VTL	L_{MOA}	M_{MOA}	TB_{MOA}
L12M1TB1	最大值	1018.7	1402.3	1080.7	1019.9	1079..4	18.35	7.52	9.43
L12M12TB1	最大值	992.9	1402.3	1033.4	999.5	1023.8	18.35	6.69	7.74
L12M1TB3	最大值	1020.1	1402.3	1231.0	1017.8	1229.1	18.35	9.09	9.05
L12M12TB3	最大值	981.8	1402.3	1091.8	983.7	1096.1	18.35	7.77	7.27
L12M1TB12	最大值	985.6	1402.3	1074.3	990.2	1072.5	18.35	7.14	7.29
L12M12TB12	最大值	986.8	1402.3	997.9	977.8	996.5	18.35	5.46	6.39
L12M1TB13	最大值	1053.8	1402.3	1043.8	995.8	1038.1	18.35	5.30	8.21
L12M12TB13	最大值	981.7	1402.3	994.6	980.7	991.5	18.35	5.04	6.52
L12M1TB1~3	最大值	988.5	1402.3	1025.9	991.9	1023.1	18.35	4.97	7.18
L12M12TB1~3	最大值	960.6	1402.3	985.2	967.8	974.7	18.35	4.85	4.81
L12M1TB1~4	最大值	960.8	1402.3	988.3	960.7	978.0	18.35	3.74	5.18
L12M12TB1~4	最大值	948.1	1402.3	999.2	948.3	986.7	18.35	3.71	3.84
L12M1TB1~7	最大值	982.5	1402.3	971.4	962.4	961.8	19.75	2.24	5.33
L12M12TB1~7	最大值	956.3	1402.3	957.9	940.0	951.1	18.35	2.34	3.93
L12M1TB1~9	最大值	945.6	1402.3	956.7	942.3	952.3	18.35	1.60	3.97
L12M12TB1~9	最大值	925.0	1402.3	939.3	928.4	929.4	18.35	1.38	2.51

（3）三出线运行，雷电流为 240kA 时不同运行方式下各设备上的过电压值，见表 6.3-9。

表 6.3-9　　雷电流为 **240kA** 时不同运行方式下各设备上的过电压值（三出线）

运行方式	雷击点	设备过电压/kV					MOA 电流/kA		
		TB	CVT	GIS	VT	VTL	L_{MOA}	M_{MOA}	TB_{MOA}
L123M1TB1	最大值	970.6	1299.7	1043.8	961.7	1048.1	12.61	3.37	4.05
L123M12TB1	最大值	975.5	1310.2	1013.2	982.0	1011.6	12.41	5.22	6.60
L123M1TB12	最大值	950.2	1299.7	1082.0	951.5	1086.7	10.59	3.51	3.93
L123M12TB12	最大值	936.6	1310.2	989.1	935.4	987.7	12.41	4.31	3.43
L123M1TB123	最大值	953.3	1309.9	1059.8	937.1	1065.1	12.41	2.84	3.96
L123M12TB123	最大值	953.7	1310.2	1009.1	934.4	1002.8	12.41	4.16	3.19
L123M1TB1~4	最大值	948.4	1310.2	1035.3	949.3	1038.6	12.45	2.32	4.34
L123M12TB1~4	最大值	924.7	1203.0	1011.8	922.9	1008.7	12.41	3.95	2.78
L123M1TB1~7	最大值	925.3	1160.2	1063.1	929.5	1063.1	8.28	1.97	3.20
L123M12TB1~7	最大值	923.0	1310.2	929.2	915.0	924.4	12.41	1.25	1.84
L123M1TB1~9	最大值	900.2	1310.2	939.5	946.3	924.9	10.73	1.88	4.40
L123M12TB1~9	最大值	923.0	1310.2	929.2	915.0	924.4	12.41	0.99	1.84

从以上计算成果可以看出：

1）单出线运行时各设备上的过电压水平较双出线、三出线时高；单出线单变压器运行方式下站内各设备上的过电压水平最严重；如果这些方式能承受雷电侵入波冲击，则其他运行方式的雷电流分流条件更好，变电站更安全。

2）落雷点到变电站的距离越大，站内设备上的过电压水平不一定越小，只有对于同一塔型，落雷点距离变电站越远设备上的过电压水平越低；3 号、6 号杆塔塔型相同，其呼称高度也相对较高，其绝缘子闪络时产生的侵入波过电压水平越高，使得站内设备上的过电压水平较高。

3）当母线运行方式和线路运行情况及雷击点、雷电幅值等均相同时，运行的变压器台数越多，设备整体过电压水平也越低。

6.3.3.5　避雷器吸收能量

（1）不同运行方式。不同运行方式下，雷电流幅值为 240kA，杆塔接地电阻为 10Ω，雷击进线段 2 号杆塔时，各避雷器吸收能量见表 6.3-10。

表 6.3-10　　　　　　　　　不同运行方式下避雷器吸收能量

运行方式	避雷器吸收能量/kJ		
	TB_{MOA}	M_{MOA}	L_{MOA}
L1M1B1	65.97	62.53	59.72
L1M1B12	51.26	50.87	45.32
L1M1B1~4	42.83	33.79	32.42
L1M1B1~7	33.33	24.02	28.66
L1M1B1~9	27.36	20.78	23.70

运行方式	避雷器吸收能量/kJ		
	TB$_{MOA}$	M$_{MOA}$	L$_{MOA}$
L1M12B1	54.33	50.67	43.97
L12M1B1	37.91	38.5	25.46
L123M1B1	31.56	31.45	12.78

从表 6.3 - 10 可以看出，单变压器运行时各避雷器吸收能量比多个变压器同时运行时高，出线越多各避雷器吸收能量越小，一线一变单母线运行时各避雷器吸收能量最大，最大时有 65.97kJ，但均在避雷器吸收能力 15kJ/kV 以内。

（2）雷击位置的影响。一线一变单母线运行（L1M1B1），雷电流幅值为 240kA，杆塔接地电阻为 10Ω，分别雷击进线段 1～6 号杆塔时，各避雷器吸收能量见表 6.3 - 11。

表 6.3 - 11　　　　　　　　雷击点不同时避雷器吸收能量

落雷杆塔编号	避雷器吸收能量/kJ		
	TB$_{MOA}$	M$_{MOA}$	L$_{MOA}$
1	50.83	51.09	12.70
2	65.97	62.53	59.72
3	63.50	65.18	104.62
4	30.75	30.90	42.37
5	22.40	23.00	27.81
6	20.04	20.89	35.06

从表 6.3 - 11 可见，雷击进线段 3 号杆塔时，避雷器吸收能量达到最大值为 104.62kJ，这主要是因为雷击进线段 3 号杆塔时，由于 3 号杆塔比其他杆塔高，使得侵入波过电压水平更高，从而避雷器吸收能量也最高，但均在避雷器吸收能力 15kJ/kV 以内，避雷器通流容量完全能够满足要求。

（3）杆塔接地电阻的影响。一线一变单母线运行（L1M1B1），雷电流幅值为 240kA，雷击进线段 2 号杆塔，落雷杆塔接地电阻分别为 7Ω、10Ω、13Ω、15Ω、20Ω、25Ω、30Ω 时，各避雷器吸收能量见表 6.3 - 12。

表 6.3 - 12　　　　　　　不同杆塔接地电阻下避雷器吸收能量

杆塔接地电阻/Ω	避雷器吸收能量/kJ		
	TB$_{MOA}$	M$_{MOA}$	L$_{MOA}$
7	37.42	33.62	31.89
10	65.97	62.53	59.72
13	96.22	93.87	89.34
15	117.38	106.73	113.91
20	172.19	166.18	134.31
25	217.47	213.85	148.49
30	252.71	252.52	159.03

从表 6.3 - 11 可以看出，各避雷器吸收能量随着被击杆塔接地电阻增大而增大，当杆塔接地电阻为 10Ω 时，避雷器最大吸收能量为 65.97kJ，当杆塔接地电阻增大到 30Ω 时，避雷器吸收能量增大到了 252.71kJ，但均在避雷器吸收能力 15kJ/kV 以内，避雷器通流容量完全能够满足要求。

6.3.3.6 绝缘配合裕度计算

绝缘裕度用惯用法计算时，指的是在雷电侵入波过电压作用下，变电所内设备绝缘应该留多大裕度，现行规程没有规定，在本文计算中，根据具体情况，绝缘裕度取 1.15。取各设备最大过电压计算设备的绝缘裕度，见表 6.3 - 13。从表中可以看出，所有运行方式及各种状态下，设备的绝缘裕度均大于 15%，满足要求。

表 6.3 - 13　　　　　　　　　　绝缘配合裕度

雷电流幅值	设备	TB	VT	VTL	GIS	CVT
220kA	耐受电压/kV	1550	1550	1675	1675	1800
	最大过电压/kV	1048.9	1070.7	1050.8	1274.0	1363.2
	绝缘配合裕度/%	32.33	30.92	37.27	23.94	24.27
240kA	耐受电压/kV	1550	1550	1675	1675	1800
	最大过电压/kV	1065.4	1083.6	1086.7	1288.1	1402.3
	绝缘配合裕度/%	31.26	30.09	35.12	23.10	22.09

6.3.3.7 雷过电压仿真计算成果分析

（1）进线段数据在仿真计算时采用了典型参数，各项数据都从严考虑，且计算时，为了偏向于安全侧，没有考虑线路电晕的影响，使得计算的过电压幅值比实际中可能出现的过电压水平偏高。

（2）远区杆塔的接地电阻减小时，各点处的过电压略有降低；近区杆塔接地电阻对各设备过电压水平的影响不尽相同，设备上的过电压水平与杆塔接地电阻之间并不是简单的关系，由于受到多个因素的影响，杆塔冲击接地电阻并不是越低越好，在一定的范围之内可能存在对侵入波防护有利的最佳值。

（3）GIL 与 GIS 加装了避雷器时，CVT 的过电压水平基本没有影响，其他设备的过电压水平有所改善，但即使 GIL 与 GIS 之间无避雷器时，各设备绝缘裕度均大于 15%，因此，综合考虑在 GIL 与 GIS 之间可不加避雷器。

（4）变压器上过电压水平低于考虑绝缘裕度后的允许值，雷电流分别为 220kA 和 240kA 时，主变压器上的雷过电压幅值最大，分别为 1048.9kV、1065.4kV，绝缘裕度分别为 32.33% 和 31.26%，且都大于 15%；雷电流幅值为 240kA 时，CVT 最大过电压为 1402.3kV，绝缘裕度为 22.09%。

（5）单出线运行时各设备上的过电压水平较双出线、三出线时高；单出线单变压器运行方式下站内各设备上的过电压水平最严重；如果这些方式能承受雷电侵入波冲击，则其他运行方式的雷电流分流条件更好，变电站更安全。

（6）一线一变单母线运行时各避雷器吸收能量最大，最大时为 65.97kJ；雷击进线段 3 号杆塔时，避雷器吸收能量达到最大值 104.62kJ；各避雷器吸收能量随着被击杆塔接地电阻增大而增大。避雷器吸收能力在 15kJ/kV 以内，避雷器通流容量完全能够满足要求。

6.3.4 操作过电压计算及分析

6.3.4.1 电力系统操作过电压简介

操作过电压是电力系统内部过电压的一种类型，当系统内进行断路器的正常操作（例如分、合闸空载线路或空载变压器、电抗器等，也包括各类故障，例如接地故障、断线故障等）时，由于电力系统内含有许多非线性特性的避雷器、铁磁电感以及具有分布参数特性的输电线路等电磁元件，就会使系统的运行状态发生突然变化，导致系统电感元件和电容元件之间电磁能量的互相转换及重新分布，从而出现一个过渡过程，在这一过程中常常出现强阻尼情况，产生操作过电压。

操作过电压是决定电力系统绝缘水平的依据之一。操作过电压的幅值随着电网电压等级的提高而增大，由于避雷器性能和雷过电压防护的不断完善，在超、特高压电网中，操作过电压对某些设备的绝缘选择将起着决定性的作用。

操作过电压与系统结构、设备特性，特别是与断路器的特性有关。在电力设备绝缘设计中，我国电力行业规程 DL/T 620—1997 规定 500kV 系统相对地操作过电压倍数应不超过 2.0p.u.。

6.3.4.2 统计计算方法

采用暂态网络分析仪（transient network analyzer，TNA）和电磁暂态计算程序（electro magnetic transients program，EMTP）进行操作过电压概率分布的数值和物理模拟计算；采用统计法分析计算结果。统计计算经验表明，采用 120 次抽样序列计算所得到的 2% 的统计过电压与 360 次抽样进行比较，误差不到 1%，对工程计算已经有足够的精度。本次计算中，抽样次数取为 120 次。

6.3.4.3 操作过电压计算结果分析

（1）避雷器的影响。为验证避雷器对操作过电压的影响，分别模拟有避雷器和无避雷器时线路操作过电压幅值及沿线路分布情况。有避雷器时计算结果见表 6.3-14，其合闸过电压沿线分布如图 6.3-2 所示。

表 6.3-14　　　　　　　　有避雷器时线路合闸过电压

位　　置	首端	中间	末端	沿线最大
均值/(p.u.)	1.5438	1.6050	1.6250	1.6275
标准差 σ	0.0668	0.0863	0.0928	0.0946
2%统计过电压/(p.u.)	1.6807	1.7819	1.8152	1.8214

取消避雷器时，电站至思茅换流站沿线合闸过电压如表 6.3-15 所示，其合闸过电压沿线分布如图 6.3-3 所示。

从表 6.3-13 和表 6.3-14 可以看出，有避雷器时沿线合闸操作 2% 统计过电压均小于 500kV 系统绝缘配合要求值 2.0p.u.，而无避雷器时沿线合闸操作 2% 统计过电压超过了系统安全运行要求，可见避雷器能够很好地限制合闸操作过电压。

表 6.3-15　　　　　　　　　　　无避雷器时线路合闸过电压

位置	首端	中间	末端	沿线最大
均值/(p. u.)	2.6008	2.6654	2.6813	2.6813
标准差 σ	0.3484	0.3640	0.3706	0.3706
2%统计过电压/(p. u.)	3.3150	3.4116	3.4410	3.4410

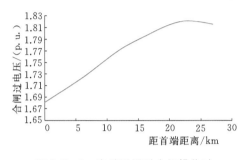

图 6.3-2　有避雷器时合闸操作过
电压沿线分布图

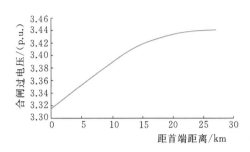

图 6.3-3　无避雷器时合闸操作过
电压沿线分布图

从图 6.3-2 和图 6.3-3 可以看出，有避雷器时沿线 2%统计过电压随着距离首端距离的增加先增大后减小呈"弓"形分布，最大值出现在靠近线路末端约 7/8 处，最大为 1.8214p.u.；无避雷器时沿线 2%统计过电压随着距离首端距离的增加而增大，线路末端合闸过电压最高，最大时为 3.4410p.u.。

（2）出线的影响。电站至思茅换流站有 3 回出线，分别计算电厂 9 台机组通过单回出线、双回出线、三回出线向换流站送电，采用 ATP-EMTP 进行合空线操作过电压仿真计算，合闸操作 120 次（服从正态分布）进行统计分析，沿线不同位置合闸操作过电压见表 6.3-16。

从表 6.3-16 可以看出，随着出线增多时线路沿线 2%统计过电压逐渐减小，双回线路单线运行时沿线合闸过电压最高为 1.9061p.u.，小于系统安全限值 2.0p.u.；而避雷器吸收能力随着出线增多而增大，最大时为 469.30kJ，远小于避雷器吸收能力 15.0kJ/kV，避雷器完全能够承受合空线过电压的作用。

表 6.3-16　　　　　　　　　　　不同出线时线路合闸过电压

出线		位　置	首端	1/4 处	中间	3/4 处	末端
1 出线	双回路 1 出线运行	均值/(p. u.)	1.4843	1.5971	1.6738	1.6675	1.6417
		标准差 σ	0.0548	0.0921	0.1133	0.1060	0.0969
		2%统计过电压/(p. u.)	1.5966	1.7859	1.9061	1.8848	1.8403
		避雷器吸收能量/kJ	206.70				
	单回路 1 出线运行	均值/(p. u.)	1.4696	1.5767	1.6488	1.6425	1.6225
		标准差 σ	0.0530	0.0923	0.1104	0.1003	0.0946
		2%统计过电压/(p. u.)	1.5783	1.7659	1.8751	1.8481	1.8164
		避雷器吸收能量/kJ	210.96				

续表

出线		位 置	首端	1/4 处	中间	3/4 处	末端
2 出线	双回路 2 出线运行	均值/(p.u.)	1.5029	1.5654	1.6158	1.6271	1.6233
		标准差 σ	0.0493	0.0696	0.0825	0.0856	0.0827
		2%统计过电压/(p.u.)	1.6040	1.7081	1.7849	1.8026	1.7928
		避雷器吸收能量/kJ			333.30		
	单、双回路各 1 出线运行	均值/(p.u.)	1.5304	1.5696	1.6067	1.6321	1.6358
		标准差 σ	0.0657	0.0753	0.0886	0.0984	0.1000
		2%统计过电压/(p.u.)	1.6651	1.7240	1.7883	1.8338	1.8408
		避雷器吸收能量/kJ			370.23		
3 出线		均值/(p.u.)	1.5438	1.5746	1.605	1.6242	1.625
		标准差 σ	0.0668	0.0752	0.0863	0.0926	0.0928
		2%统计过电压/(p.u.)	1.6807	1.7288	1.7819	1.8140	1.8152
		避雷器吸收能量/kJ			469.30		

（3）运行方式的影响。考虑糯扎渡水电站分别投入 1、2、…、8、9 台机组，通过单回线向思茅换流站送电，采用 ATP-EMTP 进行合空线操作过电压仿真计算，合闸操作 120 次（服从正态分布）进行统计分析，沿线最大合闸操作过电压如表 6.3-17 所示。

表 6.3-17 　　　　　　　　不同运行方式时线路合闸过电压

机组编号	均值/(p.u.)	标准差	2%统计过电压/(p.u.)	避雷器吸收能量/kJ
1	1.4454	0.0381	1.5235	309.95
1~2	1.4883	0.0553	1.6017	292.29
1~3	1.5317	0.0651	1.6652	258.21
1~4	1.5608	0.0789	1.7225	238.44
1~5	1.5908	0.0822	1.7593	237.35
1~6	1.6146	0.0914	1.8020	224.30
1~7	1.6346	0.1036	1.8470	219.16
1~8	1.6550	0.1074	1.8751	213.90
1~9	1.6738	0.1133	1.9061	206.70

从表 6.3-17 可以看出，随着投入发电机组的增多，线路沿线 2%统计过电压逐渐增大，最大时为 1.9061p.u.，小于系统安全限值 2.0p.u.；而避雷器吸收能力随着投入发电机组的增多而减小，最大时为 309.95kJ，远小于避雷器吸收能力 15.0kJ/kV，避雷器完全能够承受合空线过电压的作用。

（4）操作过电压仿真计算成果分析。采用 ATP-EMTP 建立系统合闸操作过电压仿真计算模型，分析合闸过电压水平，通过仿真分析可以看出：

1）采用拟合优度 χ_2 检验法，取置信度 $\alpha=0.05$、$\alpha=0.01$ 进行检验，线路操作过电压服从正态分布。

2）有避雷器时沿线合闸操作 2% 统计过电压均小于 500kV 系统绝缘配合要求值 2.0p.u.，过电压随着距离首端距离的增加先增大后减小，呈"弓"形分布，最大值出现在靠近线路末端约 7/8 处，最大为 1.8214p.u. 。

3）随着出线增多时线路沿线 2% 统计过电压逐渐减小，双回线路单线运行时沿线合闸过电压最高为 1.9061p.u.，小于系统安全限值 2.0p.u.；避雷器吸收能力随着出线增多而增大，最大时为 469.30kJ，远小于避雷器吸收能力 15.0kJ/kV。

4）随着投入发电机组的增多线路沿线 2% 统计过电压逐渐增大，最大时为 1.9061p.u.，小于系统安全限值 2.0p.u.；避雷器吸收能力随着投入发电机组的增多而减小，最大时为 309.95kJ，避雷器完全能够承受合空线过电压的作用。

6.3.5 主要设计成果及创新

（1）通过仿真计算研究表明：糯扎渡水电站 500kV 系统初步拟定的过电压保护配置方案是合适可行的。

（2）GIL 与 GIS 加装了避雷器时，除 CVT 外，其他各设备的过电压水平有所改善，但即使 GIL 与 GIS 之间无避雷器时，各设备绝缘裕度均大于 15%，因此综合考虑在 GIL 与 GIS 之间可不加避雷器。

（3）在各种运行方式下，无论雷击远近，各设备上所受雷过电压均在避雷器的保护范围之内，且绝缘裕度都大于 15%（最小为 22.09%）；在各种工况下，避雷器吸收能量均在其吸收能力 15kJ/kV 以内。

（4）在既定的避雷器配置方案保护之下，500kV 系统所受操作过电压均小于绝缘配合要求值 2.0p.u.，且避雷器吸收能量均在其吸收能力 15kJ/kV 以内。

（5）糯扎渡水电站 500kV 系统规模大，结构及布置复杂，通过计算机仿真计算，可全面详细了解在各种工况下，不同的保护配置方案对系统过电压水平的影响，进而选出经济合理的最优过电压保护配置方案。

第 7 章

水电站控制系统创新

本章通过分析工程设计难度及背景技术，选择先进的传输设备，实现远距离"一键落门"硬接线控制功能的各种逻辑组合，提供了可靠的中控室远距离"一键落门"硬接线控制系统；在分析电站的厂房布置、设备特点、事故水源的产生及防范措施等情况的基础上，对各监测点设计不同的检测方案及控制策略，应用于工程防水淹厂房的控制系统；在对电站厂房结构和主设备布置特点分析的基础上，确定了计算机监控系统的设计原则、系统整体结构、系统功能、LCU 配置方案；根据电站厂房结构及电气主设备布置特点，确定"五防"系统的无线网络结构及构成。

7.1 首创中控室远距离"一键落门"硬接线控制系统

7.1.1 背景技术

2009 年 8 月，俄罗斯萨扬舒申斯克水电站事故后，对引发水淹厂房事故各类原因的分析、控制已经引起了行业主管部门及业内专家的高度重视。水淹厂房事故的特点是突发性、发展快、危害大，后果极其严重，并会带来较大的设备损失及人员伤亡。安全、可靠地控制进水口闸门落门并及时切断大坝水源尤为重要。

在分析考虑了电站的厂房布置、设备特点、事故水源的产生及防范措施的基础上，设计了电站中控室"一键落门及紧急停机"硬接线控制系统，包括中控室紧急一键落快速闸门及紧急停机系统。

电站地理环境较复杂，其主要设备区有左岸地下厂房、左岸地面坝区。在左岸地下厂房端部副厂房设置有简易控制室，在左岸地面坝区设置有地面值守楼。地面值守楼中控室距离进水口快速事故闸门室及机组 LCU 控制盘均比较远，约有 1km 距离。

实现远距离硬接线控制功能是实现大型水电站中控室远距离"一键落门"硬接线控制的关键技术问题之一。在 2010 年以前，水电站大多是在机组现地控制单元 LCU 盘设置"现地紧急停机按钮"，通过机组 LCU 盘的主 PLC 和水机事故保护后备 PLC（或硬接线后备回路）的机组事故紧急停机回路直接输出控制进水口快速事故闸门快速落门。对于远距离进水口闸门的控制采用通信方式。

依托光缆传输快、信号衰减小，适合远距离传输的特点，在控制端将按钮接点的电信号转换成光信号，通过光缆安全、可靠、快速地将信号传输至受控端，在受控端又将光信号转换成电信号接点接入控制回路实现远距离控制功能。

7.1.2 中控室紧急一键落快速闸门系统

本电站不仅在机组 LCU 盘设置有机组紧急事故紧急关闭进水口快速事故闸门回路及紧急按钮停机并关闭进水口快速事故闸门回路（通信），而且在中控室还设置有光纤通道紧急一键落快速事故闸门硬接线回路。

在地面值守楼中控室设置 1 面"一键落门"按钮紧急停机屏，以机组为单元设置紧急落门按钮，按钮为带防误罩自保持按钮，不设置压板，中间不设置任何闭锁。屏内配置多台光电转换装置（每台机组单元独立配置光电转换装置），并将每台机组单元按钮接点（节点 1、2、3）接入本单元光电转换装置的电信号输入回路，本单元光电转换装置输出回路接至 3 路光缆通道，通过光缆分别送至本单元的进水口快速事故闸门控制盘、机组 LCU 盘、主 PLC 回路及事故后备 PLC 回路。

出于进水口快速事故闸门控制室与地面值守楼中控室的电缆距离约 1km，故采用光缆通信方式（单模）实现远距离硬接线控制快速事故闸门，且在进水口快速事故闸门控制室为每扇进水口快速事故闸门增加设置进水口紧急落门远程 I/O 箱，用于安装光电转换装置，接收来自中控室按钮紧急停机屏及本机组单元的机组 LCU 盘输出的按钮控制光信号，并将该光电转换装置输出的电信号接入进水口快速事故闸门紧急落门电磁阀回路。中控室紧急落门按钮采用光缆传输方式，通过进水口紧急落门（远程）I/O 箱直接硬接线动作快速落门电磁阀紧急关闭闸门，切断水源，防止事态扩大。

机组 LCU 盘事故紧急停机出口硬接点回路也采用专用光缆连接方式，通过进水口紧急落门（远程）I/O 箱的光电转换装置输出控制硬接点，直接动作进水口快速闸门事故落门电磁阀紧急关闭闸门。

"一键落门及紧急停机"系统为每台机组闸门单元设置 3 个按钮节点，其回路过程见图 7.1-1。

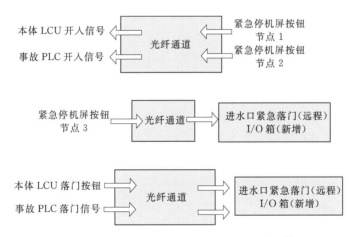

图 7.1-1　中控室"一键落门及紧急停机"硬接线的控制逻辑图

7.1.3　中控室一键紧急停机系统

本电站不仅在机组 LCU 盘设置有机组紧急事故紧急停机回路及事故停机按钮停机回路，而且在中控室紧急停机屏还设置有通过光缆通道一键紧急停机硬接线回路。

地面值守楼中控室距离最近 1 台机组 LCU 控制盘近 1km，距离最远 1 台机组 LCU 控制盘约 1.5km。故地面值守楼中控室紧急停机屏紧急落门按钮节点 1、2 采用光纤传输方式，将光信号送入机组 LCU 盘光电转换装置，经转换装置输出的电信号又接入机组 LCU 盘硬接线回路直接动作于机组 LCU 的主 PLC 和事故备用 PLC 的机组事故紧急停机回路，实现机组紧急停机，以达到切断水源的目的。

7.1.4 主要设计成果及创新

（1）水电站中控室"一键落门"硬接线控制功能特点是：通过光电转换，将按钮接点的电信号通过可靠的光电转换装置转换成光信号，采用光缆通道传输至受控端后，在受控端又将光信号通过光电转换装置转换成电信号接点，接入受控端硬接线控制回路实现控制功能，解决了水电站中控室距离进水口快速事故闸门比较远的硬接线控制回路传输通道的难题，通过这一独特的设计方法，紧急情况下在中控室可以直接控制进水口闸门落门，并同时关停机组，及时关闭进水门切断水源，防止事态扩大，极大提高了电站的安全可靠性。

（2）一种适用于远距离"一键落门"硬接线新型控制功能的方法首次在糯扎渡水电站实现。该系统于 2016 年 6 月 22 日获批"一种用于大型水电站一键落门的远程控制装置"国家实用新型专利。

7.2 大型地下厂房防水淹厂房的技术措施

7.2.1 电站安全保障分析

水淹厂房是水力发电厂主要风险之一，水淹厂房事故的特点是突发性、发展快、危害大，后果极其严重，并会带来较大的设备损失及人员伤亡。国内一些水电站工程也因各种原因发生了多起水淹厂房事故，造成了很大的损失。

继"萨扬事故"水淹厂房，机毁人亡，损失惨重事件后，对引发水淹厂房事故各类原因的分析已经引起了行业主管部门及业内专家的高度重视。

为了避免在本电站这样的大型地下厂房漏水量意外增大时，对人员和设备造成严重伤害，本电站设置了防水淹厂房控制系统。主要目的是为了尽早发现事故，尽可能地及时切断事故水源，减少设备损失、避免人员伤亡，降低厂房内部水淹风险。

7.2.2 引发水淹厂房事故水源情况分析

7.2.2.1 尾水管层

糯扎渡水电站的尾水管层位于 579.50m 高程，是贯穿全厂厂房的廊道层，主要布置有主变供水设备、尾水排水盘形阀、蜗壳排水盘形阀。当主变供水设备及管路、尾水排水盘形阀、蜗壳排水盘形阀发生漏水或爆裂时，有压水流涌入 579.50m 高程廊道；当水位达到一定高度时，引发廊道层水位信号器动作。因水源也可能由上层经从楼梯下流，在此层的水位信号不能确认事故源，故信号经逻辑组合后动作于全厂机组停机。

7.2.2.2 机组技术供水设备层

机组技术供水设备层位于 583.00m 高程，主要布置有机组技术供水泵及管路、尾水管进人门、蜗壳进人门。其中尾水管进人门及通道在 582.59m 高程，从 583.00m 高程有楼梯可以下达。当机组技术供水泵及管路、尾水管进人门、蜗壳进人门漏水或爆裂时，有压水流会涌入 583.00m 高程及蜗壳进人门通道、582.59m 高程尾水管进人门通道及通过楼梯涌入 579.50m 高程的廊道层。如尾水管进人门漏水或爆裂，能最快监测到，而机组技术供水泵（尾水取水方式）及管路、蜗壳进人门漏水或爆裂时，信号检测较慢；最不利的情况是蜗壳进人门漏水或爆裂，其有压水有可能涌入相邻机组的尾水管进人门通道，造成相邻机组误发信号。在此层的水位信号不能确认事故源，故信号经逻辑组合后动作于全厂机组停机，并切断可能的事故水源（如机组技术供水）。

7.2.2.3 蜗壳层

蜗壳层 588.00m 高程布置有机组技术供水管路，可能造成水淹厂房的事故源为技术供水管路爆裂。机组技术供水采用水泵供水和顶盖取水两种供水方式，在供水管路爆裂时，只要停止水泵供水或关闭顶盖取水电动三通阀即可切断水源，相应机组正常停机，不需要事故停机。

7.2.2.4 水轮机层

水轮机层 593.00m 高程可能造成水淹厂房的事故源为顶盖爆裂。当顶盖爆裂时，压力水流会涌入机坑并通过水轮机进人通道涌出至厂房 593.00m 高程。考虑到对通过水轮机进人通道涌出的水检测较困难，而在机坑内设置水位信号器最方便且有效，因此，在机坑内设置水位信号器，水位达到一定高度，相应机组停机，并关闭筒阀及进水口事故门。

7.2.2.5 主变室

主变室 606.5.00m 高程可能造成水淹厂房的事故源只有主变冷却水管道爆裂。主变室冷却供水采用单元供水方式，当供水管路爆裂时，只要停止水泵供水即可切断水源。水位信号器布置在主变集油坑内，水位信号动作于停止主变冷却供水水泵，不需要停机。在主变事故排油时，应闭锁此信号。

7.2.3 总体设计方案

防事故水淹厂房控制系统由独立的 PLC 控制系统构成。由于电站共有 9 台机组，厂房跨距较大，为保证水位信号的正确传输，每 3 台机组设一套独立的 PLC 系统进行水位监测信号的采集和处理，每 1 套控制系统由 1 面 PLC 控制柜组成，PLC 具备直接联网功能，3 套 PLC 系统分别布置在 2 号、5 号、8 号机组段中间层（599.00m 高程），3 个 PLC 控制柜构成 100M 以太环网，通过网络方式相互交换数据。PLC 控制系统根据水位信号计输出信号，做出逻辑判断，以预先设定的程序分别发出水位偏高报警以及水位过高事故停机信号；PLC 采用交直流双供电源方式。

主变室每 3 组主变（9 台单相变）设一套远程 I/O 箱采集主变室水位监测信号，共 3 套远程 I/O 箱，信号送相应机组段的 PLC 装置，3 套远程 I/O 箱对应一套 PLC 控制柜，远程 I/O 采用总线光纤与 PLC 控制柜通信。

7.2.4 检测方案

7.2.4.1 水位监测装置选择原则

防水淹厂房控制保护系统作为提高水电站运行安全水平的一项技术措施，是"无人值班"水电站的一项重要技术条件，在出现局部水淹厂房时要能及时报警并处理，控制保护系统需要直接动作于紧急停机，防水淹厂房控制系统必须可靠。而在检测环节是最可能出现误报的，因此，对水位监测装置应该采取措施，尽可能防止误报。在选择水位监测装置时，不能只用一种检测手段，应采用两种以上水位监测装置联合进行判别是否会发生水淹厂房事故。水位监测装置应选用质量可靠、检测有效的产品。

7.2.4.2 水位监测装置的选择

水位、水深测量分为接触测量和非接触测量两大类。接触测量是仪表的敏感元件直接与水接触，主要有浮子式、静压式、电阻式、电容式和电感式，其中以浮子式和静压式应用最为普遍。非接触测量采用超声波、γ射线、激光、红外和微波等新技术实现信号采集，由于这类传感器结构简单，安装方便且无可动部件，得到迅速发展。其中超声波除能进行非接触测量外，还能进行接触测量（液介式）。

发生水淹厂房事故时，水是在一个相对广阔的场地出现，无集水井，且水位量程较小，水位极不稳定，因此磁感应、投入式、浮球式和压力式水位计不太适用，推荐选择超声波水位计、电极式水位计及音叉式水位计。

超声波水位计的工作原理是水位计发出高频超声波脉冲，通过接收被测介质表面反射信号来进行测量。可以输出 4～20mA 信号和开关量报警信号，其精度可达到 1mm，一般应用于较大量程的测量，其高测量精度，用于水淹厂房的水位监测也是可以的，缺点是测量有盲区，只是用于检测是否有水淹厂房，因此是可用的。

电极式水位计是传统的水位计，其工作原理简单，缺点是电极式探头长期浸泡在导电介质中，探头表面易氧化。但在水电站水淹厂房监测使用时，正常情况下是不接触液体的，其维护、检修比较方便。

音叉式水位计通过音叉的叉体在触及所测介质时，其固有振动频率会发生改变，通过频率变化触动限位开关动作。

7.2.4.3 水位监测装置布置

（1）尾水管层：尾水管层连通全厂厂房，除本层事故外，还会有上层下流水，不能正确判别事故源，因此在尾水管层的 2 号、5 号、8 号机组段设 3 个检测点，每个检测点均分别设超声波、音叉式、电极式水位计各一个。

（2）机组技术供水设备层：机组技术供水设备层在各机组段尾水管进人门通道处设检测点，在监测到有水淹事故发生时，关停相应机组。每个检测点均分别设超声波、音叉式、电极式水位计各一个。

（3）蜗壳层：蜗壳层连通全厂厂房，整层为一个平面，在出现供水管路爆裂时，水会通过楼梯流入下一层，无有效检测手段对本层水位进行检测，如采用挡水坎，会影响人员通行及设备搬运，同时考虑到供水管路爆裂，其漏水量造成的水位上涨不是很迅速，可以通过尾水管层的水位计检测，同时通过机组技术供水的异常，可以判断出事故情况，因此，本层不设置水位计。

（4）水轮机层：对顶盖爆裂情况，可以在水轮机室内设 1 个检测点，安装超声波、音叉式、电极式水位计各一个。此处因空间较小，且紧靠振动源，水位计的选择和安装要考虑防振问题，以确保安全可靠。

（5）主变室：每台单相主变室集油坑内设 1 个检测点，一共 27 点，每 3 点作为 1 组，考虑水位信号只动作于停止主变冷却供水水泵，不需要停机，每点设 2 个水位监测装置，可选用超声波水位计及电极式水位计,超声波水位计采用安装测管方式来完成检测。在主变火灾事故排油时,由消防系统给出闭接点闭锁此信号。

水位计安装以后,须采取保护措施,以免被误碰。

7.2.5 控制策略

7.2.5.1 水淹厂房保护信号判别方式

在每个检测点均设 3 种水位监测元件,3 个信号均送到 PLC,在 PLC 上进行逻辑判断,任意 2 个信号通过"与"逻辑,可以得到 3 个信号,这 3 个信号通过"或"逻辑出口。经过这样的逻辑判断,可保证在有 2 个以上的水淹厂房信号出现时,保护系统才会动作出口。

每套液位开关及每套超声波液位计各自整定有 2 个限值,分别对应 1 限报警水位信号以及 2 限停机水位信号。PLC 控制系统在逻辑判断任意一个监测点有 2 限停机水位信号动作时,其 1 限报警水位信号必须已经动作以避免误发信号。

7.2.5.2 防水淹厂房控制保护动作出口

当发生水淹厂房事故时,根据事故水源分析,迅速启动动作相关设备,切断相应事故水源,同时启动所有的事故排水泵。出口动作相关信号还送电站计算机监控系统,通过电站在线呼叫 on - call 系统,紧急告警在电站外待命的运行、检修人员火速赶赴现场。

在电站投入运行后,现场实测运行环境对水位监测元件的影响,对会造成误发信号的水位监测元件进行具体分析,找出误发信号的原因,及时更换适用的水位监测元件及防护罩。

7.2.6 主要设计成果及创新

(1)水淹厂房保护系统的水位监测元件采用了 3 种不同工作原理的水位监测装置,水位监测元件的可靠性决定了系统的可靠性,同时详细分析了电站厂房的实际事故水源情况及安装条件后,才确定水位监测元件的安装位置,通过逻辑组合进行判别,并输出报警、事故停机信号。

(2)水淹厂房保护系统作为提高水电站运行安全水平的一项技术措施,首次在这种超大型电站采用,是水电站实现"无人值班(少人值守)"的一项重要的技术保障措施。

(3)防水淹厂房控制系统的投入使用,为地下厂房电站在运行中出现意外水淹事故提供了可靠的保护措施,是国内新建超大型水电站的首次应用。

7.3 计算机监控系统设计优创

7.3.1 厂房结构分析

糯扎渡水电站是中国目前超大型电站之一(总装机容量 5850MW),计算机监控系统的监控对象包括了全厂所有设备。由于机组容量大、公用及厂用设备多,需要监视控制的设备也就非常的多,且厂房区域无论从纵向、横向,还是地下、地面设备的布置情况来看，都存在厂房跨距大、区域面广、电站主设备间距离远的特点。

电站引水发电系统布置在左岸地下厂房，地下主厂房、主变室和尾水闸门室三者平行布置，500kV GIS 室和主变室两者纵向布置，也设置在地下厂房。厂房包括主安装间、端部副厂房、机组段和副安装间，总长 418m，厂房净宽 27m。其中主安装场长 70m，左端部副厂房长 22m，机组段长 306m，右端部副安装场长 20m。主变室全长 348m，净宽17m。主变室及 500kV GIS 室布置在主厂房下游侧，主厂房与主变室间布置 9 条母线洞。500kV GIS 室包括 GIS 大厅和 500kV 继电保护盘室，总长 216m，500kV GIS 室净宽16.7m。其中 GIS 大厅长 199m，500kV 继电保护盘室长 17m。电站设有 500kV 开关站地面出线场及地面坝区副厂房。

7.3.2 系统设计原则

电站在系统中承担腰荷、调峰、调频和事故备用的任务，电站按照"无人值班（少人值守）"的运行方式设计和配置自动控制设备。系统结构上采用全开放、分布式、分层式、模块化冗余结构模式；整个系统以分层管理、集中控制为原则，系统在物理逻辑上分为两级：上位机控制级（厂站控制层）和现地单元控制级。

本电站计算机监控系统设计特点是：对系统配置和设备选型充分考虑了日常运行维护的便利性和关键设备的高可靠。如：为满足 500kV 开关站、厂用电、公用设备监控需求，配置的监控系统现地级设备采用按不同功能、不同区域配置了多个带双 CPU 的 LCU。监控系统充分利用了监控、自动化、控制、测量等领域的先进技术，力求整个系统具备设计先进、硬件设备兼容性强、技术含量高、性能稳定可靠、人机对话智能化，且扩展性和兼容性强等特点。

7.3.3 系统整体结构特点

糯扎渡水电站计算机监控系统采用开放分布式体系双星型以太网结构，厂站控制层在地下厂房控制室和地面值守楼中控室分别设置两套工业以太网主交换机，这两处的主交换机采用千兆双光纤聚合环形网络方式进行连接。厂站控制层网络传输速率为（100Mbit/s）/（1000Mbit/s）自适应式，通信协议采用 TCP/IP 协议。主用网络发生链路故障时能自动切换到备用链路。

电站厂房区域无论是纵向、横向，还是地下、地面设备的布置，都存在跨度大、区域面广、电站主设备间距离较远的特点，作为电站的集中控制系统，除了在地面和地下厂房各设置了操作员工作站外，还须充分考虑各现地级设备 LCU 设置的可靠性和合理性。

7.3.3.1 上位机（厂站）控制层

计算机监控上位机系统包含了地下中控室和地面值守楼中控室的所有设备，系统主要用于综合自动化的组态、维护，水电站运行的监视、操作、信息管理、远动、网络通信和优化控制。其主要设备配置各种服务器（包含主机、历史站、操作员工作站、工程师站、调度通信服务器、集控通信服务器、语音机、信息管理工作站、Web 服务器等）、通信网络设备、打印设备、UPS、GPS 对时设备、电话语音报警等。

计算机监控上位机从系统的安全性、可靠性出发考虑，历史站、主机、通信机均设计为双机冗余热备工作方式，每台服务器均采用 RAID1 磁盘数据镜像实现数据冗余，任何一节点服务器故障，不会影响系统的正常运行，保证系统高可用性。

7.3.3.2 现地控制单元层方案创新

监控系统现地 LCU 包括了 9 套机组 LCU、9 套机组远程测温 LCU（RTD）、6 套开关站 LCU、5 套厂用/公用 LCU 和 1 套坝区 LCU。它们与上位机通过工业以太网交换机相连接，组成双星型网络，任何一个网络故障都不会影响到其他 LCU 的网络通信。

500kV 开关设备是 4/3 接线形式，共 4 串。500kV GIS 开关设备及保护设备的监控以串为单元配置开关站 LCU1～LCU4，500kV 母线、系统保护、安稳系统、直流系统等公用设备监控配置开关站 LCU5，500kV 开关站出线场设备监控配置开关站 LCU6。500kV 开关站设备按串退出运行时，监控现地 LCU 也可以按串退场运行、检修维护等，不影响其他串 LCU 的正常运行，操作简单易行可靠。

10kV 厂用电、400V 厂用电和公用设备的监控按在左端部副厂房、主厂房、右副安装场的不同区域，分别设置厂用/公用 LCU1、LCU2～LCU4、LCU5。10kV 厂用电系统为 3 段 8 进线（电源）结构，10kV 厂用电开关设备及保护设备监控按Ⅰ段、Ⅱ段、Ⅲ段分别接入厂用/公用 LCU2～LCU4，在左端部副厂房、右副安装场的 400V 厂用电和公用设备的监控分别接入厂用/公用 LCU1、LCU5。解决了本电站厂房跨距大的难题，避免了硬接线回路控制电缆和信号电缆长距离引接带来的风险，增强了信号安全性和可靠性。

7.3.4 系统功能和特点

7.3.4.1 系统功能

计算机监控系统完全按规范要求的程序实现机组的停机、空转、空载和发电的工况转换，可进行开关的分/合操作，辅助设备的启/停操作，机组有功/无功的调节。对受控设备的操作命令，都按"操作对象＋操作功能＋确认＋执行"的原则进行。如果控制命令执行过程中控制失败或控制超时，则自动终止执行命令并返回结果。每一步操作均按选择/校核/撤销方式进行，有严格的闭锁逻辑功能。

每位操作员的密码操作均有其完整的操作记录。在校验合格下，用键盘或鼠标完成机组开机、发电和定负荷调节的全过程。完全按照设计规定的全部机械、电气、紧急保护功能，机组过速、调速器事故油压过低、轴承温度过高作用于跳闸、灭磁、停机。

7.3.4.2 远程 I/O 网络化设计特点

国内水电站监控系统的现地 LCU 传统均按照分系统设置，如机组 LCU、厂用电 LCU 等，每套 LCU 可能带有多个远程 I/O，远程 I/O 均采用了通过现场总线方式接入 LCU 的主 CPU，通过主 CPU 将系统信息上送监控系统主机，这种设置方式可节约一定量的信号电缆，但由于不同 PLC 现场总线的类型不同，其扩展装置的可靠性并不稳定，扩展装置一旦发生故障则导致整个远程 I/O 群发生故障，同时加重了主 CPU 负担。

糯扎渡水电站计算机监控系统率先采用了远程 I/O 使用独立 CPU 上网方式的网络结构，远程 I/O 通过以太网与主 CPU 通信，但其数据独立上送监控系统主机。

7.3.4.3 核心设备冗余化设计特点

在分析国内超大型水电站监控系统运行情况的基础上，本电站监控系统的核心设备均采用冗余化设置。除了对上位机层的双主机、双历史库配置以及 LCU 核心 CPU 的双机冗余设置外，对监控系统中的其他核心设备，如功率变送器、转速装置和同期装置等均采用冗余化设置。

例如，机组功率采集系统采用双功率变送器与交流采样装置的三重化设置，当其中任一个装置异常时，监控系统均能无扰动地切换至另一个采集装置，保证了电站功率采样和调节的高可靠性。

但装置的高冗余化配置同时带来了信号逻辑判断的难题，如双转速装置的信号逻辑判断。糯扎渡水电站计算机监控系统对于此类信号采取了多重故障判断的方式来取舍信号，首先由自身 PLC 模件状态获取采集通道的状态，再从转速装置的自检信号或者装置工作状态采集，当这些状态正常时，才对该装置发生的信号进行采集，否则直接抛弃。

7.3.5 主要设计成果及创新

（1）糯扎渡水电站监控系统创新设计了先进的系统结构、核心设备冗余化及多重故障判断逻辑，同时还打破了传统以分系统设置 LCU 的方式，将 LCU 设置单元更加细化，如将开关站按照每一串设置一 LCU、将厂用电每一段或设备布置区域设置一 LCU 等，增加了监控设备运行的灵活性，且便于以后电厂对每一单元的维护和检修，不影响其他单元 LCU 的正常运行。

（2）解决本电站厂房跨距大的难题，避免了硬接线回路控制电缆和信号电缆长距离引接带来的风险，增强了信号安全性和可靠性。

（3）在国内率先采用远程 I/O 使用独立 CPU 上网方式的网络结构，增强了信号传输的可靠性。

7.4 无线微机"五防"系统设计特点

7.4.1 设置无线网络的必要性

糯扎渡水电站地理环境较复杂，其主要设备区有左岸地下厂房、右岸坝区、左岸坝区及地面副厂房等，存在电站主设备区域间距离较远的特点。其中 10kV 开关柜分别安置在地下厂房和左岸坝顶区域，相距近 300m，自用电配电室更是分布在全站各区域。这就要求糯扎渡水电站微机"五防"系统的建设，在满足基本防误需求的基础上，还应兼顾实际应用中的操作效率问题。这就对糯扎渡水电站微机"五防"系统的设计提出了更高的技术要求。

电站通常采用常规的离线式微机"五防"已能满足电站安全运行需求，但在超大型的变电站、发电厂，特别是像本电站地理环境复杂，设备区域分布广、距离远的情况时，操作人员现场实际操作效率低，甚至影响电站的生产效率。

在常规的离线式微机"五防"系统中，电脑钥匙在接收到操作命令后处于离线状态，只能严格按照接收的设备顺序执行；在单一任务中，所有操作步骤只能传输到同一把电脑钥匙中执行，由于现场操作经常交叉于遥控操作和就地操作，导致操作人员需要反复行走于设备现场与主控室之间；特别是超大型水电站地理环境复杂，设备区域分布广、距离远，由现场设备区到中控室往返一次耗时较长，致使操作人员劳动强度增加、实际操作效率低下，甚至影响到电站的生产效率；同时，电脑钥匙在设备现场执行操作过程中，如系统相关设备状态若发生变化（该变化有可能对正在执行的任务产生影响），离线状态的电脑钥匙无法获知该变化，操作人员与主控室的信息交互脱节，给安全生产造成隐患，所以常规离线式微机"五防"系统不能满足糯扎渡水电站的防误建设需求。

在糯扎渡水电站微机"五防"系统的设计中首次尝试采用无线微机"五防"系统，解决了电脑钥匙在操作过程中与"五防"主机之间的信息实时交互困难的问题，同时极大地提高了现地操作效率，以及现场倒闸操作的安全性和可靠性。

7.4.2　系统组成

糯扎渡水电站将微功耗无线网络的创新概念和先进技术引入到现有微机"五防"系统中，实现了电脑钥匙与"五防"主机间的无线实时通信，加强操作人员（终端）与主控室间的信息交互，避免设备区域与主控室间的往返行走，解决了电站设备区域分布广、距离远给现场操作带来的不利影响，在保障操作安全的同时，又极大地提高了工作效率，符合糯扎渡水电站防误建设的要求。

采用基于无线网络的微机"五防"操作系统，由站控层、间隔层、过程层三部分构成，除了常规的"五防"系统配置外，还增加了无线电脑钥匙、无线地线及微功耗无线网络系统设备。

微功耗无线网络是由无线网络控制器、无线路由器、无线电脑钥匙、无线地线构成的无线蜂窝局域网，其结构简单，性能可靠。电脑钥匙作为一个无线节点在网内漫游，实现操作终端与主控室之间的实时信息交互。无线网络应用于实时防误综合操作系统，实现了实时逻辑判断，"五防"主机与无线电脑钥匙、锁具随时数据交换，构筑了全方位防误网络。

7.4.3　实施方案

7.4.3.1　微功耗无线网络架设方案

电站的防误闭锁设备主要包括 500kV 升压站、10kV 厂用电、18kV 单元机组、400V 自用电，分别位于地下厂房、坝上坝区等不同区域，尤其是地下厂房与其他设备区域距离远、屏蔽强，为了使微功耗实时无线网络能够覆盖所有设备区域，本站建立了两个无线网络：地下厂房及左岸坝上地面值守区域。

7.4.3.2　地下厂房

地下厂房需无线网络覆盖的设备有 10kV 开关柜所在的厂用电及 400V 开关柜所在的母线洞层。10kV 开关柜Ⅰ段、Ⅱ段、Ⅲ段分别对应 1 号机、4 号机、9 号机，所以无线网络需覆盖 10kV 开关柜Ⅰ段、Ⅱ段、Ⅲ段所在盘柜室外的 1～9 号机廊道。400V 开关柜位于 18kV 发电机出口断路器所在母线洞外，所以无线网络需覆盖 1～9 号机母线洞及洞外廊道。发电机中间层及副安装场网络覆盖范围包含母线洞、机组自用电。

7.4.3.3 左岸坝上地面值守区域

地面值守区域需要无线覆盖的设备范围是：10kV 开关柜 Ⅳ 段、Ⅴ 段和一段 400V 开关柜（地面副厂房），分别在大坝上出线平台的相邻两个房间内，还包括地面值守楼区域。

7.4.3.4 光缆敷设

水电站的 4 台网络控制器中，除了地下简易控制室的网络控制器，其他网络控制器的距离都超过了 100m，为了通信的安全可靠，就必须敷设光缆。由于现场没有电缆沟，使光缆敷设工作异常困难，特别是从地下副厂房到坝顶值守楼需经过几百米深的竖井，敷设施工需要专业人员采用专业的器械才能完成，极大地增加了施工难度。

7.4.3.5 无线基站电源

为了保证无线路由器长期运行的稳定性，采用的是 220V 电源供电。由于全站无线基站分布非常零散，增加了各个基站的电源取点的难度。集中分布的基站可通过并联或者敷设电源线到网络控制箱后集中供电，而个别极其偏僻的路由器只能通过人为的开孔凿洞来就近获取电源。

7.4.4 闭锁方式

1. 水电站内 500kV GIS

所有监控操作的断路器及电动设备就地操作部分有完善的电气硬接线闭锁回路（GIS 控制柜自带）；远方操作通过计算机监控系统带闭锁逻辑的电气硬接线闭锁回路实现闭锁。500kV GIS 系统不考虑进微机防误闭锁系统。

2. 水电站内 18kV、10kV 系统

就地操作的断路器均采用电编码锁闭锁。

3. 接地刀闸、柜门、手车摇孔和 400V 系统

就地操作的断路器均采用机械编码锁闭锁和相关闭锁附件，安装在相应设备的操作把手或柜门上；可用挡舌式闭锁附件或锁扣式闭锁附件。

4. 临时接地点

闭锁由地线头、地线桩、机械编码锁构成。现场安装时需将地线桩焊接在临时接地点上，进行规范化处理，使其具有接地刀闸闭锁功能。

电编码锁、机械编码锁能适应电站内各种运行方式，在紧急状态下，可通过电解锁钥匙及机械解锁钥匙对其进行解锁操作。

7.4.5 闭锁范围

1. 500kV 断路器组合

本电站有完善的电气硬接线闭锁回路，不考虑进微机防误闭锁系统。

2. 18kV 发电机（每台装置）断路器组合

（1）发电机断路器组合：每个断路器用 1 把电编码锁闭锁；每个隔离开关和接地开关用 1 把机械编码锁闭锁。

（2）电气制动短路开关：每个短路开关用 1 把电编码锁闭锁；每个隔离开关和接地开关用 1 把机械编码锁闭锁。

（3）机端厂用变压器：前后各有 3 个网门，高、低压侧各增加 1 组临时接地点，共配 8 把机械编码锁，2 只地线桩。

（4）励磁变压器：前后各有 3 个门，高压侧增加 1 组临时接地点，共配 7 把机械编码锁，1 只地线桩。

（5）发电机出口电压互感器柜 2 组：每组柜有 4 个柜门，共配 8 把机械编码锁闭锁。

（6）主变低压侧电压互感器柜：6 个柜门，增加 1 组临时接地点，配 7 把机械编码锁闭锁，1 只地线桩。

（7）发电机组及中性点设备：1 个柜门，增加 1 组临时接地点；中性点设备有 1 个隔离开关，增加 2 组临时接地点，共配 5 把机械编码锁闭锁，3 只地线桩。

3. 10kV 中置式开关柜

（1）备用间隔、馈线柜：1 个断路器，1 个接地开关，1 个柜门，1 个手车摇孔。断路器用 1 把电编码锁闭锁，其余设备用机械编码锁（3 把）闭锁。

（2）进线柜：1 个断路器，2 个柜门，2 个手车摇孔，2 组临时接地点。断路器用 1 把电编码锁闭锁，配 6 把机械编码锁闭锁，2 只地线桩。

（3）联络柜：1 个断路器，2 个柜门，2 个手车摇孔，2 组临时接地点。断路器用 1 把电编码锁闭锁，配 6 把机械编码锁闭锁，2 只地线桩。

（4）PT 柜：2 个柜门，2 个手车摇孔，1 组临时接地点。配 5 把机械编码锁闭锁，1 只地线桩。

（5）母线段：母线两侧各增加 1 组临时接地点。配 2 把机械编码锁闭锁，2 只地线桩。

4. 10kV /400V 变压器

变压器高、低压侧：各 1 个网门，各增加 1 组临时接地点。配 2 把机械编码锁闭锁，2 只地线桩。

5. 400V 开关柜

（1）进线柜、联络柜：1 个断路器，1 个手车摇孔。断路器柜门用 1 把机械编码锁闭锁，手车摇孔不闭锁。

（2）母线段：母线侧增加 1 组临时接地点。配 1 把机械编码锁闭锁，1 只地线桩。

7.4.6 系统功能优势

无线微机"五防"系统从根本上解决了离线式微机"五防"系统存在的技术难题和应用问题，引入短距微功耗无线网络的创新概念和先进技术，解决了电脑钥匙在操作过程中与"五防"主机之间的信息实时交互问题，不仅极大地提高了现场工作效率，还进一步保障了现场倒闸操作的安全性。系统充分考虑了厂房地下、地面设备的布置区域面广的特点，在常规状态下，由无线网络构建实时数据传输系统，保证系统状态的实时刷新、操作过程的全程实时跟踪。无线微机"五防"系统相比较常规的离线式微机"五防"系统的革新功能包括以下几个方面。

（1）避免工作人员往复行走，提高工作效率。电脑钥匙可通过无线实时网络接收"五防"主机发送的操作票和向"五防"主机回传操作信息，同时也可实现遥控操作设备就地和远方操作权实时在线转移，无需工作人员携带电脑钥匙往返主控室与设备区，极大地提高了现场操作工作效率。

（2）实时监控倒闸操作全过程。主控室微机"五防"系统通过无线电脑钥匙控制现场锁具的解/闭锁，只有当前操作设备的实时"五防"逻辑判断通过后，"五防"主机才开放其操作权。被操作设备的状态和锁具状态经采集后，通过无线实时网络反馈给"五防"主机，并实时显示在"五防"主机的操作界面上。

（3）实时防误逻辑判断及闭锁。系统可采集设备实时状态，在操作任务进行时，"五防"主机可根据设备位置状态的变化，对当前操作进行实时防误逻辑判断，确定操作是否继续。

（4）实时在线对位。"五防"主机通过无线电脑钥匙上传的实时数据，是设备状态实时在线，确保防误主机显示的设备状态与现场设备状态完全一致。

（5）有效防止走"空程序"。在操作任务执行过程中，"五防"主机在检测到当前操作设备状态正确变位后才开放下一步的操作，有效防止操作中的走"空程序"问题。

（6）多任务并行操作。"五防"主机可在满足"五防"原则与不能交叉作业的前提下，支持多个操作任务并行执行，并通过无线电脑钥匙实时监控各个任务进程。

（7）地线状态实时采集。无线微机"五防"系统引入了无线地线装置，无线地线由智能地线头和智能地线桩组成，当智能地线头挂接到地线桩或拆除离开地线桩时，智能地线头感应电路启动装置工作，把挂接或拆除地线桩的 ID 号通过无线实时网络发送到"五防"主机，"五防"主机获取当前地线与地线桩状态，并在主界面上实时显示当前状态。

（8）地线防误挂漏拆。地线在挂接或拆除时，"五防"主机通过无线实时网络获取当前地线与地线桩状态，并根据这些状态判断临时接地线挂接或拆除的正确性，如临时接地线的挂接或拆除发生错误，"五防"主机将禁止下一步操作，从而实现实时防误。

7.4.7 主要设计成果及创新

（1）无线微机"五防"系统首次在糯扎渡水电站应用，解决了站内设备区域分布广、距离远以及常规离线式微机"五防"系统电脑钥匙接票后与"五防"主机远程信息交互困难的问题。

（2）节省了在倒闸操作过程中操作人员往返时间，不仅极大地提高了现场工作效率，还进一步保障了现场倒闸操作的安全性。

（3）微功耗无线网络的引入，保证了"五防"主机与电脑钥匙的信息交互实时在线可靠，实现了"五防"主机对现场解锁操作过程的实时监控和实时闭锁逻辑判断，使现场操作更准确、更安全，从而保障了整个电站的安全运行。

第 8 章

水电站保护系统创新

本章通过发电机内部短路故障分析及各种主保护灵敏度的比较分析，并结合发电机结构的具体情况，最终比选出最优灵敏度配合的发电机主保护配置方案及 CT 配置方案；通过分析厂区 10kV 供电系统接线 3 段式 8 路进线电源的复杂结构、厂区 10kV 供电系统备自投装置动作逻辑的难点及技巧，确定了复杂厂用电系统备用电源自动投入解决方案；通过分析糯扎渡水电站机组在线监测系统中增加设置振摆保护系统的必要性及控制实施方案，设计出智能机组振摆监测保护系统。

8.1 水轮发电机内部短路主保护配置方案研究

超大型机组在系统中的地位非常重要。发电机的造价昂贵，其发生故障造成的损失将十分巨大，配置灵敏、可靠的主保护是电站主设备安全运行的保障。

交流电机定子绕组内部故障是电机常见的破坏性很强的故障，内部故障时很大的短路电流会产生破坏性很强的电磁力，也可能产生过热，烧毁绕组和铁芯。故障产生的非同步磁场可能大大超过设计允许值，造成转子的严重损伤。对超大型发电机来说，内部故障造成的破坏尤其巨大，因此，分析超大型发电机定子绕组内部故障，发现内部故障时各电气量的分布和变化规律，设计正确的内部故障保护配置方案以减轻故障损害具有重要的意义。

8.1.1 发电机内部短路故障分析

为确保发电机的安全运行，就必须正确决定其主保护配置方案。为了防止方案选择工作中的盲目性，一定要了解电站发电机的结构以及实际短路的条件和特征，进而计算各种主保护方案的灵敏度，为方案的取舍做出科学的抉择。

糯扎渡水电站有 6 台发电机由东方电机公司提供，有 3 台发电机由天津·阿尔斯通公司提供。

昆明院与清华大学电机工程与应用电子技术系合作，对发电机内部故障主保护配置方案进行了研究，本节以本电站东方公司（DFEM）发电机结构为例。

发电机采用整数槽（$q=4$）波绕组，定子绕组节距为 $y_1=10$、$y_2=14$，48 极，定子槽数为 576，每相 8 分支，每分支 24 个线圈。发电机额定参数为：$P_N=650\text{MW}$、$U_N=18\text{kV}$、$I_N=23164.6\text{A}$。

根据对 DFEM 主机厂提供的发电机定子绕组展开图的分析，该发电机定子绕组实际可能发生的内部短路如表 8.1-1 和表 8.1-2 所列。

（1）定子槽内上、下层线棒间短路共 576 种（等于定子槽数）。通过对同槽故障的分析，发现：没有同相同分支匝间短路；同相不同分支匝间短路 288 种，占 50%；相间短路 288 种，占 50%。

（2）定子绕组端部交叉处短路共 12660 种。通过对端部交叉故障（简称为端部故障）的分析，发现：同相同分支匝间短路 24 种，占 0.19%；同相不同分支匝间短路 3708 种，占 29.29%；相间短路 8928 种，占 70.52%。

表 8.1－1　　　　　　　　　　DFEM 发电机 576 种同槽故障统计结果

同相同分支匝间短路	同相不同分支匝间短路	相间短路 288 种	
		分支编号相同	分支编号不同
0	288	0	288

表 8.1－2　　　　　　　　　　DFEM 发电机 12660 种端部交叉故障统计结果

同相同分支匝间短路		同相不同分支匝间短路	相间短路 8928 种	
短路匝数	24 匝		分支编号相同	分支编号不同
故障数	24	3708	1152	7776

DFEM 发电机采用的是整数槽波绕组，每个分支绕电机内圆一圈，且每一分支由 4 个线圈组构成，如图 8.1－1 所示；"每一线圈组"的 6 个线圈分别位于相邻的 N 极下或者相邻的 S 极下，使得"同一线圈组"的各个线圈之间相距 360°电角度及其整数倍；每绕完"同一线圈组"的 6 个线圈之后，人为地前进一个槽，再绕"下一线圈组"的 6 个线圈，这样一来"前一线圈组的尾"与"后一线圈组的头"就相距 15°电角度。而糯扎渡 DFEM 发电机线圈节距为 $y_1 = 5\tau/6$（短距绕组），可能发生同槽故障的两个线圈在空间上相距 150°电角度，使得同槽故障中不存在同相同分支匝间短路，其统计结果见表8.1－1。

再加上 DFEM 发电机每分支线圈的绕向完全相同，且每个分支绕电机内圆一圈（图 8.1－1），使得每分支线圈中只有首、尾线圈存在端部交叉的可能，故端部故障中也不存在小匝数同相同分支匝间短路，其统计结果见表8.1-2。

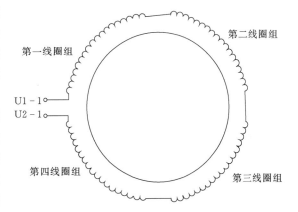

图 8.1－1　DFEM 发电机绕组分布示意图

DFEM 发电机所采用的上述整数槽全波绕组使得实际可能发生的内部短路中不存在小匝数同相同分支匝间短路，将有利于主保护方案性能的提高。

相对于叠绕组发电机而言，波绕组发电机内部短路中同相不同分支匝间短路所占比率较大，此时需密切注意发生在相近电位的同相不同分支匝间短路（图 8.1－2，两短路点距离中性点位置相近）的构成与分布特点，因为在某些连接方式下该同相不同分支匝间短路类似于小匝数同相同分支匝间短路，将增大主保护配置方案的动作死区。

通过进一步的分析，发现：

（1）对于同槽故障的 288 种同相不同分支匝间短路而言，如图 8.1－2 所示的相近电位的同相不同分支匝间短路，发生在相隔分支间的（如图 8.1－2 虚线箭头所示）要多于发生在相邻分支间的（如图 8.1－2 实线箭头所示）。具体统计如下：

1）相邻分支间两短路点位置相差 6 匝的故障数是 6 种；

2）相隔分支间两短路点位置相差 1 匝的故障数是 24 种，且发生在每相的第 1 分支、

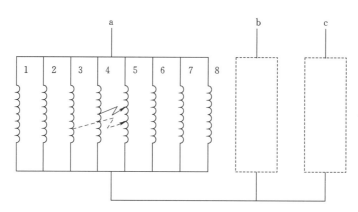

图 8.1-2　发生在相近电位的同相不同分支匝间短路

第 7 分支（或第 2 分支、第 8 分支，或第 3 分支、第 5 分支，或第 4 分支、第 6 分支）间；

　　3）相隔分支间两短路点位置相差 2 匝的故障数是 24 种，且短路分支编号同上；

　　4）相隔分支间两短路点位置相差 3 匝的故障数是 24 种，且短路分支编号同上；

　　5）相隔分支间两短路点位置相差 4 匝的故障数是 24 种，且短路分支编号同上；

　　6）相隔分支间两短路点位置相差 5 匝的故障数是 24 种，且短路分支编号同上；

　　7）相隔分支间两短路点位置相差 6 匝的故障数是 42 种；

　　8）相隔分支间两短路点位置相差 7 匝及以上的故障数是 120 种。

（2）对于端部故障的 3708 种同相不同分支匝间短路而言，如图 8.1-2 所示的相近电位的同相不同分支匝间短路，发生在相隔分支间的（如图 8.1-2 虚线箭头所示）要多于发生在相邻分支间的（如图 8.1-2 实线箭头所示）。具体统计如下：

　　1）相邻分支间两短路点位置相差 0 匝的故障数是 12 种，且发生在每相的第 1 分支与第 8 分支间、每相的第 4 分支与第 5 分支间；

　　2）相邻分支间两短路点位置相差 1 匝的故障数是 24 种，且短路分支编号同上；

　　3）相邻分支间两短路点位置相差 2 匝的故障数是 24 种，且短路分支编号同上；

　　4）相邻分支间两短路点位置相差 3 匝的故障数是 24 种，且短路分支编号同上；

　　5）相邻分支间两短路点位置相差 4 匝的故障数是 24 种，且短路分支编号同上；

　　6）相邻分支间两短路点位置相差 5 匝的故障数是 348 种；

　　7）相邻分支间两短路点位置相差 6 匝的故障数是 282 种；

　　8）相邻分支间两短路点位置相差 7 匝及以上的故障数是 372 种；

　　9）相隔分支间两短路点位置相差 1 匝的故障数是 120 种，且发生在每相的第 1 分支与第 5 分支（或第 6 分支，或第 7 分支）间、每相的第 2 分支与第 5 分支（或第 6 分支，或第 7 分支，或第 8 分支）间、每相的第 3 分支与第 5 分支（或第 6 分支，或第 7 分支，或第 8 分支）间、每相的第 4 分支与第 6 分支（或第 7 分支，或第 8 分支）间；

　　10）相隔分支间两短路点位置相差 2 匝的故障数是 120 种，且短路分支编号同上；

　　11）相隔分支间两短路点位置相差 3 匝的故障数是 120 种，且短路分支编号同上；

　　12）相隔分支间两短路点位置相差 4 匝的故障数是 120 种，且短路分支编号同上；

13）相隔分支间两短路点位置相差 5 匝的故障数是 228 种；

14）相隔分支间两短路点位置相差 6 匝的故障数是 174 种；

15）相隔分支间两短路点位置相差 7 匝及以上的故障数是 1716 种。

从上面的统计分析可以看出，糯扎渡 DFEM 发电机发生在相近电位的同相不同分支匝间短路（两短路点位置相差 0~4 匝）的分布特点如图 8.1-3 所示。

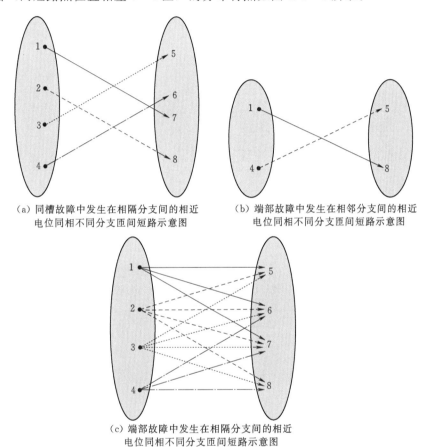

（a）同槽故障中发生在相隔分支间的相近
电位同相不同分支匝间短路示意图

（b）端部故障中发生在相邻分支间的相近
电位同相不同分支匝间短路示意图

（c）端部故障中发生在相隔分支间的相近
电位同相不同分支匝间短路示意图

图 8.1-3　DFEM 发电机发生在相近电位的同相不同分支匝间短路分布示意图

特别要注意上述典型故障的特征，这将大大减少这类偶数多分支超大型水轮发电机主保护配置方案设计计算的工作量。

8.1.2　发电机内部故障的仿真计算及主保护方案灵敏度的对比分析

运用多回路分析法，对 DFEM 发电机并网空载运行方式下所有可能发生的同槽和端部交叉故障进行了仿真计算（共计 13236 种），求出各种故障时每一支路电流的大小和相位（包括两中性点间的零序电流），由此可得到各种短路状态下进入各种主保护——零序电流型横差、完全或不完全裂相横差、完全或不完全纵差保护（图 8.1-4~图 8.1-6）的动作电流和制动电流，在已整定的动作特性条件下，最终获得相应主保护的灵敏系数 K_{sen}。

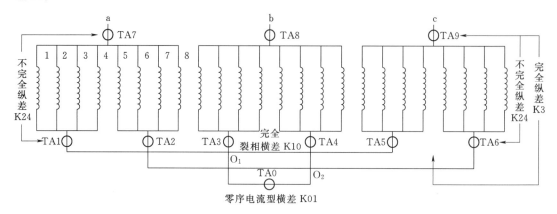

图 8.1-4 DFEM 发电机主保护方案的代号 1（4-4）

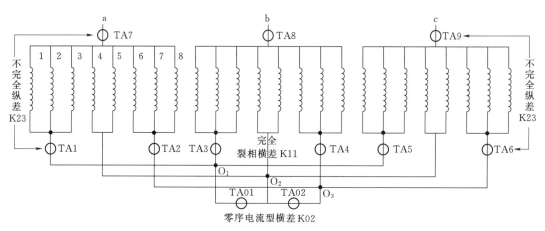

图 8.1-5 DFEM 发电机主保护方案的代号 2（3-2-3）

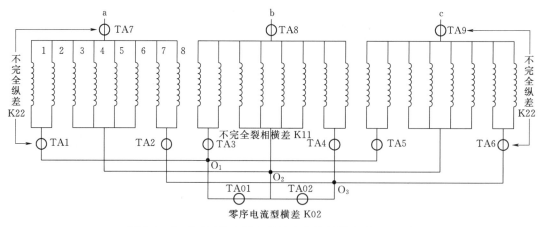

图 8.1-6 DFEM 发电机主保护方案的代号 3（2-4-2）

8.1.2.1 计算依据

根据《大型发电机变压器继电保护整定计算导则》：

（1）比率制动式差动保护最小动作电流的标么值为 $I_{op.0}^* = 0.15$，比率制动特性的拐点

为 $I_{\mathrm{res,0}}^{*}=1.0$，比率制动特性的斜率为 $s=0.3$。

（2）零序电流型横差保护动作电流的标么值为 $I_{\mathrm{op}}^{*}=0.05$。

8.1.2.2　中性点具体连接形式

主保护方案及其组合的代号见图 8.1-7。

（1）如图 8.1-7（a）所示，K
＊＊＊为"K242"，其中数字的含义
如下：

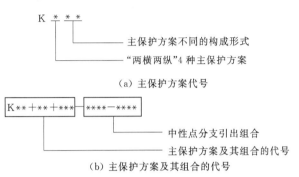

（a）主保护方案代号

（b）主保护方案及其组合的代号

图 8.1-7　主保护方案及其组合的代号

1）第 1 位数字"2"代表不完全纵差保护；同理，0、1、3 分别代表零序电流型横差、裂相横差和完全纵差保护。

2）第 2 位数字"4"代表该不完全纵差保护中性点侧接入分支数，即用"K24"代表中性点侧 4 个分支接入的不完全纵差保护；同理，K01、K02、K10、K11、K22、K23 分别代表一套零序电流型横差、两套零序电流型横差、完全裂相横差、不完全裂相横差、中性点侧 2 个分支和 3 个分支接入的不完全纵差保护。

3）第 3 位数字"2"代表中性点侧 4 个分支接入的不完全纵差保护用了 2 套。

（2）如图 8.1-4 和图 8.1-7（b）所示，K＊＊＋＊＊＋＊＊＊　＊＊＊＊-＊＊＊＊
为"K01＋10＋3_1234-5678"，其中数字的含义如下：

1）"K01＋10＋3"代表一套零序电流型横差、一套完全裂相横差和一套完全纵差保护的组合。

2）"_1234-5678"代表上述 3 种主保护方案的中性点分支引出组合，即将每相的第 1 分支、第 2 分支、第 3 分支、第 4 分支接在一起，形成中性点 O_1；再将每相的第 5 分支、第 6 分支、第 7 分支、第 8 分支接在一起，形成中性点 O_2。在 O_1 与 O_2 连线之间接一个电流互感器 TA0，并在每相的第 1 分支、第 2 分支、第 3 分支、第 4 分支组和第 5 分支、第 6 分支、第 7 分支、第 8 分支组上装设分支电流互感器 TA1~TA6，并装设有机端电流互感器 TA7~TA9，以构成一套零序电流型横差、一套完全裂相横差和一套完全纵差保护（其中性点侧相电流取自每相的两个分支 TA）。由于微机保护装置强调 TA 资源共享，每相中性点的这两个分支 TA 既可以构成完全裂相横差保护，又可以与机端电流互感器构成完全纵差保护。

其余主保护方案组合的代号依此类推。

依据上述分析思路，可以清楚认识到每种保护的长处（能灵敏反应哪些短路）和短处（不反应哪些短路），并发现对于发生在相近电位的同相不同分支匝间短路，不同构成形式的主保护方案的性能相差悬殊；下面以完全裂相横差保护为例进行说明。

图 8.1-8（a）~（c）中虚线箭头所示故障为糯扎渡水电站 DFEM 发电机在并网空载运行方式下，a 相第 4 支路第 4 号线圈的上层边和 a 相第 5 支路第 4 号线圈的下层边发生端部同相不同分支匝间短路，两短路点距中性点位置相同。

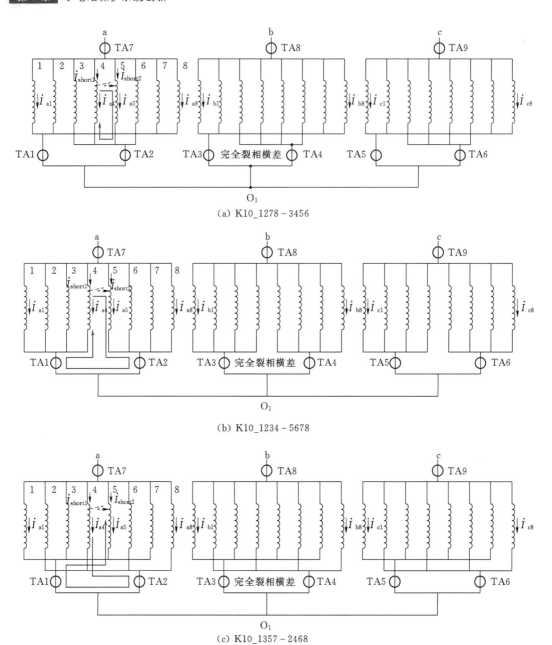

(a) K10_1278-3456

(b) K10_1234-5678

(c) K10_1357-2468

图 8.1-8 一侧发生在相近电位的同相不同分支匝间短路

各支路（包括短路附加支路）基波电流的大小（有效值，单位为 A，下同）和相位见表 8.1-3，其中 $\dot{I}_{a1}=342.70\angle 139.39°$，为电流向量值。

短路回路电流 $\dot{I}_{a4}=1566.52\angle-35.29°$ 和 $\dot{I}_{a5}=1487.14\angle 143.74°$ 的大小相差不大、相位近于相反，这是由于短路回路电流 $\dot{I}_{a4}$、$\dot{I}_{a5}$ 主要由直流励磁直接感应电动势差所产生（其他电流对它的影响很小），所以 $\dot{I}_{a4}$ 和 $\dot{I}_{a5}$ 近于反向；由于两短路点距中性点位置相

表 8.1 - 3　　　　　　　　　　各支路（包括短路附加支路）基波电流向量值

a 相分支电流	b 相分支电流	c 相分支电流	短路附加支路
$\dot{I}_{a1}=342.70\angle139.39°$	$\dot{I}_{b1}=114.54\angle149.88°$	$\dot{I}_{c1}=80.19\angle45.60°$	
$\dot{I}_{a2}=126.42\angle-176.82°$	$\dot{I}_{b2}=179.77\angle-26.44°$	$\dot{I}_{c2}=111.43\angle4.29°$	$\dot{I}_{short1}=9836.17\angle143.09°$
$\dot{I}_{a3}=193.75\angle-47.23°$	$\dot{I}_{b3}=43.90\angle101.94°$	$\dot{I}_{c3}=143.93\angle139.48°$	
$\dot{I}_{a4}=1566.52\angle-35.29°$	$\dot{I}_{b4}=158.00\angle148.10°$	$\dot{I}_{c4}=317.14\angle-63.25°$	
$\dot{I}_{a5}=1487.14\angle143.74°$	$\dot{I}_{b5}=147.85\angle-23.08°$	$\dot{I}_{c5}=124.14\angle11.91°$	
$\dot{I}_{a6}=285.28\angle160.04°$	$\dot{I}_{b6}=100.37\angle-6.55°$	$\dot{I}_{c6}=128.51\angle116.43°$	$\dot{I}_{short2}=9915.06\angle-36.75°$
$\dot{I}_{a7}=104.70\angle-56.61°$	$\dot{I}_{b7}=64.38\angle96.13°$	$\dot{I}_{c7}=201.41\angle-40.27°$	
$\dot{I}_{a8}=353.47\angle-24.17°$	$\dot{I}_{b8}=437.30\angle158.38°$	$\dot{I}_{c8}=113.03\angle-148.20°$	

同（根据糯扎渡 DFEM 发电机的定子绕组连接图，a4 和 a5 分支的线圈排列并不相同，这样一来图 8.1 - 8 所示两短路点之间就存在电动势差，如图 8.1 - 9 中粗体实线所示），所以 $\dot{I}_{a4}$ 和 $\dot{I}_{a5}$ 的大小相差很小。通过互感的作用，两个短路分支对其他分支的互感磁链基本相互抵消，从而导致其他分支的电流故障前后变化不大（其他回路电流主要由短路电流在相邻支路的感应电动势之差产生），非故障分支的电流都比较小。

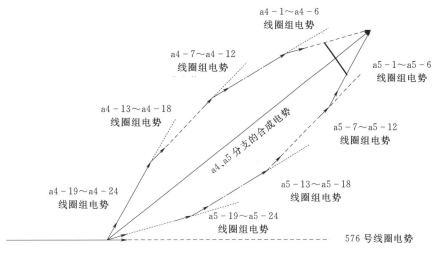

图 8.1 - 9　a4 和 a5 分支电势的构成
(a4 - 1 代表 a4 分支的第 1 号线圈，依此类推)

　　因此，对于图 8.1 - 8 （a） 所示的完全裂相横差保护（K10 _ 1278 - 3456，将两个故障分支分在同一支路组中），故障相故障分支的电流几乎相互抵消，而故障相非故障分支的电流都比较小，使得流过分支电流互感器 TA1 和 TA2 的电流都不大，从而导致对应的裂相横差保护的灵敏系数只有 0.043；而采用将两个故障分支分在不同支路组中的连接方式 （无论是相邻连接的 K10 _ 1234 - 5678 还是相隔连接的 K10 _ 1357 - 2468）的完全裂相横差保护 ［图 8.1 - 8 （b） ～ （c）］ 都能保证灵敏动作，其对应的灵敏系数分别为 1.516、1.773，因为此时数值较大的短路回路电流被引入差动回路中。

但是，由于上述同相不同分支匝间短路的两短路点均靠近机端，短路回路阻抗较大，使得故障分支中性点侧电流与非故障分支电流相差并不悬殊，考虑到发生故障空间位置的影响，对于某些发生在相近电位的同相不同分支匝间短路，即使将两个短路分支分在不同的支路组中，对应的主保护方案也可能拒动，下面以图 8.1-10 所示故障为例进行说明。

图 8.1-10（a）～（b）中实线箭头所示故障为糯扎渡水电站 DFEM 发电机在并网空载运行方式下，c 相第 1 支路第 3 号线圈的上层边和 c 相第 6 支路第 4 号线圈的下层边发生端部同相不同分支匝间短路，两短路点距中性点位置相差 1 匝。

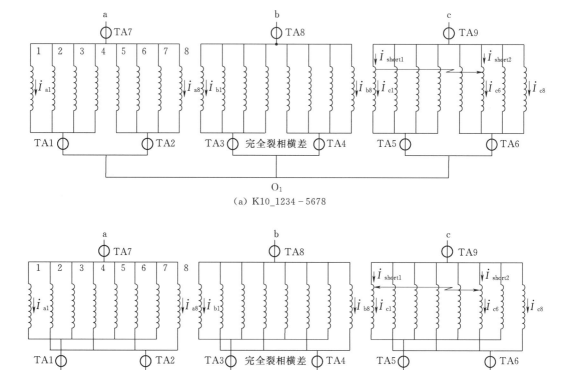

图 8.1-10 另一侧发生在相近电位的同相不同分支匝间短路

为简单起见，仅列出故障相各支路（包括短路附加支路）基波电流的大小和相位，见表 8.1-4。

表 8.1-4　　　　故障相各支路（包括短路附加支路）基波电流向量值

c 相分支电流	短路附加支路	c 相分支电流	短路附加支路
$I_{c1}=1249.74\angle 109.57°$		$I_{c5}=339.25\angle 112.01°$	
$I_{c2}=211.94\angle -72.59°$	$I_{short1}=11258.15\angle -72.03°$	$I_{c6}=1642.72\angle -71.88°$	$I_{short2}=10864.73\angle 108.13°$
$I_{c3}=53.03\angle 2.96°$		$I_{c7}=77.51\angle -38.74°$	
$I_{c4}=80.39\angle 84.21°$		$I_{c8}=62.65\angle 79.98°$	

通过对上述内部故障仿真计算数据研究分析和主保护方案灵敏度的分析，对于图 8.1 - 10（a）所示相邻连接的完全裂相横差保护（K10 _ 1234 - 5678），对应的灵敏系数只有 1.388；而图 8.1 - 10（b）所示相隔连接的完全裂相横差保护（K10 _ 1357 - 2468）却能保证灵敏动作（对应的灵敏系数为 1.862），虽然两种连接方式都是将两个故障分支分在不同的支路组中，但灵敏度相差较大。

上述统计规律与我们的常规认识和定性分析相一致，又进一步说明仿真计算和统计分析的正确性，同时也说明仿真计算的必要性。

8.1.3 发电机内部故障主保护配置方案的对比分析

通过上述分析，使我们对 DFEM 发电机的故障特点和常用的各种原理主保护方案的动作性能（能灵敏反应哪些短路、不能灵敏反应的又是哪些短路）有了一个清楚的认识，由于各种主保护方案均存在各自的保护死区，需按照"优势互补、综合利用"的设计原则来制定 DFEM 发电机的主保护配置方案，以达到对发电机内部故障保护范围最大的目的。

为兼顾定子绕组短路和机端引线短路，主保护配置方案中必须包括横差保护和纵差保护，以形成"一横一纵"的初步格局；总结已有的偶数分支水轮发电机（绕组形式既有叠绕也有波绕）的设计经验，主要考虑"完全/不完全裂相横差保护＋不完全纵差保护"和"完全裂相横差保护＋完全纵差保护"两种初步格局。

在对上述初步格局的性能进行分析的基础上，再考虑其他横差保护和纵差保护的取舍，这时需综合考虑各种指标——中性点侧 TA 的数目和安装位置、主保护配置方案拒动故障数、两种不同原理主保护反应同一故障的能力等。在完成相同保护功能的前提下，应尽量减少主保护配置方案所需的硬件投资（中性点侧引出方式和分支 TA 的数目）和保护方案的复杂程度。

考虑 TPY 级 TA 在发电机中性点侧所需的安装条件，工程不采用每相装设 3 台 TPY型分支 TA 的各种方案。表 8.1 - 5 和表 8.1 - 6 就不同的发电机中性点侧引出方式和分支 TA 的配置（电流互感器按一块屏配置，计及双重化的需要另一块屏完全拷贝），结合 DFEM 发电机的故障特点，对 8 种主保护配置方案的性能和优缺点进行分析对比，以确定最终的糯扎渡 DFEM 发电机主保护配置方案。

表 8.1 - 5　　　　　　发电机并网空载时对同槽故障各种主保护配置方案

不能可靠动作故障数及其性质

主保护配置方案	具体连接形式	不能可靠动作故障数	同相同分支匝间短路	相间短路	同相不同分支匝间短路							
					相邻分支	相隔分支（两短路点位置相差匝数）						
					6 匝	1 匝	2 匝	3 匝	4 匝	5 匝	6 匝	≥7 匝
一	K10＋242 _ 1234 - 5678	0	0	0	0	0	0	0	0	0	0	0
	K10＋242 _ 1357 - 2468	96	0	0	0	24	24	24	24	0	0	0
二	K01＋10＋242 _ 1234 - 5678	0	0	0	0	0	0	0	0	0	0	0
	K01＋10＋242 _ 1357 - 2468	96	0	0	0	24	24	24	24	0	0	0

续表

主保护配置方案	具体连接形式	不能可靠动作故障数	同相同分支匝间短路	相间短路	同相不同分支匝间短路 相邻分支 6匝	相隔分支（两短路点位置相差匝数） 1匝	2匝	3匝	4匝	5匝	6匝	≥7匝
三	K01+10+3 _ 1234-5678	0	0	0	0	0	0	0	0	0	0	0
三	K01+10+3 _ 1357-2468	96	0	0	0	24	24	24	24	0	0	0
四	K01+10+242+3 _ 1234-5678	0	0	0	0	0	0	0	0	0	0	0
四	K01+10+242+3 _ 1357-2468	96	0	0	0	24	24	24	24	0	0	0
五	K02+11+232 _ 123-45-678	0	0	0	0	0	0	0	0	0	0	0
五	K02+11+232 _ 137-46-258	49	0	0	0	18	17	11	3	0	0	0
六	K02+11+222 _ 12-3456-78	18	0	0	0	8	3	4	1	2	0	0
六	K02+11+222 _ 13-2468-57	50	0	0	0	12	12	12	12	2	0	0
七	K02+22 _ 123-45-678	0	0	0	0	0	0	0	0	0	0	0
七	K02+22 _ 137-46-258	56	0	0	0	18	18	12	6	2	0	0
八	K02+24 _ 12-3456-78	67	0	0	12	12	12	12	12	7	0	0
八	K02+24 _ 13-2468-57	64	0	0	12	12	12	12	12	4	0	0

表 8.1－6　　　　　　　　发电机并网空载时对端部故障各种主保护配置方案
不能可靠动作故障数及其性质

主保护配置方案	具体连接形式	不能可靠动作故障数	同相同分支匝间短路 24匝	相间短路	相邻分支（两短路点位置相差匝数） 0匝	1匝	2匝	3匝	4匝	5匝	6匝	≥7匝	相隔分支（两短路点位置相差匝数） 1匝	2匝	3匝	4匝	5匝	6匝	≥7匝
一	K10+242 _ 1234-5678	8	0	0	0	0	2	0	0	0	0	0	6	0	0	0	0	0	0
一	K10+242 _ 1357-2468	188	0	0	0	0	0	0	0	0	0	0	48	48	48	8	0	0	36
二	K01+10+242 _ 1234-5678	8	0	0	0	0	2	0	0	0	0	0	6	0	0	0	0	0	0
二	K01+10+242 _ 1357-2468	188	0	0	0	0	0	0	0	0	0	0	48	48	48	8	0	0	36
三	K01+10+3 _ 1234-5678	8	0	0	0	0	2	0	0	0	0	0	6	0	0	0	0	0	0
三	K01+10+3 _ 1357-2468	188	0	0	0	0	0	0	0	0	0	0	48	48	48	8	0	0	36
四	K01+10+242+3 _ 1234-5678	8	0	0	0	0	2	0	0	0	0	0	6	0	0	0	0	0	0
四	K01+10+242+3 _ 1357-2468	188	0	0	0	0	0	0	0	0	0	0	48	48	48	8	0	0	36
五	K02+11+232 _ 123-45-678	57	0	17	6	12	12	8	2	0	0	0	0	0	0	0	0	0	0
五	K02+11+232 _ 137-46-258	136	0	21	3	5	5	0	0	0	0	0	30	25	15	4	0	0	25
六	K02+11+222 _ 12-3456-78	160	0	31	8	7	0	0	0	0	1	54	14	13	4	0	0	0	17
六	K02+11+222 _ 13-2468-57	188	0	62	0	0	0	0	0	0	0	0	27	24	24	20	12	0	18
七	K02+22 _ 123-45-678	115	0	62	5	7	6	1	0	0	0	21	6	0	0	0	0	0	7
七	K02+22 _ 137-46-258	326	0	139	0	0	0	0	0	0	0	0	40	37	36	16	23	0	32
八	K02+24 _ 12-3456-78	180	0	59	3	6	6	2	0	0	0	0	22	18	14	12	10	8	20
八	K02+24 _ 13-2468-57	238	0	44	2	4	2	0	0	0	0	0	36	30	24	24	24	24	24

（1）方案一、方案二、方案三和方案四的保护死区相同，但方案二和方案四的两种及以上不同原理主保护灵敏动作故障数要比方案三多 8 种（仅占 DFEM 发电机内部故障总数的 0.06%）。

　　方案四相对于方案二而言，需增加一套差动保护方案；而方案三相对于方案二而言，则减少了一套差动保护方案，简化了保护装置的构成和计算的工作量，且完全纵差保护已为继电保护人员所熟悉并得到广泛应用。

　　（2）方案五和方案六的保护死区均多于前四种方案，不能动作的故障类型除了发生在相近电位的同相不同分支匝间短路外，还包括不同相而分支编号相同的分支间发生的中性点侧小匝数相间短路。

　　方案五的两种及以上不同原理主保护灵敏动作故障数要多于前四种方案，但需增设一套零序电流型横差保护和相应的保护用 TA，且使发电机中性点侧铜环布置过于复杂。

　　（3）方案七和方案八所需中性点侧分支 TA 数目最少，但保护死区较前几种方案多，两种及以上不同原理主保护灵敏动作故障数较前 6 种方案少。

　　（4）发电机主保护配置方案的设计是一个多变量复杂系统的工程优化设计问题，必须兼顾设计的科学性和实用性；在不显著降低主保护配置方案性能的前提下，发电机中性点侧分支的引出必须考虑电机结构和制造工艺是否方便，并简化保护方案的构成和所需的硬件投资。

　　通过上述分析比对，选择方案三（图 8.1-11）作为 DFEM 发电机的主保护和 TA 配置方案，即将每相的第 1 分支、第 2 分支、第 3 分支、第 4 分支接在一起，形成一个中性点；再将每相的第 5 分支、第 6 分支、第 7 分支、第 8 分支接在一起，形成一个中性点，在两个中性点之间接一个 5P30 级电流互感器 TA0，并在每相的第 1 分支、第 2 分支、第 3 分支、第 4 分支组和第 5 分支、第 6 分支、第 7 分支、第 8 分支组上分别装设一个 TPY 型分支电流互感器 TA1～TA6，且有机端 TPY 型相电流互感器 TA7～TA9，以构成一套零序电流型横差、一套完全裂相横差和一套完全纵差保护，其中完全纵差保护中性点侧相电流取自每相的两个分支 TA。

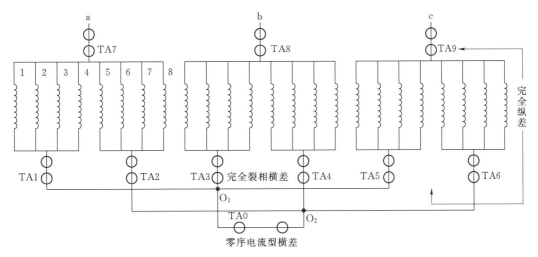

图 8.1-11　DFEM 发电机内部故障主保护配置方案

　　此方案对于 DFEM 发电机实际可能发生的 13236 种内部故障，不能动作故障数仅 8 种（占内部故障总数的 0.06%），对 12968 内部故障（占内部故障总数的 97.98%）有两种及以上原理不同的主保护能灵敏动作。

8.1.4　主要设计成果及创新

（1）针对本电站发电机具体的电气结构特点，与清华大学合作，采用先进程序对发电机内部短路故障进行了仿真计算，首次采用"多回路分析法"对发电机可能发生的各种内部短路故障进行了分析。

（2）认真比对分析配置各种主保护方案的灵敏度，从而确定了发电机定子分支绕组中性点侧 CT 的配置方案及发电机内部短路故障的主保护配置方案。

（3）通过糯扎渡水电站发变组保护创新设计方法，就能比较客观、科学地配置出综合灵敏度、可靠性都很高的保护方案。

8.2　复杂厂用电系统备用电源自动投入解决方案

8.2.1　复杂厂用电系统备用方式分析

糯扎渡水电站厂用电系统结构庞大，尤其是厂区 10kV 供电系统由于包含 3 段母线 8 路电源进线，使得其备用电源自动投入备自投装置动作逻辑十分复杂，备自投装置的动作逻辑依据厂用电系统的接线形式和各种运行方式来设计，备自投装置的正确动作是电站厂用电系统安全可靠运行的重要保证。

电站厂用电系统采用 10kV 和 400V 两级电压供电系统。10kV 系统设有厂区 10kV 供电系统、坝区 10kV 供电系统、设置在地面副厂房的备用电源 10kV 供电系统。其中厂区 10kV 供电系统尤为特殊，采用 3 段式 8 路进线电源的复杂结构。

厂区 10kV 供电系统正常运行方式为：三段母线分列运行，两个分段开关均在分位。Ⅰ段母线上的进线 1、进线 2 中一条主供，另一条备用，进线 3 为外来电源，作为最后一级备用；Ⅱ段母线上的进线 4、进线 5 中一条主供，另一条备用；Ⅲ段母线上的进线 6、进线 7 中一条主供，另一条备用，进线 8 为外来电源，作为最后一级备用；每段母线的进线电源容量仅能带两段负荷。

8.2.2　设计难点——复杂的备用电源自动投入功能

针对地下厂房厂区 10kV 供电系统复杂供电方式的特点，首次在超大型水电站厂用电备用电源自动投入系统中设计了 11 种备自投方式和 6 种自恢复方式控制逻辑方案，由一套备投装置来实现三级备自投功能。为了确保厂用电供电的可靠性，本系统设计配置了设备可靠、逻辑完善的备用电源自动投入系统。

8.2.3　厂用电系统接线及运行方式

8.2.3.1　厂区 10kV 供电系统

厂区 10kV 供电系统为单母线三分段接线，即设有Ⅰ段、Ⅱ段、Ⅲ段 10kV 母线。Ⅰ段母线有进线 1、进线 2、进线 3 共 3 路进线电源，Ⅱ段母线有进线 4、进线 5 共 2 路进线电源，Ⅲ段母线有进线 6、进线 7、进线 8 共 3 路进线电源。而且由于对进线变压器容量选择的考虑，两个分段开关不能同时在合位运行，即不允许三段母线同时并列运行。厂区 10kV 供电系统示意图见图 8.2-1。

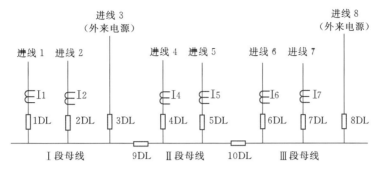

图 8.2-1　厂区 10kV 供电系统示意图

每段母线有两个机组进线电源，第 3 路为外来（地面备用）电源（Ⅱ段无第 3 路电源）；每段母线的两个机组进线电源断路器间设置有联锁装置，以保证正常情况下只有一路机组电源工作，当运行主电源失电，若另一路备用机组电源有电，则自动切换到另一机组电源。

Ⅰ段和Ⅱ段、Ⅱ段和Ⅲ段母线之间设置有联络断路器，当厂区 10kV 的 3 段母线均由来自机组的电源供电时，3 段母线独立运行。当Ⅰ段或Ⅲ段机组进线电源中一段失电时，通过联络断路器从Ⅱ段取得电源；当Ⅱ段失电时，通过联络断路器从Ⅰ段或Ⅲ段取得电源（优先选用Ⅲ段）。

当其中两段（Ⅰ段、Ⅱ段或Ⅱ段、Ⅲ段）的机组进线电源均消失时，投入Ⅰ段（进线 3）或Ⅲ段（进线 8）接入的 10kV 备用电源为该两段母线厂用电负荷供电，并保证厂区厂用负荷有两个电源供电，此时，Ⅰ段、Ⅱ段、Ⅲ段应分为两段运行。

当Ⅰ段、Ⅲ段或 3 个母线的机组进线电源均失电时，投入Ⅰ段和Ⅲ段接入的 10kV 外来（备用）电源（进线 3 和进线 8），使地面 10kV 备用电源Ⅰ段和Ⅱ段分别向厂区厂用负荷供电，此时，Ⅰ段、Ⅱ段、Ⅲ段应分为两段运行（进线 3 和进线 8 分别为两段供电）。

8.2.3.2　坝区 10kV 供电系统

坝区 10kV 供电系统为单母线分段接线，每段均有两路进线电源；1 路由厂区 10kV 电源供电和 1 路由备用电源 10kV 电源供电，两路电源间设置有联锁装置，以保证正常情况下只有 1 路电源工作。

两段母线间设联络断路器，正常工作时，两段独立运行；坝区 10kV 供电系统首选厂区 10kV 电源供电，若某段厂区 10kV 电源失电时，通过备自投装置自动投入联络断路器从另一段取得电源；若两段母线的厂区 10kV 电源均失电时，坝区 10kV 供电母线通过备自投装置自动切换由备用电源 10kV 供电（两段母线上的备用电源任选其一）。

8.2.3.3　备用电源 10kV 供电系统（设置在坝区地面副厂房）

备用电源 10kV 供电系统为单母线分段接线，每段均有两路进线电源；1 路由施工变电站的电源供电和 1 路由柴油发电机组电源供电，两路电源间设置有联锁装置，以保证正常情况下只有 1 路电源工作。

两段母线间设联络断路器，正常工作时，两段独立运行；备用电源 10kV 供电系统首选施工变电站电源供电，若某段施工变电站电源失电时，通过备自投装置自动投入联络断路器从另一段取得电源；若两段母线的施工变电站电源均失电时，先手动断开 400V 供电母线上所有次要负荷，仅保留重要负荷，再手动投入柴油发电机组电源（两段母线上的柴油发电机组任选其一）作为保安电源为备用电源 10kV 供电母线供电；柴油发电机组电源仅承担电站大坝及厂房的渗漏排水、大坝泄洪、机组技术供水、机组筒阀油压装置、机组励磁起励及风机、主变冷却系统、机组调速器压油装置、机组电气制动、通信室通信电源、计算机监控 UPS、厂房电梯、进水口事故门液压站、直流以及事故照明等重要负荷。

8.2.4 备自投装置配置方案创新

水电站设计中通常采用的备自投装置适用于单段双电源、双段双电源或双段四电源的厂用电接线结构，可以实现二级备投运行方案，多为 4 种备投方式。

国内多段母线、多进线电源厂用电接线结构的超大型水电站，均是采用多套备自投装置，增加备投装置间配合功能程序实现多段母线电源备投功能或采用 PLC 装置实现。采用多套备自投装置方案，相互间的配合及闭锁，逻辑比较复杂，采用断路器的位置接点数量会增多（许多厂用电断路器操作机构能提供的位置接点很有限），引接电缆也会增多，会导致备自投系统结构更复杂；采用 PLC 装置方案，需要编制的备自投功能程序比较复杂，而且经常是非保护专业工程师编程，会导致装置输出回路复杂，并增加装置现场调试难度。

为简化电站备自投系统接线，在设计过程中，我们收集了国内各专业备投装置生产厂家的备自投装置的资料，经方案分析比选，突破国内多数电站采用多套备投装置实现一组厂用电系统的备投方案，而采用一套备投装置实现本电站厂区 10kV 供电系统的备投方案，其具有接线简单、可靠性高等特点。

本电站厂用电 10kV 供电系统包括：厂区、坝区和备用 10kV 供电系统三部分，由于 3 个子系统的接线形式与运行方式不同，因此，其备自投装置的配置和动作逻辑也不同，而且彼此间还需要有配合。

8.2.4.1 厂区 10kV 供电系统备自投功能

根据厂区 10kV 供电系统接线的特点，厂区 10kV 备自投装置应具有三级备自投功能。

当 3 段母线分列运行时，若 1 段母线失电，首先实现该段母线上的主备进线备自投（第一级备自投）。当该段母线上的主备两条进线均失电时，再实现分段自投（第二级备自投）。当两段并列运行的母线均失电且无其他备用电源时，再实现外来电源自投（第三级备自投）。

此外，由于对变压器容量选择的考虑，两个分段开关不能同时在合位运行，所以当两段母线并列运行时，若第 3 段母线失电，首先实现该段母线（第 3 段）上的主备进线备自投，当该段母线上的主备两条进线均失电时，再实现外来电源自投。

8.2.4.2 厂区 10kV 供电系统备自投方式

自投方式 1：Ⅰ母单独运行或Ⅰ母、Ⅱ母并列运行时，进线 1 主供Ⅰ母，进线 2 备自投。

自投方式 2：Ⅰ母单独运行或Ⅰ母、Ⅱ母并列运行时，进线 2 主供Ⅰ母，进线 1 备自投。

自投方式 3：Ⅰ母单独运行时，进线 1、2 均失电，分段自投。

自投方式 4：Ⅱ母单独运行或Ⅰ母、Ⅱ母并列运行或Ⅱ母、Ⅲ母并列运行时，进线 4 主供Ⅱ母，进线 5 备自投。

自投方式 5：Ⅱ母单独运行或Ⅰ母、Ⅱ母并列运行或Ⅱ母、Ⅲ母并列运行时，进线 5 主供Ⅱ母，进线 4 备自投。

自投方式 6：Ⅱ母单独运行时，进线 4、5 均失电，分段（与Ⅰ段间）自投。

自投方式 7：Ⅱ母单独运行时，进线 4、5 均失电，分段（与Ⅲ段间）自投。

239 自投方式 8：Ⅲ母单独运行或Ⅲ母、Ⅱ母并列运行时，进线 6 主供Ⅲ母，进线 7 备自投。

自投方式 9：Ⅲ母单独运行或Ⅲ母、Ⅱ母并列运行时，进线 7 主供Ⅲ母，进线 6 备自投。

自投方式 10：Ⅲ母单独运行时，Ⅲ母的进线 6、7 均失电，分段自投。

自投方式 11：Ⅱ母、Ⅲ母并列运行时，Ⅰ母失电，或Ⅰ母、Ⅱ母并列运行时，Ⅰ母、Ⅱ母均失电，则外来电源（Ⅰ段）自投。

自投方式 12：Ⅱ母、Ⅲ母并列运行时，Ⅱ母、Ⅲ母均失电，或Ⅰ母、Ⅱ母并列运行时，Ⅲ母失电，则外来电源（Ⅲ段）自投（逻辑同自投方式 11）。

对于手跳闭锁备自投功能，设计中还特别考虑了：由于本装置备自投方式众多，逻辑复杂，如果想要停电某条母线而进行手跳操作之前，先闭锁该母线上的所有备自投方式。可通过使用闭锁Ⅰ母失电自投开入、闭锁Ⅱ母失电自投开入或者闭锁Ⅲ母失电自投开入进行操作，闭锁该母线上的所有备自投方式。

8.2.4.3 自恢复功能

自恢复方式 1：Ⅰ母独立运行，外来电源主供时，进线 1 或 2 自恢复。或Ⅰ母、Ⅱ母并列运行，外来电源主供时，进线 1、2、4 或 5 自恢复。

自恢复方式 2：Ⅲ母独立运行，外来电源主供时，进线 6 或 7 自恢复。或Ⅲ母、Ⅱ母并列运行，外来电源主供时，进线 4、5、6 或 7 自恢复。

自恢复方式 3：Ⅰ母、Ⅱ母并列运行，进线 1 或 2 主供时，进线 4 或 5 自恢复。

自恢复方式 4：Ⅰ母、Ⅱ母并列运行，进线 4 或 5 主供时，进线 1 或 2 自恢复。

自恢复方式 5：Ⅲ母、Ⅱ母并列运行，进线 6 或 7 主供时，进线 4 或 5 自恢复。

自恢复方式 6：Ⅲ母、Ⅱ母并列运行，进线 4 或 5 主供时，进线 6 或 7 自恢复。

8.2.4.4 坝区 10kV 供电系统

根据坝区 10kV 供电系统接线与运行方式，其备自投装置动作的逻辑为：

当Ⅰ母、Ⅱ母分列运行时，采用分段开关自投方式。即当Ⅰ母失压，备自投在满足动作条件时，合上分段开关 3DL；类似地，当Ⅱ母失压，备自投在满足动作条件时，合上分段开关 3DL。

分段自投动作后，形成 1 路进线主供，另 1 路进线备用的情况。当故障进线电压恢复时，应能自动跳开 3DL，恢复两路进线供电，两段母线分列运行状态。

当Ⅰ母、Ⅱ母同时失电时，跳开 1DL、2DL 和 3DL。此时若备用电源进线 1 有压则先合 3DL，然后延时合 4DL，类似地，若备用电源进线 2 有压则合 3DL 后延时合 5DL。

若进线电源恢复，则自动将备用电源切除，恢复主电源继续供电。

8.2.4.5 坝区备用 10kV 供电系统

坝区备用 10kV 供电系统接线、运行方式与坝区供电系统类似，因此，其备自投动作逻辑与坝区供电系统基本相同。

主要区别在于：当备用 10kV 供电系统Ⅰ母、Ⅱ母均失电时，先跳开进线电源，然后手动切除次要负荷后，启动柴油发电机作为保安电源，承担大坝及厂房的渗漏排水及大坝泄洪负荷。

8.2.5 备自投装置动作配合

备自投动作配合问题其实就是时限配合问题。3 个 10kV 系统之间备自投装置动作需要配合，10kV 和 400V 备自投装置动作也需要配合：

（1）坝区和备用 10kV 系统的备自投失压跳闸动作延时应比厂区 10kV 的动作时间长。

（2）失压跳闸延时：为防止在 10kV 电源进线失电时，10kV 和 400V 备自投装置同时动作，400V 备自投的动作时间应比 10kV 备自投动作时间长，等待 10kV 备自投动作成功。只有当 10kV 备自投动作失败时，400V 备自投才能启动。

（3）有压跳闸延时：进线恢复电源时，一般需要确认进线的电源是否可靠，再延时启动自恢复。

8.2.6 主要设计成果及创新

（1）本设计充分考虑了糯扎渡水电站厂用电系统的复杂性，尤其针对厂区 10kV 供电系统多级备用电源的自动投入，设计了 12 种自投方式和 6 种自恢复方式控制逻辑方案，满足了厂用电各种运行方式的要求。

（2）解决了厂区、坝区、地面备用 3 个 10kV 系统之间备自投动作配合问题，避免了在厂区 10kV 主电源进线失电时，3 个 10kV 系统备自投装置同时动作。

（3）同时也解决了 10kV 和 400V 备自投动作配合问题，避免了在 10kV 电源进线失电时，10kV 和 400V 备自投装置同时动作。

（4）首次在超大型水电站复杂厂用电备用电源自动投入系统中采用 1 套创新型备自投装置完成复杂的备投功能，简化了系统接线，明显减少了对断路器位置接点的需求（约 50%），节省了许多引接电缆（约 30%）。

（5）多年运行经验证明，采用一套备投装置实现厂区 10kV 供电系统这样复杂厂用电供电系统的备投方案是可行的，其接线简单，运行更安全可靠。

8.3 智能机组振摆监测保护系统首创设计

8.3.1 问题的提出

为避免水淹厂房事故发生，在糯扎渡水电站首次设置了机组振摆监测保护系统，可以尽早预报设备故障及发现事故，尽可能及时切断事故水源，减少设备损失、避免人员伤亡，降低厂房内部水淹风险。

8.3.2　智能系统结构

机组振摆监测保护系统按分层分布方式设置，包括上位机系统和下位机子系统。

上位机系统采用集成平台，以通信方式集成其他监测系统（如机组的稳定性监测系统、发电机空气间隙系统、发电机局部放电监测系统等）获取的机组状态在线参数，实现在同一平台上的集成分析，集成数据再通过网络方式发送到电站计算机监控系统和公司集控中心远程诊断中心。

下位机子系统包括机组在线振摆监测及振摆保护系统两个子系统，两个子系统分别单独设置，各司其职。机组在线振摆监测系统是通过对主机（包括水轮机和发电机）的振动摆度在线监测数据的分析，制作相应的状态报告。机组振摆保护系统是通过收集主机（包括水轮机和发电机）的振动摆度状态（正常、过限一级、过限二级），逻辑组态输出相应的控制令。

提高振摆保护系统的可靠性以避免因为测量原因导致机组非停是本电站振摆保护应用的设计难点。本电站通过测点冗余配置（表8.3-1）、通道优化配置和输出继电器回路容错设计，进一步提高了振摆保护的可靠性。通过监测报警值和振摆保护动作值的逻辑配合完成机组在线监测报警及事故停机功能，及早避免发生因机组机械故障而引发的严重事故。

表 8.3-1　　　　　　　　机组振动摆度保护系统测点位置及数量

序号	测点位置	振摆保护测点数量	序号	测点位置	振摆保护测点数量
1	上导 X、Y 向摆度	2	6	下机架 X、Y 向水平振动	2
2	下导 X、Y 向摆度	2	7	下机架 Z 向垂直振动	2
3	水导 X、Y 向摆度	2	8	水轮机顶盖 X、Y 向水平振动	2
4	上机架 X、Y 向水平振动	2	9	水轮机顶盖 Z 向垂直振动	2
5	上机架 Z 向垂直振动	2			

（1）测点冗余配置。机组参与振摆保护的各导轴承摆度和各支撑部位水平及垂直振动测点均按 X/Y 方向冗余布置，冗余测点的报警输出通过"与逻辑"组态后发送给机组停机回路，从而提高可靠性。

（2）通道优化配置。机组振摆保护装置采用模块化结构，为便于管理，通常将相同类型的信号配置在同一块采集模块上进行管理。这种通道配置方式带来的隐患是由于参与逻辑组态的同一部位冗余测点由同一监测模块采集，因此，当该模块出现故障时，将会导致同一部位多个冗余测点同时报警，即使采用了"与逻辑"组态，仍将可能导致发出误动作停机信号。为提高振摆保护的可靠性，振摆保护通道配置方式为同一部位冗余测点由不同监测模块采集信息，从而避免了上述隐患。

（3）输出继电器回路容错设计。为避免继电器误动，在继电器输出回路增加配置了继电器动作上电抑制电路、通道非 OK 抑制电路和装置非 OK 抑制电路，可避免在系统断电、上电过程以及通道或传感器故障时发出报警或停机信号，而导致机组误停或误报警；为避免继电器控制回路或元器件故障导致的误输出，输出继电器采用双回路冗余配置；为避免水电机组经过开停机、振动区等不稳定工况时或干扰导致机组误停，在控制回路还增加了延迟时间回路。

8.3.3　振摆保护系统智能报警、停机实施方案

8.3.3.1　设计原则

（1）振摆保护的传感器及信号传输回路，按反措要求和参照继电保护有关技术要求和原则实行单独设置，与振摆监测系统传感器相互独立。

（2）系统仅限于实现对运行机组振摆值实时监测，超标时能报警或延时后跳闸停机的"单一功能"。

（3）系统结构、硬件、软件和设置的各种报警、跳闸停机组合策略尽可能简单；振摆保护只"单向"将保护动作信号送至监控系统，无中间环节。

（4）保护装置中各模块均可独立工作，其中某一通道、模块的故障不影响其他部分的正常工作，维护工作时不需要停机；冗余配置测点由不同模块进行监测。

（5）振摆值超标是启动保护功能的唯一判据，避免设置复杂的逻辑判断。

（6）保护出口可分为两级动作。一级动作用于发信报警，二级动作用于跳闸停机并报警；跳闸信号通过振摆保护装置的出口继电器启动执行"机械事故停机"流程。振摆保护动作信号接入计算机监控系统，并上传集控中心。

（7）机组开停机、穿越振动区、甩负荷等暂态工况过程中，若振摆值及时限达到动作整定值同样应该出口发信或跳闸停机。

（8）保护动作出口原则上只设一个回路，出口定义为"机组振摆保护动作"，启动"机械事故"紧急停机流程。

（9）整定定值原则要求必须结合机组实际，同一厂内机组间特性差异较大的，可采取"一机一策"的方法设定。

（10）振动摆度定值以机组设备厂家提供的技术保证值、合同规定参数、说明书等为主要基础依据，结合国家、行业有关标准综合设置。其中，机组甩负荷时的振摆值可作为参考。

（11）保护系统报警及跳闸信号时间定值在上述原则要求基础上，结合正常开停机时间、穿越振动区时间等整定。

8.3.3.2　延迟时间的设置

由于机组在所有工况下只设置 1 个报警值和停机值，为避免开停机、穿越振动区、甩负荷等暂态工况过程中机组误跳，需要结合正常开停机时间、穿越振动区、甩负荷时间等整定跳机和报警延迟时间。

振动摆度报警延迟时间为 T_1，该时间可根据实际情况确定，时间常数可通过软件设置，设置范围为 10s～30min，一般设置为 60s。

跳机延迟时间为 T_2，该时间应大于机组正常开停机时间和穿越振动区时间，具体时

间常数可根据机组实际运行时积累的时间来确定，时间常数可通过软件设置，设置范围为 10s～30min，一般设置为 180s。

　　为避免振摆监测及保护系统输出至电站计算机监控系统间线路故障导致误动作，在监控系统中建议设置动作延迟时间。停机动作信号延迟时间为 T_3，建议设置为 10s；报警动作信号延迟时间为 T_4，建议设置为 5s。

8.3.3.3　报警和跳机控制逻辑

　　报警逻辑见图 8.3－1 和图 8.3－2，跳机逻辑见图 8.3－3。

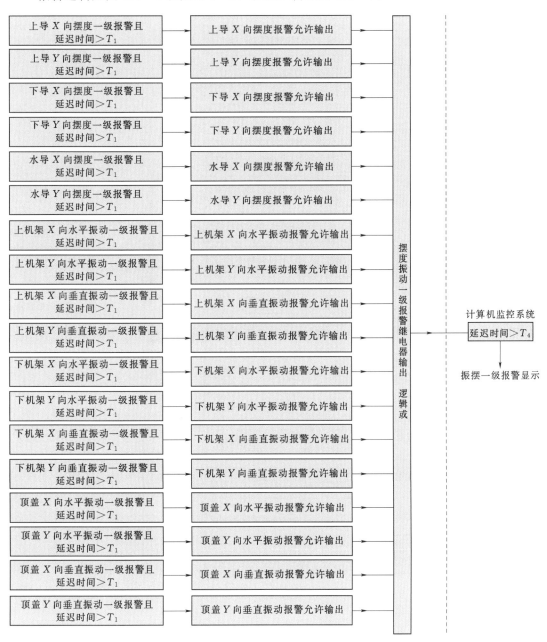

图 8.3－1　振动摆度一级报警逻辑

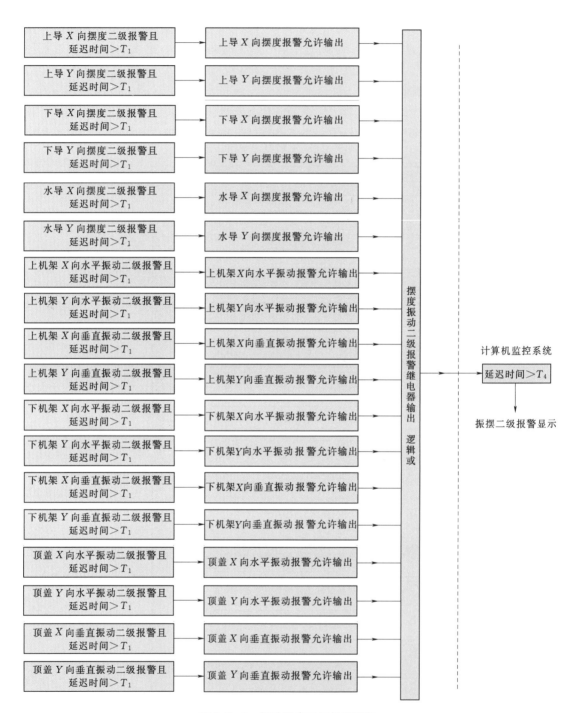

图 8.3 - 2 振动摆度二级报警逻辑

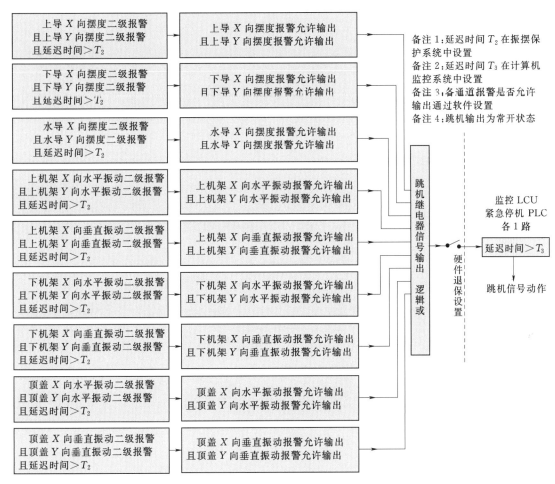

图 8.3-3 振摆跳机逻辑

8.3.4 主要设计成果及创新

首次在国内水电机组中设置机组振摆保护系统，该系统以保护机组在运行过程中受机械应力作用而不出现损伤或破坏为目的。振摆监测和保护两套系统完全独立运行，通过对测点的仔细分析及装置的冗余配置，确定水轮发电机振动摆度上限幅值，将监测报警值和振摆保护动作值通过控制逻辑配合完成机组在线监测报警及事故停机保护功能，及早发现问题，避免发生严重事故，保证机组的安全、经济运行。

第 9 章

通信技术的设计应用

电站通信系统是电网和电站运行安全保障的基础。通信系统设计包括接入系统通信、接入集控中心通信、厂内生产调度通信、厂内管理通信、应急通信、通信电源、综合配线及接地、工业电视、智能门禁等技术组成。本章介绍本电站的接入系统通信、厂内生产调度通信、工业电视的设计特点和创新。

9.1　电站接入系统通信设计特点

9.1.1　OPGW 光缆

在本电站至普洱换流站的Ⅰ回、Ⅱ回、Ⅲ回 500kV 不同塔的线路上，架设了两根 24 芯 OPGW 光缆，均采用 G.652 纤芯。一根在同塔的Ⅰ回、Ⅱ回上，从电站到普洱换流站方向，线路长度为 26.8km，命名为糯普 OPGW-24-1；一根在Ⅲ回上，从电站到普洱换流站方向，线路长度约为 27km，命名为糯普 OPGW-24-2。

利用特高压直流线路与墨江—思茅双回 500kV 线路交叉，普洱换流站—交叉点架设一根 24 芯直流 OPGW 光缆，长度为 70.5km，在交叉点 T 接入原墨江—景洪 OPGW 光缆，形成墨江变—普洱换流站 12 芯 OPGW 光缆以及墨江变—思茅开关站 12 芯 OPGW 光缆，光缆路由如图 9.1-1 所示。

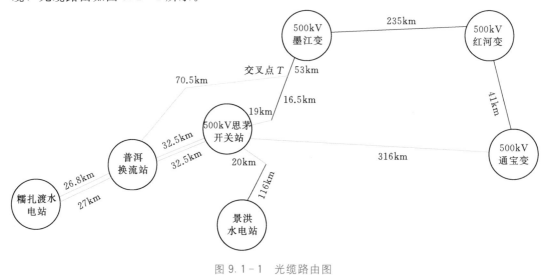

图 9.1-1　光缆路由图

本电站送出配套的两条 OPGW 光缆均接入普洱换流站，所有接入系统通信业务均通过普洱换流站转发至电网调度。

9.1.2　光传输网

南方电网建设有覆盖全网的两层基本重叠的光纤传输网。其中：第一层光纤传输网（网 A）以已有网为基础，结合在建和规划的通信项目进行完善而形成最终的光纤传输网；第二层传输网（网 B）为 MSTP 光纤网络，网 B 与网 A 的网架结构基本一致，但设备和技术体系完全独立。网 B 光纤电路采用 2.5Gbit/s 传输速率，光口采用 1＋0 配置。依照电网通信网络统一规划的要求，本电站直接接入广东直流工程配套新建设的主干通信网络工程——南方电网新 A 网光纤传输网。分别配置一套中兴 ZXONE 5800 光传输设备接入南方电网新 A 网、烽火 FonsWeaver780B 光传输设备接入南方电网 B 网，另外配置一套华为 OSN3500 光传输设备接入云南电网 B 网作为备用调度迪信方式。

9.1.3　接入南方电网新 A 网光设备配置的技术特点

本电站接入普洱换流站配置的 ZXONE 5800 光传输设备，以双光路、STM－64 速率接入普洱换流站，并纳入南方电网新 A 网网管管理。设备配置见图 9.1－2、图 9.1－3，配置说明见表 9.1－1。

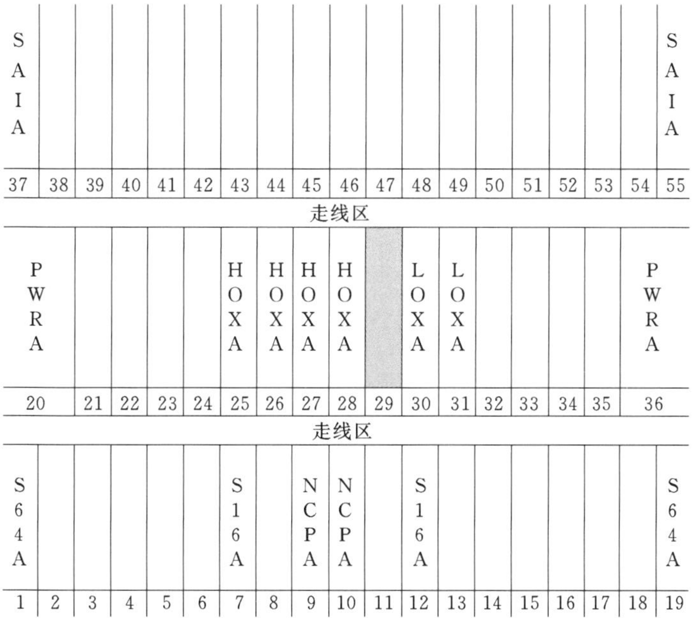

SAIA																		SAIA
37	38	39	40	41	42	43	44	45	46	47	48	49	50	51	52	53	54	55

走线区

PWRA					HOXA	HOXA	HOXA	HOXA		LOXA	LOXA					PWRA
20	21	22	23	24	25	26	27	28	29	30	31	32	33	34	35	36

走线区

S64A						S16A		NCPA	NCPA		S16A							S64A
1	2	3	4	5	6	7	8	9	10	11	12	13	14	15	16	17	18	19

图 9.1－2　南方电网新 A 网中兴 ZXONE 5800 设备主子架面板图

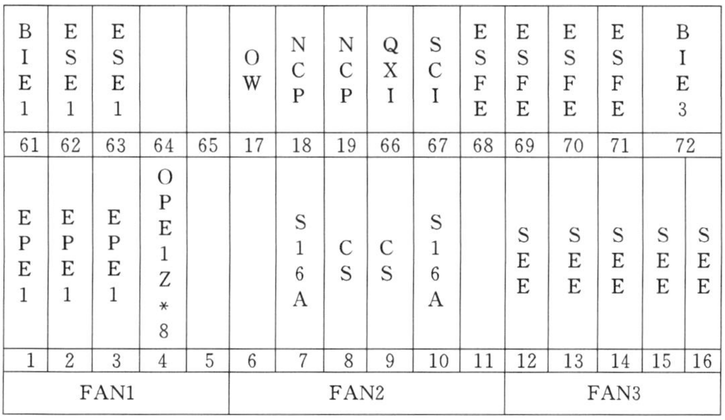

BIE1	ESE1	ESE1			OW	NCP	NCP	QXI	SCI	ESFE	ESFE	ESFE	ESFE	BIE3
61	62	63	64	65	17	18	19	66	67	68	69	70	71	72
EPE1	EPE1	EPE1	OPE1Z*8		S16A	CS	CS	S16A		SEE	SEE	SEE	SEE	SEE
1	2	3	4	5	6	7	8	9	10	11	12	13	14	15	16
FAN1					FAN2						FAN3				

图 9.1－3　南方电网新 A 网中兴 ZXONE 5800 设备扩展子架面板图

表 9.1 - 1 电路板配置说明表

代号	电路板名称	槽位号
SAIA	系统接口盘	37、55
PWRA	电源板	20、36
HOXA	高阶接口板（A 型）	25、26、27、28
LOXA	低阶接口板（A 型）	30、31
S64A	1 路 STM - 64 光板	1、19
S16A	1 路 STM - 16 光板	7、12
NCPA	网元控制板（A 型）	9、10
BIE1	E1/T1 电接口桥接板	扩 61
ESE1	63 路 E1 电接口倒换板（接口 75Ω）	扩 62、63
OW	公务板	扩 17
NCP	网元控制板	扩 18、19
QXI	Qx 接口板	扩 66
SCI	时钟接口板	扩 67
ESFE	以太网电接口倒换板	扩 68、69、70、71
BIE3	FE 接口桥接板	扩 72
EPE1	63 路 E1/T1 成帧电处理板	扩 1、2、3
OPE1A * 8	8 路 E1 光接口板	扩 4
CS	交叉时钟板	扩 8、9
S16A	1 路 STM - 16 光板	扩 7、10
SEE	增强型智能以太网处理板	扩 12、13、14、15、16

9.1.3.1　设备主要技术参数

（1）支持标准。ZXONE 5800 支持 SDH 体制，遵循 ITU - T G.707 的映射结构。

（2）业务功能。ZXONE 5800 单子架提供 40 个业务槽位。设备支持 STM - 1、STM - 4、STM - 16、STM - 64 和 GE 光接口，支持 GE 透传业务和 GE 汇聚业务；参数见表 9.1 - 2。

表 9.1 - 2 ZXONE 5800 主要技术参数表

业务类型	对应单板	单板最大业务数量 /（路/单板）	单子架最大业务接入数量 /（路/子架）
高级交叉板配置 HOXA			
STM - 64	S64Ax4、S64Ax2、S64A	4	64
STM - 16	S16Ax8、S16Ax4	8	160
STM - 4	S4Ax16、S4Ax8	16	640
STM - 1	S4Ax16、S4Ax8	16	640
GE 透传	SGEAx8、SGEAx4	8	320
GE 汇聚	SGESx8	8	320

业务类型	对应单板	单板最大业务数量 /(路/单板)	单子架最大业务接入数量 /(路/子架)
高级交叉板配置 HOXB			
STM-64	S64Ax4、S64Ax2、S64A	4	96
STM-16	S16Ax8、S16Ax4	8	320
STM-4	S4Ax16、S4Ax8	16	640
STM-1	S4Ax16、S4Ax8	16	640
GE 透传	SGEAx8、SGEAx4	8	320
GE 汇聚	SGESx8	8	320

（3）交叉容量和交叉粒度。ZXONE 5800 最大接入容量为 1.28T，空分交叉粒度为 VC4。

ZXONE 5800 还支持 160G 的低阶交叉能力，交叉粒度为 TU3、TU12，见表9.1-3。

表 9.1-3   ZXONE 5800 交叉能力表

交叉级别	单子架交叉容量	交叉级别	单子架交叉容量
VC4（配置 HOXA）	4096×4096 VC-4（640 G）	VC3	3072×3072 VC3（160 G）
VC4（配置 HOXB）	8192×8192 VC-4（1.28 T）	VC12	64512×64512 VC12（160 G）

9.1.3.2 设备系统功能

ZXONE 5800 由网元管理层网管系统 NetNumen U31 管理。该网管系统基于分布式、多进程、模块化设计，具有配置管理、故障管理、性能管理、维护管理、端到端电路管理、安全管理、系统管理和报表管理的功能。

（1）保护功能。ZXONE 5800 具备完善的设备和网络保护功能，高度的系统可靠性和稳定性。设备保护功能包括：重要单板的 1+1 热备份、高阶交叉板 2∶4 保护、低阶交叉板 1∶4 保护等，网络保护功能包括：1+1 或 1∶n 线性复用段保护、二纤双向复用段共享环（支持额外业务）、四纤双向复用段共享环（支持额外业务）、子网连接保护（SNCP）、SDH 逻辑子网保护以及 Mesh 组网、重路由保护。

大交叉容量、多交叉粒度以及完善的保护机制使得 ZXONE 5800 能够广泛应用于现在与未来的长途网骨干层和城域网核心层。

（2）设备功能。系统具备 640G（4096×4096 VC-4）的超大高阶交叉能力，并且支持平滑升级至 1.28T，完全满足网络容量的需求。

设备单子架提供多达 40 个业务槽位，其中包括 2 个 40G 槽位、18 个 20G 槽位和 20 个 10G 槽位，业务单板可任意混插。

支持 64 路 STM-64 或 240 路 STM-16 或 640 路 STM-4/1 或 320 路 GE。

支持传统 SDH 的各种组网方式（包括链路、环网、相交环、相切环等多种组网拓扑）、Mesh 组网方式等，适应复杂的网络拓扑。

电源板、网元控制 & 时钟板 1+1 保护；交叉板 2∶4 保护（相对于 1+1 保护，具有更高的可靠性）；上下双层风扇设计，保证系统良好的通风散热。

支持 ITU-T 标准推荐的所有保护方式，包括：$1+1/1:n$ 链路复用段保护、单向通道保护环、2F/4F 双向复用段保护环、双节点互连保护（DNI）、子网连接保护（SNCP）以及逻辑子网保护（LSNP）、Mesh 保护和恢复。

支持加载 ASON 智能控制平面，可实现拓扑和资源自动发现，业务端到端自动配置，动态恢复，以及保护与恢复多种生存性机制，极大地提高了网络灵活性、生存性。

供电控制管理从传统的子架级别精细到业务单板级别，网管可设置是否启动子架单板电源供电，未加载业务的单板可断电不运行。

系统采用高密度、低电压、低功耗、先进工艺 ASIC 等器件，大大降低了功耗，使每 Gbit/s 设计功耗值大大低于业内同等水平的设备，以配置 60 个 10G 光接口的大型站点为例，系统总体功耗比业内同等产品低 25％左右，故系统总体发热量低，大大节省了能源消耗，减少了运营商的 OPEX。ZXONE 5800 在中国移动通信集团公司集中采购的典型模型功耗为 1150W，比业界同类模型低 30％。

支持激光器自动关断功能，防止激光对人体造成伤害，体现了人性化设计；设备设计为前安装前维护，更加方便和人性化；辐射发射值远低于国际标准，减少对人体和环境的辐射和伤害。

最大限度提升设备端口密度，这样增加了单位空间内设备的接入能力，大大提高了每机架空间内系统的容量指标，更加有效地利用机架空间。

集 SDH/OTN/WDM 多维平台于一体的融合设计 SDH、OTN 统一平台。

通用板件的设计模式，节省 CAPEX 和 OPEX。通过更改板件的软件实现不同的业务模式，即软件定义业务板，对于站点业务需求的变化和网络的演进具有更强的适应性，大大减少了单板的种类和备件数量。

所有光口采用可插板 SFP、XFP 模块，支持在线光功率检测和 ALS 功能。

9.1.4 接入南方电网 B 网光设备配置的技术特点

电站配置的烽火 FonsWeaver780B 光传输设备，以双光路、STM-16 速率接入普洱换流站，并纳入南方电网 B 网网管管理。设备配置见图 9.1-4、图 9.1-5，配置说明见表 9.1-4。

风扇单元																			
W9	W8	W7	W6	W5	W4	W3	W2	NMU	W1		E1	E2	E3	E4	E5	E6	E7	E8	E9
							NMU				SCU	SCU							
E1/63	E1/63			GFI1	02500			NMU						02500	GFI1				E1/63
01	02	03	04	05	06	07	08	09	0A		0B	0C	0D	0E	0F	10	11	12	13
走纤区																			

图 9.1-4 烽火 FonsWeaver780B 设备面板图（前视图）

风扇单元																	
BE9	BE8	BE7	BE6	BE5	BE4	BE3/MCU	AIF2	XCU	XCU	AIF1	BW3/MCU	BW4	BW5	BW6	BW7	BW8	BW9
E1TFP				ETHIFP		MCU	AIF2	XCU	XCU	AIF1	MCU		ETHIFP			IF75/120	IF75/120
						14		15	16	17	18						
走纤区																	

图 9.1-5　烽火 FonsWeaver780B 设备面板图（后视图）

表 9.1-4　　　　　　　　　　　　电 路 板 配 置 说 明 表

代　号	电 路 板 名 称	槽 位 号
XCU	时钟交叉盘 160G	XCU
02500	STM-16 支路盘（1 路）	W4、E4
NMU-1	网元管理盘	W2/NMU、NMU
E1/63	2M 接口盘（63 路）	W9、W8、E9
IF75	2M 端子板	BW8、BW9
E1TFP	2M 保护端子板	BE9
ETHIFP	以太网端子板	BE5、BW5
GFI1	以太网接口盘（8FE+2GH）	W5、E5
AIF1、AIF2	电源辅助接口板	AIF1、AIF2

9.1.4.1　主要技术参数

FonsWeaver780B 主要技术参数见表 9.1-5。

表 9.1-5　　　　　　　　　FonsWeaver780B 主要技术参数

业 务 类 型	单子架最大接入能力/路	同 步 接 口
STM-64 标准或级联业务	12	
STM-16 标准或级联业务	54	
STM-4 标准或级联业务	72	
STM-1 标准业务	144	符合 G.813 建议要求：
STM-1（电）业务	112	设备具有外时钟输入、输出接口；
E3/T3 业务	24	提供 2048kHz 和 2048kbit/s 方式；
E1 业务	504	支持 SSM 功能
快速以太网业务 FE	136	
千兆以太网业务 GE	34	

续表

业 务 类 型	单子架最大接入能力/路	同 步 接 口
交叉连接能力	1024×1024VC-4 高阶交叉；8064×8064VC-12	
业务接口	保护/恢复能力	
支持（10/100）Mbit/s、GE、10GE 接口及其交换功能，支持内嵌 RPR 和 MPLS 功能；支持 VC-12、VC-4 虚级联，支持标准的 LCAS 功能；以太网业务支持 802.1Q VLAN，CoS 划分，支持 802.1d STP 及 Eth Ring 保护，支持 802.3x 流控；支持 ATM 接口；数据封装采 GF 协议	支持线性复用段保护、复用段共享环保护、线性标签交换通道（LSP，Label Switched Path）保护、通道保护、SNCP 保护、Mesh 网恢复、线性 LSP 保护和 Mesh 网恢复的结合、任意拓扑网络之间的双节点互通保护，以及以上各种保护和恢复方式的任意组合。对于数据业务可提供以太环网（STP 方式）、RPR 的 Source Steering 和 Wrap 方式	
	控制平面	
	采用分布式智能控制方式；采用外置或内置式控制单元，支持控制平面的定制升级；支持控制单元 1+1 热备份	
	管理维护	
	可与其他产品纳入同一管理平台 OTNM2000/2100/3000；具有 F、f、DE-BUG、MBUS、MON、CTR、ALM 等外接口；提供外部事件监测和控制接口。提供高可靠的网络规划工具 OTNMPlanner，方便网络规划，降低运营维护成本	

9.1.4.2 设备系统功能

FonsWeaver780B 单子架具备 160G 的高阶交叉能力，可根据需求灵活扩展低阶交叉能力，从而实现各种颗粒的业务在网络中自由调度，大大降低组网的复杂程度，有效提高运营效率。

FonsWeaver780B 具备 18 个业务槽位，可提供的接口包括 STM-64、STM-16、STM-4、STM-1 光接口，STM-1、E3/T3、E1 电接口、10M/100M/1000M 全速率以太网接口以及 ATM 接口等。

FonsWeaver780B 支持传统 SDH 的各种组网方式（包括链路、环网、相交环、相切环等多种组网拓扑），Mesh 式组网以及混合组网方式等，为其提供完善的网络生存机制：

支持永久 1+1 保护、预制式恢复、共享恢复以及动态恢复等多种可返回式的恢复方式。

提供 1+1/1：1 线性复用段保护、二纤/四纤复用段共享环保护、1+1 线行标签交换通道（LSP）保护（可实现任意方向、任意时隙之间的保护）、SNCP 保护、任意拓扑网络之间的双节点互通保护等方式。其中，单子架可支持 6×STM-64 两纤环或 27×STM-16 两纤环，以及多个 STM-4/1 的低阶通道保护环。

支持基于不同 SLA 可定制的保护+恢复多种的网络生存策略；STM-64/16 兼容设备，可根据实际情况任意选配；所有业务接口板与 FonsWeaver780A 设备完全兼容。

除支持传统 TDM 业务外，还支持 FE、GE 以及 ATM 业务，支持以太网二层交换、VLAN、STP 保护，支持 ATM 业务的统计复用，支持虚级联、LCAS 功能，极大地优化了数据业务的处理能力。

系统对硬件、软件均采用了高可靠性和高可用性设计。

对系统的关键单盘，如主控盘、交叉盘、时钟盘做 1＋1 热备份的单盘保护。支持电 E1 接口盘的 $n:1$ 保护（$n\leqslant7$）；E3/DS3 电接口盘的 $n:1$ 保护（$n\leqslant3$）；155M 电接口盘的 $n:1$ 保护（$n\leqslant5$）或 2 组 $n:1$ 保护（$n\leqslant2$）；以及 FE 接口盘的 $n:1$ 保护（$n\leqslant2$）。

提供程序和数据的多级防护，并具有自检验、自恢复功能。同时，通过将运行数据保存于 SRAM，备份数据保存于 Flash，进一步提高了软件运行的可靠性。

分散式电源供电，背板双电源接入，单板双电源保护。

主备用电源供电方式为电压高的线路进行供电，电压低的线路被隔离。

当主备用电源间的电压差值达到 0.7V，或者主用电源的电压变化达到了 -48（$1\pm20\%$）V 时，主备电源发生可靠的倒换，且倒换不影响设备的正常运行。

9.1.5 接入云南电网 B 网光设备配置的技术特点

电站配置的 OSN3500 光传输设备，以双光路、STM－16 速率接入普洱换流站，并纳入云南电网 B 网网管管理；设备配置见图 9.1－6。

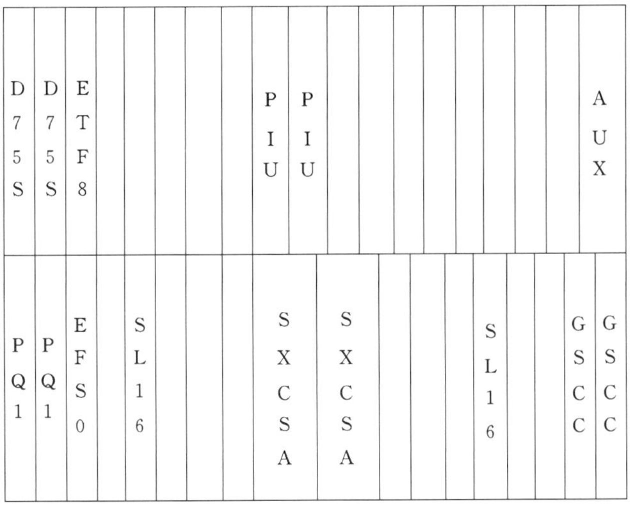

D75S	D75S	ETF8			PIU	PIU				AUX
PQ1	PQ1	EFS0	SL16		SXCSA	SXCSA		SL16	GSCC	GSCC

图 9.1－6 云南电网 B 网华为 OSN3500 设备面板图

电路板配置说明：

32×E1/T1 电接口倒换出线板（75Ω）D75S	2 块
8 路 10M/100M 快速以太网双绞线接口板 ETF8	1 块
电源接口板 PIU	2 块
系统辅助接口板 AUX	1 块
63×E1 业务处理板（75Ω）PQ1	2 块
8 路带交换功能的快速以太网处理板 EFS0	1 块

STM－16 光接口板	SL16	2 块
超级交叉时钟板 SXCSA		2 块
系统控制与通信板 GSCC		2 块

9.1.5.1 设备技术参数

主要技术参数见表 9.1－6。

表 9.1－6   OSN3500 设备主要技术参数

性能特点	产 品 特 点 描 述
MSTP 能力	可承载 TDM、IP 及 ATM 业务； 可提供对 FE 信号的透传、二层交换； 适于各厂家设备的互联互通：ML－PPP、LAPS、GFP 协议可选； 灵活多样的映射颗粒； 应用 LCAS 技术提高虚级联功能的健壮性； 汇聚功能：方向汇聚比最大可达到 24∶1； 独特的用户域隔离机制：对不同的用户划分的 VB，提供二层交换时更可靠灵活的用户安全保证
MADM 系统设计	系统交叉容量为高阶 1280×1280 VC－4，低阶 8064×8064 VC12，可按 VC－12、VC－3 或 VC－4 级别进行各端口间业务的无阻塞全交叉连接。采用 MADM 系统设计，可组成点到点、链型、星型、环形以及网孔型网络，并支持多环相交（特例为环相切）、环带连等各种复杂网络拓扑
升级能力	可实现从 STM－1 到 STM－64 的平滑升级；通过增加宽带业务接口板，可以从传统的 TDM 业务传输设备平滑升级为宽带、窄带多业务混合传输设备；以此实现系统的平滑升级，适应网络容量增加和新业务拓展的需求
保护机制	设备级保护：关键单元 1+1 保护； 网络级保护：1+1、1∶n 线性复用段保护、二纤通道保护和二纤/四纤复用段保护、子网连接保护（SNCP）、DNI、共享光线虚拟路径保护
DCC 处理能力	支持网元透传 DCC 及外时钟口传送 DCC 功能，为不同厂家设备混合组网，集中网管提供了相应的解决方案，降低维护成本
多业务传送	结合 TDM/ATM/IP 技术的特点，不仅可以提供 STM－1、STM－4、STM－16、STM－64 的 SDH 接口和 E1/T1 等 PDH 接口，而且可提供 STM－1 的 ATM 接口、10M/100M/1000M 的以太网接口以及 V.35/V.24/X.21/RS－449/EIA－530 和 FRAMED E1 等多种物理接口协议的电接口，从而为用户提供统一的多业务传送平台（MSTP），并提供 FE 光口及 G.SHDSL 电接口等方式，实现不同业务的拉远

9.1.5.2 设备系统功能

（1）交叉板功能。

1）支持 VC－4 无阻塞高阶全交叉和 VC－3 或 VC－12 无阻塞低阶全交叉。

2）提供业务的灵活调度能力，支持环回、交叉、组播和广播业务。

3）支持 VC－3、VC－12 级别的 SNCP 保护。

4）支持级联业务 AU4－4C、AU4－8C、AU4－16C、AU4－64C。

5）支持单板 1+1 热备份，保护方式为恢复式倒换和不恢复式倒换可选。

6）支持对 S1 字节的处理以实现时钟保护倒换。

7）提供 2 路同步时钟的输入和输出，时钟信号可分别设置为 2MHz 或 2Mbit/s。

8）提供与其他单板的通信功能。

（2）光板的功能。

1）接收和发送 1 路 STM - 16 光信号，支持 VC - 4 - 4C、VC - 4 - 8C、VC - 4 - 16C 级联业务。

2）提供 L - 16.2、L - 16.2Je、V - 16.2Je 的标准光模块，光接口特性符合 ITU - T G.957 和 ITU - T G.691 建议，实现不同距离的传输需求。

3）支持二纤、四纤双向复用段保护环，线性复用段保护，SNCP 保护等多种保护方式。

4）提供多套 K 字节的处理能力，一块 SL16 板可以最多支持两个 MSP 环。

5）提供丰富的告警和性能事件，便于设备的管理和维护。

6）提供光口级别的内外环回功能，便于快速定位故障。

7）光接口提供激光器自动关断功能。

8）支持单板信息以及光功率的在线查询功能。

9）支持 D1～D12、E1、E2 等字节配置为透明传输或配置到其他未用开销中。

10）支持软件的平滑升级和扩展。

（3）电源盒功能。设备的电源接入均配置为华为 SS07PBS 电源盒系统。SS07PBS 是用于 OptiX 设备的新电源盒，主要起电源分配和电源以及环境监控的作用。

使用 SS07PBS 后，两路电源完全独立，直到子架才合成一路，起到了真正的两路供电，大大提高了供电的可靠性。

（4）同步和定时信号。同步和定时信号的结构和详细情况符合 ITU - T G.782 的建议。

线路终端的定时：同步具有内同步和外同步两种方式，外同步定时基准能从下列三种输入中获得：

1）2048kHz 同步时钟输入。

2）从 G.703 支路信号中提取时钟。

3）从接收的 STM - N 信号中恢复的定时。

设备提供 2 路同步时钟的输入和输出，时钟信号可分别设置为 2MHz 或 2Mbit/s。

支持 SSM 协议，能够提供时钟保护。SDH 设备外同步定时输入，若所选用的一个外同步定时丢失，设备能自动转换至另一个外同步定时输入，且在所选用的外同步定时输入恢复有效后 10～20s 范围内能自动切回，亦可手动切回。

当所有外同步定时输入都中断时，线路终端设备中的时钟能按保持模式工作，在 24h 内基本维持不劣于 3.7×10^{-7} 的时钟精度，使业务不受损伤，而其自由振荡时的最大频偏不得超过 4.6×10^{-6}。

9.1.6　主要设计成果及创新

（1）接入系统通信是支撑电网和电站安全可靠运行保证的基础条件之一，因此，必须完全按照电网对电站的入网要求和已批准的技术方案，确定电站接入系统通信以光纤通信方式进行设计；通信设备配置有南方电网新 A 网、南方电网 B 网、云南电网 B 网要求的光传输设备，确保设备由系统统一网管和通信的可靠性。

（2）根据系统设计组织的光纤通道，满足了电站运行的业务要求；业务接入符合《电力系统通信设计技术规定》的规定，同时满足南方电网、云南电网对电站上传业务的要求。

（3）电站端通信系统的设计首次采用了多业务核心光交叉设备，以 10Gbit/s 光传输平台接入电力通信网系统，进一步提高了水电行业的通信工程技术设计水平。

9.2 厂内生产调度通信设计特点

电站的生产调度通信兼顾了电厂厂内调度、接入电网和集控中心调度通信三种用途，由 H20－20DS/IXP2000C/R1024 数字程控调度交换机和外围设备、网络、终端组成。设备具有 IP 功能、软交换功能、调度功能、录音功能、用户优先级设置和热线等功能。主机柜安装在电站地下端部副厂房通信设备室，与之相连的设备有光传输 SDH、通信电源等，设置四席 JETWAY－SP 触摸屏调度台，在电站地下端部副厂房通信设备室和地面值守楼各布置两席调度台，通信机房到中控室控制台的距离约 50m，到地面值守楼控制台的距离约 1.2km。电站的生产管理通信由电信公网设备完成。

调度交换机配置主要有：系统工作电源、2M 中继卡、7 号信令板、模拟用户卡、4WE&M 中继卡、2W 环路中继卡等。

电站配置 1 套录音系统对调度电话进行录音。

电站与南方电网总调的调度关系包括：该调度交换机使用南方电网的局向号，设置 2 个中继方向，1 个墨江变，1 个省调。糯扎渡水电站调度交换机通过至墨江变、省调备调的 2 个 2M 中继互连，PRI 信令沟通调度组网，见图 9.2－1。

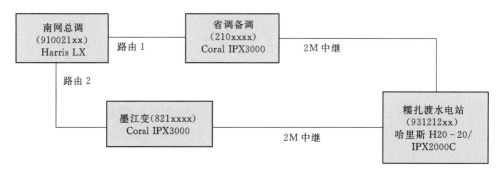

图 9.2－1 系统调度电话通道组网图

9.2.1 程控调度交换机设备配置的技术特点

电站内程控调度交换机的 E1 口通过同轴电缆与数字配线架连接，然后与传输设备连接接入电网集控的调度通信网络；通过音频电缆与音频保安配线架连接，然后跳接提供给调度台、维护终端、数字录音设备和电话终端使用，从而组成一个完整的调度电话通信网。设备配置见图 9.2－2，说明见表 9.2－1。

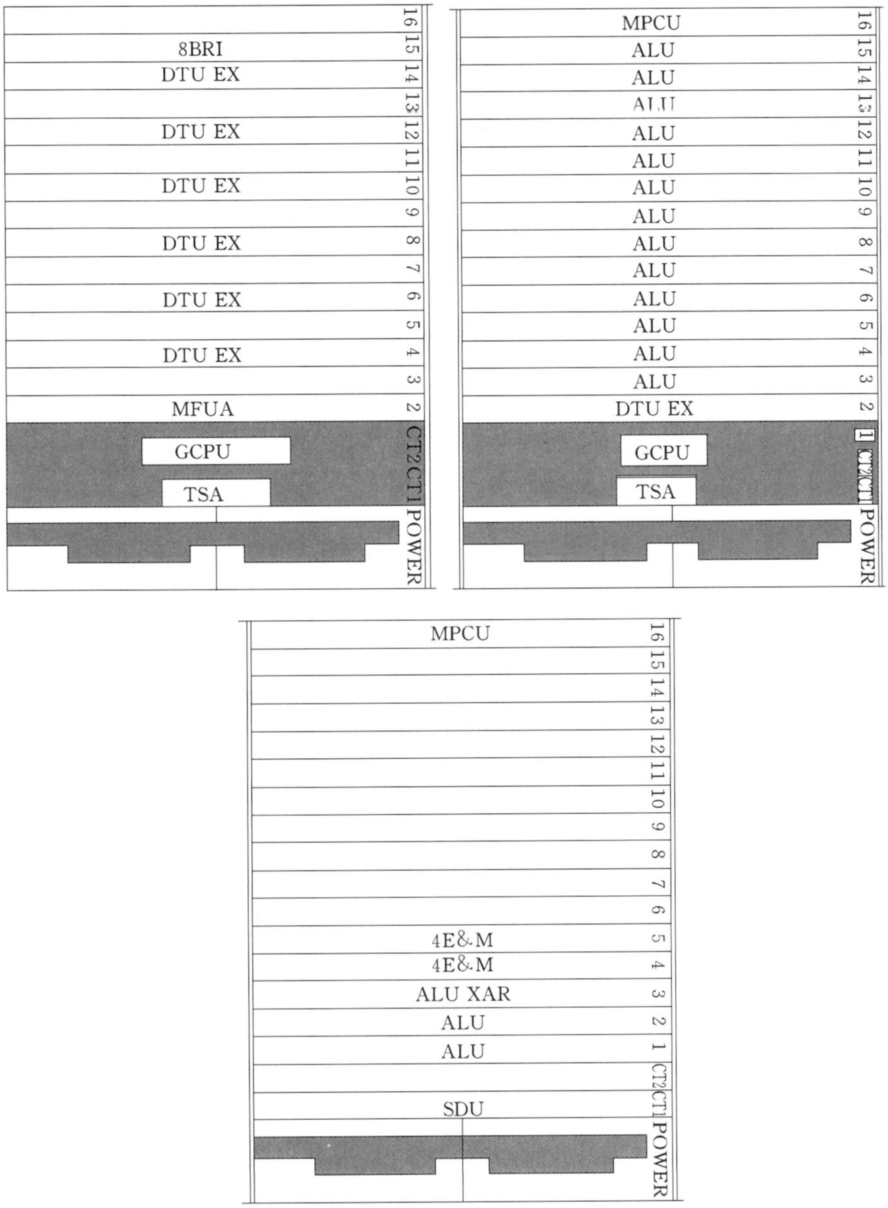

机柜一（左）插槽 16～1：

插槽号	模块
16／15	8BRI
14／13	DTU EX
12／11	DTU EX
10／9	DTU EX
8／7	DTU EX
6／5	DTU EX
4／3	DTU EX
2	MFUA
	GCPU
	TSA
1	CT2CT1 POWER

机柜二（中）插槽 16～1：

插槽号	模块
16／15	MPCU
14	ALU
13	ALU
12	ALU
11	ALU
10	ALU
9	ALU
8	ALU
7	ALU
6	ALU
5	ALU
4	ALU
3	ALU
2	DTU EX
	GCPU
	TSA
1	CT2CT1 POWER

机柜三（下）插槽 16～1：

插槽号	模块
16	MPCU
5	4E&M
4	4E&M
3	ALU XAR
2	ALU
1	ALU
	SDU
	CT2CT1 POWER

图 9.2－2　H20－20DS/IXP2000C/R1024 数字程控调度交换机设备配置图

表 9.2－1　　　　　　　　　　　设 备 配 置 说 明 表

设备名称	型号	单位	数量
交换机主机柜	IXP2000C/R1024	套	1
中央处理器	GCUP－Ⅳ	块	2
时隙交换板	TSA	块	2

续表

设备名称	型号	单位	数量
机架驱动单元	SDU	块	1
多路通信适配器	MCA-Ⅱ	个	1
电源板	PSM B	块	8
系统盘	OCR-U	套	1
七号信令板	MPCU	块	2
普通模拟用户板	ALU	块	15
长线用户板	16LLU	块	2
多功能用户板	MFUA	块	1
2M板	DTU EX	块	8
四线中继板	4E&M	块	2
调度台接口板	8BRIU	块	1
录音接口板	ALU XAR	块	1
数字用户端口板	DLU	块	1

9.2.2 设备主要技术参数

设备主要技术参数见表9.2-2。

表 9.2-2　　　　　　　　　　　设备主要技术参数表

话务量	分机线	双向 1.0erl/line	
	中继线	市话 1.0erl/line	
	电力系统	1.0erl/line	
话务量分配	内部通话	60%	
	外部通话	40%	
	用户听拨号音的平均时间	3s	
各种呼损值	不超过数目（呼损率）	基本话务量	超负荷20%
	本局呼叫	1	5
	出局呼叫	0.5	2.5
	入局呼叫	0.5	2.5
	汇接呼叫	0.1	0.5
电路强放	摘机不拨号	10~20s	
	两位间不拨号	5~20s	
	久叫不应	本地：30~60s	
		国内长途：60~90s	
		国际长途：60~120s	

传输参数	衰耗值	0～8dB
	分机至交换机之间传输衰耗	2～7dB
	二线模拟用户输入相对电平	0
	二线模拟用户输出相对电平	本地－3.5dBr
	传输损耗随时间的短期变化	10min 内变化 ≤±0.2dB
频率衰减特性（相对于1000Hz）	300～400Hz	－0.6～＋2.0dB
	400～600Hz	－0.6～＋1.5dB
	600～2400Hz	－0.6～＋0.7dB
	2400～3000Hz	－0.6～＋1.1dB
	3000～3400Hz	－0.6～＋3.0dB
增益随输入变化	－55～－50dBm0	≤±3.0dB
	－50～－40dBm0	≤±1.0dB
	－40～＋3.0dBm0	≤±0.5dB
群时延失真（用户口）	500～600Hz	≤900μs
	600～1000Hz	≤450μs
	1000～2600Hz	≤150μs
	2600～2800Hz	≤750μs
绝对群时延失真（用户口）	500～2800Hz	平均值≤1500μs
阻抗回波损耗（用户口）	300～500Hz	≥14dB
	500～2000Hz	≥18dB
	2000～3400Hz	≥14dB
对地阻抗不平衡衰耗（用户口）	300～600Hz	≥40dB
	600～3400Hz	≥46dB
杂音电平	衡重杂音	≤－67dBm0
	宽带杂音	≤－40dBm0
	单频杂音	≤－50dBm0
终端平衡回损（用户口）	300～500Hz	≥16dB
	500～2000Hz	≥28dB
	2500～3400Hz	≥16dB
串音		≤－70dBm0
总失真	－45dBm0	≥18.5dB
	－40dBm0	≥23.5dB
	－30dBm0	≥31.2dB
	－20dBm0	≥34.4dB
	－10dBm0	≥35.0dB
	0dBm0	≥35.0dB

串音衰耗	800Hz	≥78dB
	1100Hz	≥67dB
用户环阻	含话机	≥1600Ω
馈电电流	最长线路时	>18mA
	最短线路时	<50mA
铃流	铃流源	(25±1)Hz，谐波失真≤10%
	输出电压有效值	(75±10)V
	断续比	4:1，偏差 ≤±5%
信号音源	正弦波信号源的谐波失真<10%	(450±25)Hz、(800±25)Hz、(950±25)Hz、(1000±25)Hz、(2000±25)Hz
网同步指标	同步时钟的最低准确度	±4×10⁻⁷
	牵引范围	±4×10⁻⁷
	最大频率偏移	±2×10⁻¹⁰/d

9.2.3 设备系统功能

（1）数字程控调度交换机为技术先进的设备，具有 IP 电话、来电显示、软交换功能。

（2）组网汇接功能：具有增加、删除或转译若干位号码的功能，能接收的号码或经增、删、转译的号码全部分地转发。各种中继线的选择方式具有预选路由、直达路由、迂回路由、重选路由的功能。能对中继线编组，在采用 DOD1 方式时，具备延时发码、闪烁启动、即刻启动及适应各种发码的启动方式，同时，也具有自动检测拨号的功能。具有灵活的编号方式，用户可以修改包括字头、区号、局号和分机号码在内的全部号码，编号灵活、简便，可以方便地通过人机命令修改。设备信令也非常完善，包括：全球信令包及专网通信常用的全部组网信令；具有 PBX ＋ IP 功能，支持 TCP/IP 协议组网；支持 ISDN、7 号信令系统（SS7 以及信令网 SP/STP）、DSS1、QSIG、ETSI、EBR2、V5.2（共路）；支持 DTMF、地启/环启、R2MFC、R2SMFC、E 和 M（脉冲连续）、E1 仿真信令、MFR1、环路、拨号脉冲、中国多频互控 1 号信令及磁石接口（随路）等。同时时钟支持：主从同步、准同步、互同步组网。具有与电力数字同步网的同步功能。

（3）调度功能：具有多种接口方式，如光缆接口、RS232 接口、数字 E1 接口、ISDN（30B＋D）或 2B＋D 接口等，以便与其他网络相连。

具有上级调度台可对下级调度网内的通话进行强插、强拆的功能。

可将调度电话分机设置为免拨号分机，提起话机即接通调度台的热线功能。

具有会议电话汇接功能。

支持多种新旧中继接口及信令。

具有无线转接、数字通信功能。

系统交换功能。

（4）调度交换功能：包含了账号设置、自动呼叫分配、自动夜间服务、呼叫详细记录、自动路由选择、迂回路由、话务量统计、呼叫转移、长途控制、中继组寻呼线、中继组自动回叫、预占守候、用户等级、服务等级、热线服务、缩位拨号、端口状态查询、反极信号监视、灵活的拨号和呼叫等级限制、叫醒服务、会议电话、分机强插、优先用户插入通知、中继强插、强插保护、电源故障转移、截听、话务员代拨外线、号码重拨、留言服务、区别振铃、各种服务音、连选、直拨分机、出（入）局呼叫限制、超时释放、音脉转换、授权密码、话务员插入、优先用户、网络过载控制、阻塞中继、阻塞分机、汇接交换、免打扰、追查恶意呼叫、遇忙记存呼叫、重选路由、中继编组、数据通信保护、系统密码保护、远端维护、号码检索、告警显示打印、故障检测、故障修复与隔离、多话务台操作、主叫号码显示等系统交换功能，还具备自动数字录音功能。

9.2.4 主要设计成果及创新

（1）通过电站通信设备的运行结果，证明了电站的通信系统运行时安全可靠，起到了支撑电厂生产安全运行的作用。

（2）程控调度通信系统的配置完全满足水电站厂内生产调度、接收系统和集控调度的要求，也满足实际运行的需要。同时依照南方电网和华能澜沧江水电有限公司的有关规定，设置两套独立的直流高频开关通信电源对通信主设备进行供电，确保通信系统的可靠运行；同时配置了一套交流 UPS 系统对通信设备部分辅设和集控通信设备供电，满足通信设备安全运行的各种条件。

（3）本电站的程控调度交换机在行业内率先选用同时具有 IP 功能、软交换功能、调度直通功能、数字录音功能、用户优先级设置和热线功能等技术；为适应新的电网调度通信和集控调度通信的技术要求打下了基础。

9.3 工业电视系统设计特点

工业电视系统采用 IP 数字监控方式，即前端摄像机内置编码模块、光纤接口模块通过光纤直接远距离传输。工业电视系统由监控前端设备、传输设备、显示及主控设备组成。

前端设备由摄像机、防护罩、支架、云台、灯光补偿、导轨式网络二合一防雷器等设备组成。

传输设备主要将各分区所有监控点的多路音频信号和视频信号传输到监视器及图像监控工作站。由视频光纤接收模块、光纤配线单元、光纤汇接箱、光缆、超五类屏蔽网线等组成。

显示及主控设备由 2 台系统管理服务器、2 台流媒体转发服务器、1 台 LCD KVM 多电脑切换器、12 套视频处理单元、4 台核心交换机、14 台区域交换机、2 台 DS-6516HF 编码器、2 套视频监控工作站、UPS 装置及监控软件等组成。计算机网络采用 TCP/IP 协议，网络交换机支持组播功能。

工业电视系统按"无人值班、少人值守"的原则进行总体设计，除满足电厂生产运行需要外，系统接收从消防监控系统传来的开关量或通信量，实现与消防监控系统联动。图像视频信号由视频编码器压缩成数字信号，经网络传送到集控中心，实现图像信息的远方监控和管理，并具有与电站 MIS 系统进行通信。工业电视系统具有自动、远方手动、自动调用、循环切换、电子地图、图像采集处理与显示、预置、录像、信号传输、权限设置等功能。

9.3.1 主要设备技术参数

监控管理服务器采用 IBM - X3650M3 型。CPU 为 1 个 E5647 四核处理器，主频 2.93GHz，内存 8G，硬盘 3×500G SAS，RAID5 光驱，2 个（10/100/1000）Mbit/s 以太网端口，2 个 USB 端口。

流媒体转发服务器采用 IBM - X3650M3 型。CPU 为 2 个 E5647 四核处理器，主频 2.93GHz，内存 16G，硬盘 3×500G SAS，RAID5 光驱，2 个（10/100/1000）Mbit/s 以太网端口，2 个 USB 端口。

LCD KVM 多电脑切换器采用 HiKlife UL1708 型，带 17 寸液晶显示器、键盘、鼠标、8 口切换器四合一控制台、USB、PS/2 混接型 KVM 切换器。

监控工作站采用 S20 型工作站。CPU 为 Xeon W3550 四核处理器，主频 3.06 GHz，内存 3×2G DDR3 1333MHz ECC，硬盘 500G SATA，Quadro 600×2 1G 独显，2 个（10/100/1000）Mbit/s 以太网端口，2 个 USB 端口，WIN7 64+联想 L2440p Wide 27 寸显示器。

视频处理单元选用 MDS-2100 型，每台设备配置 6 块 2T SATAⅡ硬盘。

4 台核心交换机采用 MACH4002-48G-L2PHC 系列工业级交换机，配置 44 个 10/100/1000Base-T 以太网端口，4 个复用的 1000Base-X 千兆 SFP 端口。

以太网交换机主机选用 S3600-28F-EI 型。配置 24 个百兆 SFP 口，2 个千兆 SFP 上行口，2 个 10/100/1000Base-T，交直流双路供电。

服务器操作系统软件采用 Linux 操作系统；数据库管理软件采用 MY SQL。

摄像机采用 DS-2DF1-516-30、DS-2DF1-518-36 型光纤网络标清高速球机，DS-2DF1-572-36、DS-2DF1-572-28、DS-2DF1-572-18 型 130 万像素高清网络球机，DS-2CD764FWD-E 型 2.7～9mm 光纤网络高清固定枪机，HJK-2C（配置 100mm 镜头）、HJK-2C（配置 50mm 镜头）的远红外热成像+CCD 摄像机。

9.3.2 系统功能

本系统前端设备多数采用光接口 IP 摄像机，根据不同环境情况选用光纤网络高速球机、网络固定摄像机、网络高清摄像机、热成像摄像机、激光摄像机等类型。传输过程采用了 18 个分线箱，分布于主厂房上下游中间层的各机组段和坝区，将来自各摄像机的小对数光缆转换为大对数光缆，以便敷设。各摄像机至分线箱采用 4 芯光缆，主用 2 芯备用 2 芯。同时配置电源配电端子为周围摄像机供电；后台控制设备配置有光纤配线柜、光接收单元、主要换机、硬盘存储设备和管理设备等。

在中控室设置一套综合显示大屏，工业电视系统信号需传送至大屏进行显示。

室内摄像机多数采用彩转黑网络球机，光纤接口；室外用于观测大环境的采用大倍数高清彩色摄像机。在检修闸侧及左右岸上下游采用远红外热成像加CCD集成型摄像机，白天，可见光摄像机锁定，细看目标；夜晚，因为红外热成像与需要微光产生图像的其他夜视系统不同，它根本不需要可见光，能在全黑、薄雾或烟雾情况下提供轮廓鲜明和清晰的热图像，真正意义上达到昼夜全天候监控。左右岸进坝公路采用激光摄像机，以解决夜间普通光源补偿距离不够的问题。

控制功能主要包括：摄像机镜头的光圈调节，图像亮度、色度、对比度及灰度调节的自动控制。

通过图像监控工作站对云台、镜头焦距、视频切换、选择多画面显示传输等进行远方手动控制。

能根据预置的图像，自动成组切换、调用相应的图像画面在监视器上显示。

具有报警及联动控制功能。

具有图像的自动循环切换和手动切换功能。

图像监控工作站应具有前端布点电子地图功能。

工业电视系统图像采集处理与显示功能包括：图像采集、图像处理、图像显示、切换字符叠加、图像监视、图像识别、图像存储、预置、视频转发等。

工业电视系统自诊断包括：系统设备自诊断，设备自身具有防盗功能。电站重要地方设防报警，一旦发生警情，能准确指出报警点的位置，并自动切换报警点的图像显示、录像存盘。

工业电视系统权限设置功能包括：网络管理机具有设置所有图像监控工作站和监控终端的优先级别、监控范围，并在必要时锁定图像监控工作站和监控终端的控制指令。

图像监控主工作站具有监视、控制及报警功能，并具有最高的优先级。当多个图像监控工作站或监控终端同时监控同一前端时，控制权应可以根据用户优先权或通过用户之间消息对话协商分配。各图像监控工作站具有与图像监控主工作站相同的监视、控制及报警功能。

工业电视系统录像功能包括：能通过视频处理单元对视频图像进行录像，在电站录像的同时还可以同步实时将视频信号通过网络上传，在网络上进行实时监视以及访问录像文件、备份等操作。

系统录像包括定时录像、动态检测录像、报警自动录像、手动录像、客户端手动录像等。

录像检索功能：录像检索可以在本地进行，也可以在远端客户端上进行。检索到的录像文件可以播放，一次可以播放单个录像文件，也可以连续播放多个录像。

录像硬盘空间管理功能：当剩余硬盘空间到达设置界限时，自动删除最早的录像文件。录像文件可以有选择地备份到硬盘，其中自动备份的时间可以设置。可以随时将没有保存价值的录像文件手动删除。

报警布防、撤防功能包括：报警点、报警设备类型、摄像机序号及联动动作等设置。

操作员可以为每个视频输出选择报警显示模式，显示模式应具备方式为：显示第一个报警直到被清除，以后发生的报警按顺序排队。

工业电视系统信息交换功能包括：计算机网络采用TCP/IP协议，网络交换机支持组播；系统可与消防报警系统信息交换及通信；可与上级领导通信；具有电子地图。

工业电视系统信号传输功能包括：可将现场级各分区所有监控点的多路音、视频信号传输到监视器及图像监控工作站上。

工业电视系统多级联网功能包括：可以将监控点的图像、声音通过 IP 网络传输至更高级别的监控中心。

9.3.3 视频网络结构

工业电视系统分 3 个大区，即地面区域、中心厂房区域和坝区。地面区域又分为地面值守楼、500kV 出线和地面副厂房区域，中心厂房区域分为端部副厂房区域和主厂房区域，坝区分为进水口区域和溢洪道区域等，布置 18 个交换机汇接箱。根据区域不同情况分别选用海康光纤网络高速球机、网络固定摄像机、网络高清摄像机、红外热成像摄像机、激光摄像机等前端设备共设 272 点。

9.3.4 主要设计成果及创新

（1）电站工业电视系统的设计按照电站无人值班的要求进行设计，同时采用视频监控的最新技术，通过合理有效地组织达到了全数字智能化全天候的监视效果；为电站的远程控制运行和监视提供了一种有力的手段。

（2）整个系统户外前端设备采用 IP66 防护等级的摄像机和导轨式网络二合一防雷器保护，经过高压环境的传输介质采用无金属光缆传输；保障了系统的安全可靠运行。

（3）电站工业电视系统的设计在业界首次采用了存在电磁干扰的电站内全光缆组网，有效地保障了人员和设备运行的安全。摄像机选用光口数字型，与主控设备实现了数字信号传送图像和控制等信息。结合采用在光线较暗和外部环境夜晚无光条件使用的远红外摄像装置，实现了 24h 全天候的监视条件。通过最新软件技术的处理，实现了全天候数字智能化的监视效果，达到了水电站工业电视系统工程设计的最先进水平。

第 10 章

高水头大泄量泄洪闸门

电站枢纽泄洪系统由左、右岸泄洪隧洞和溢洪道组成。左岸泄洪隧洞布置2孔2扇弧形工作闸门，设计挡水水头103m，最大泄量为3208m³/s；右岸泄洪隧洞布置2孔2扇弧形工作闸门，设计挡水水头126m，最大泄量为3460m³/s；开敞式溢洪道共布置8孔8扇弧形工作闸门，孔口尺寸15.0m×20.0m，最大泄量达31318m³/s。规模居亚洲第一。电站泄洪闸门大孔口、高水头、大泄量的特点十分突出，闸门运行工况复杂、设计技术难度大。设计过程中，通过对闸门关键技术开展全面研究，采用了大量的新技术。闸门投运后，通过对闸门开展原型观测试验，试验证明闸门运行安全、平稳，验证了闸门设计的可靠性。本原型观测试验取得的创新成果，为高水头、大泄量泄洪闸门设备的设计、运行提供了可借鉴的技术，为国内外同行业提供了参考借鉴价值，为水工金属结构技术进步做出了贡献。

10.1　泄洪隧洞高水头大泄量深孔弧形工作闸门

枢纽布置在左、右岸各设置一条泄洪隧洞，左、右岸泄洪隧洞的主要功能为宣泄洪水及放空水库，右岸泄洪隧洞在电站建设蓄水初期参与向下游供水。在正常高水位下，左、右岸泄洪隧洞担负整个电站约23%的泄量（最大泄量为6668m³/s），是电站泄洪系统中的重要组成部分。

左岸泄洪隧洞弧形工作闸门，设计参数为5.0m×9.0m—103.00m（净宽×净高—设计水头），底槛高程为715.00m，总水压力为8.41×10⁴kN。右岸泄洪隧洞弧形工作闸门，设计参数为5.0m×8.5m—126.00m（净宽×净高—设计水头），底槛高程为692.357m，总水压力为8.48×10⁴kN。地震设防烈度为8度。

10.1.1　设备布置

左、右岸泄洪隧洞分别布置在大坝左、右岸，在隧洞入口段设置进水塔，塔身中设置事故闸门，在泄洪隧洞中段设置工作闸门及相应的启闭设备。

10.1.1.1　左泄工作闸门

在左岸泄洪隧洞事故闸门后的隧洞中段工作闸门井内设置2孔2扇弧形工作闸门。弧门面板曲率半径为15.0m，支铰高度为12.5m，支承跨度为3.8m，支臂夹角为33.45°，支铰与水平线夹角为34.61°（水推力夹角），采用直支臂、主纵梁结构，铰轴为圆柱铰支承。左岸泄洪隧洞弧形工作闸门设备布置见图10.1-1。

10.1.1.2　右泄工作闸门

在右岸泄洪隧洞事故闸门后的隧洞中段工作闸门井内设2孔2扇弧形工作闸门。弧门面板曲率半径为15.0m，支铰高度为12.5m，支承跨度为3.8m，支臂夹角30.55°，支铰与水平线夹角36.54°（水推力夹角），采用直支臂、主纵梁结构，铰轴为圆柱铰支承。弧形工作闸门设两套止水，一套主止水，一套辅助止水。辅助止水为常规水封，主止水采用充压水封。为了配合充压水封的使用，采用了突扩突跌门槽，右岸泄洪隧洞弧形工作闸门

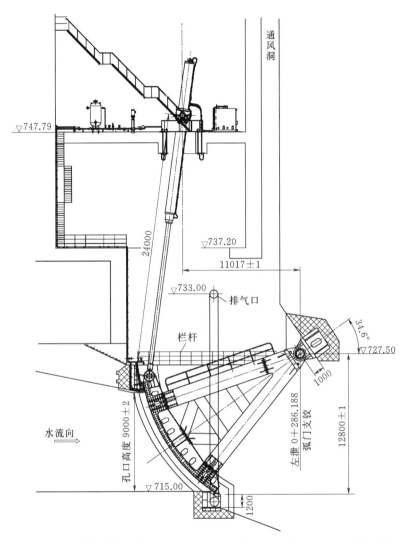

图 10.1－1　左岸泄洪隧洞弧形工作闸门设备布置图（尺寸单位：mm；高程单位：m）

设备布置见图 10.1－2。

10.1.2　门叶结构设计

弧形闸门的结构布置是闸门设计的基础，弧形闸门主框架结构有主横梁式框架结构、主纵梁式框架结构、双向平面主框架结构即"井"字形结构。在电站泄洪隧洞弧形工作闸门的设计过程中，对从主框架结构到门叶结构的布置原则进行了比较分析，通过比较选择了双向平面主框架结构布置形式。该结构可以提高弧门的整体刚度与抗振性能，进而提高弧门的整体承载能力。

10.1.2.1　闸门框架基本参数选择

在弧形闸门的基本布置参数中，闸门支铰高度和弧门半径是两个关键的参数，它们共同决定了弧形门基本布置是否协调合理。布置协调合理的弧门一般受力较好，运行平稳，

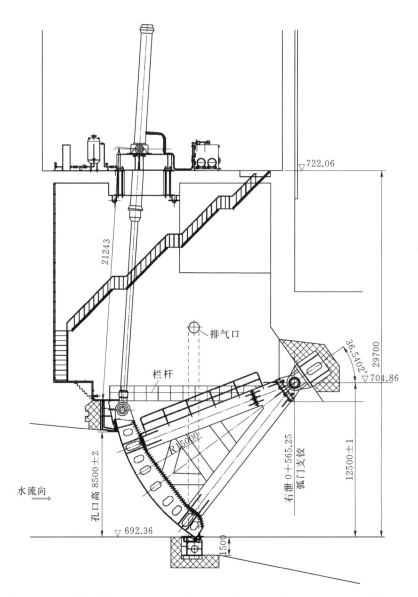

图 10.1-2　右岸泄洪隧洞弧形工作闸门设备布置图（尺寸单位：mm；高程单位：m）

并直接影响着弧门整体结构的经济性及安全性。一般情况下，潜孔式弧形闸门面板曲率半径与闸门高度的比值为 1.1～2.2。若弧形闸门面板曲率半径适当小些，可减小面板工程量及增大支臂刚度；若曲率半径适当大些，对降低启闭机容量有一定好处。弧形闸门支铰宜布置在过流时不受水流及漂浮物冲击的高程上，深孔式弧形闸门的支铰位置可布置在闸门底槛以上 1.1H 处（H 为门高）。

经过分析、比较，电站左、右岸泄洪隧洞弧形工作闸门的面板曲率半径均取为 15.0m，支铰高度均取为 12.5m。

10.1.2.2　主框架结构型式

主框架作为弧形闸门的主要承重结构，承受面板以及各次梁传来的水压力，然后将该力传给支铰，主框架的合理布置对于弧形闸门的设计至关重要。根据主梁的布置，弧形闸门主框架的基本型式主要有主横梁式和主纵梁式，对于扁而宽的孔口，多采用主横梁式框架结构，对于高而窄的孔口，多采用主纵梁式框架结构。左、右岸泄洪隧洞弧形闸门的孔口尺寸分别为 5.0m×9.0m 和 5.0m×8.5m（净宽×净高），宽高比值分别为 1.8 和 1.7，属于窄而高的孔口尺寸；左、右岸泄洪隧洞弧形工作门叶总图分别见图 10.1-3 和图 10.1-4。

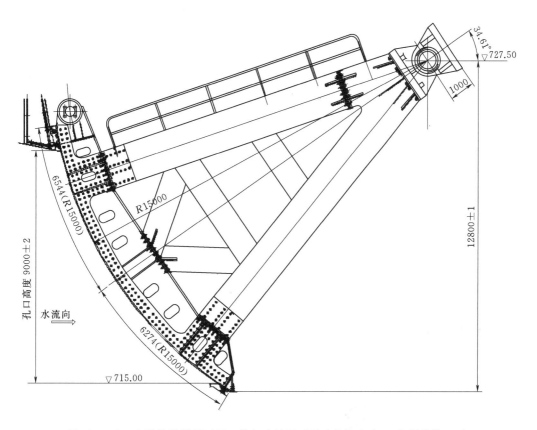

图 10.1-3　左岸泄洪隧洞弧形工作门叶总图（尺寸单位：mm；高程单位：m）

　　根据结构力学理论，对空间结构进行布置和选型时，在满足结构强度、刚度及稳定性要求的前提下，尽量使结构各构件的内力及应力分布均匀，以节约工程量。因此，昆明院于 20 世纪 90 年代初首先提出"井"字结构布置概念，这种结构的关键是支臂翼缘板与对应主纵梁的腹板——一对应，在结构上构成"井"字形结构。

10.1.2.3　闸门有限元计算成果

　　在设计过程中，为验证设计成果，开展了相应的有限元分析计算。有限元计算主要采用 Autodesk 公司的商业软件 Inventor 对弧形闸门进行三维建模，采用 ANSYS Workbench 将模型导入其中进行有限元计算。计算采用了六面体单元 Solid186 建立了有限元模型，单元划分根据闸门的结构布置特点采用自然离散模式。闸门的有限元计算模型见图 10.1-5。

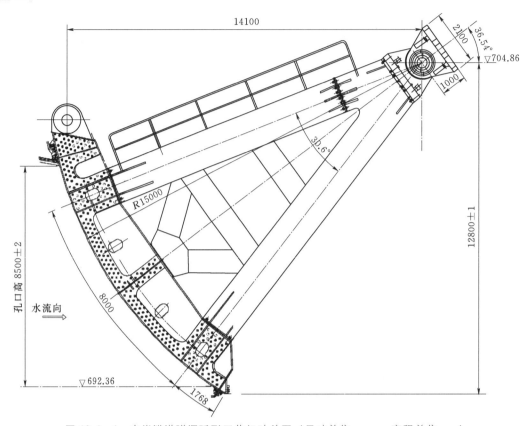

图 10.1-4 右岸泄洪隧洞弧形工作门叶总图 (尺寸单位：mm；高程单位：m)

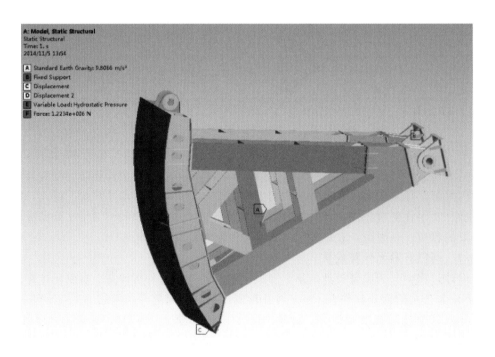

图 10.1-5 闸门的有限元计算模型

（1）左泄工作闸门主要计算成果。左泄工作闸门设计水头下挡水，弧门的 x、y 和 z 向的最大位移分别约为 11.5mm、3.4mm、0.7mm，面板最大位移点处在闸门底部，面板存在显著的区格效应。设计水头下大部分主要构件应力低于 150MPa，小于钢材的容许应力。个别点的等效应力值偏大，比如在上下支臂的连接梁（靠近面板侧的连接梁）与上支臂腹板连接区域（支臂内侧）某点的 Mises 等效应力达到 226MPa；面板顶部与边梁腹板连接区域（靠近下主梁）应力达到 295MPa；下主横梁（靠近闸门底部的腹板）端部与面板连接区域的等效应力达到 226MPa，以上这些只是少数局部点且应力值小于钢材的屈服强度，可认为满足强度要求。上下支臂连接梁（靠近面板一侧）与上支臂的腹板连接区域（内侧）存在应力较大的问题，最大 Mises 等效应力为 226MPa，且有明显的应力集中现象，因此，在此处增加筋板以降低应力集中。

（2）右泄工作闸门主要计算成果。右泄工作闸门设计水头下挡水，弧门的 x、y 和 z 向的最大位移分别约为 10.6mm、1.8mm、0.7mm，面板最大位移点处在闸门面板底部，且面板存在显著的区格效应。主横梁挠度值均小于规范规定的容许挠度值 $[f]=l/750=6000/750=8$mm，主梁刚度满足规范要求。设计水头下大部分主要构件应力低于 150MPa，小于钢材的容许应力。个别点的等效应力值偏大，比如在上下支臂的连接梁（靠近面板侧的连接梁）与上支臂腹板连接区域（支臂内侧）某点的 Mises 等效应力达到 269.9MPa；面板与边梁连接区域（靠近下主梁）应力达到 183MPa；下主横梁（靠近闸门底部的腹板）端部与面板连接区域的等效应力值达到 184MPa，左侧（从上游看）小次纵梁靠近上主梁的腹板与翼缘板连接处的 Mises 等效应力达到 222MPa 等，以上这些只是少数局部点且应力值小于钢材的屈服强度，可认为满足强度要求。上下支臂连接梁（靠近面板一侧）与上支臂腹板连接区域（内侧）存在应力较大的问题，最大 Mises 等效应力为 269MPa，因此，在此处增加筋板以降低应力集中。

10.1.3 水封系统设计

高水头弧形闸门止水形式的选择和具体布置设计是闸门设计的核心问题之一，如果设计考虑不周或制造、安装质量控制不佳，均会引起闸门缝隙射水，并导致闸门振动、埋件空蚀破坏。高水头弧门止水形式主要有以下两种：一种是充压伸缩式水封（液压伸缩变形止水）；另一种是偏心铰压紧式水封。根据左、右岸泄洪隧洞弧形工作闸门的设计参数、水库水质，选择充压伸缩式水封作为闸门的主水封。充压水封结构见图 10.1-6。水封形式选定后，对水封的结构型式开展了理论分析研究。

10.1.3.1 水封结构型式选择

充压伸缩式水封结构，一般布置在突扩门槽上，其结构主要包括橡胶水封、压板、充压腔及金属底座。从目前国内外工程应用资料来看，水封断面形式虽然各有不同，但一般以"山"字形断面为主；对于充压腔，有的工程设计有充压袋。左、右岸泄洪隧洞弧形工作闸门采用"山"字形水封和充压腔的结构型式，并在分析水封受力特点的基础上，分别设置了内压板和外压板。糯扎渡水电站充压水封压板结构型式见图 10.1-7。从水封静态变形及动态封水试验情况来看，压板形式对水封动态封水背压的影响主要有两个方面：一是水封头部外伸量，二是水封头部的偏转。减小压板对水封的变形约束，可增加水封头部的外伸量，对减小动态封水背压有利；但同时增大了动态封水时水封头部的偏转，对减小动态封水背压不利。因此，应通过静态变形及动态封水试验综合分析，选择适当的压板形式以减小封水背压，从而减轻背压加压系统的运行操作难度。

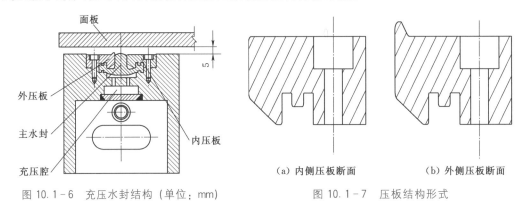

图 10.1-6 充压水封结构（单位：mm）　　　图 10.1-7 压板结构形式

10.1.3.2 水封理论分析

在左、右岸泄洪隧洞弧形工作闸门的设计过程中，利用数值仿真模型对水封的止水性能特点进行了专门研究。

对高水头弧形闸门"Ω"形充压水封，其顶（底）水封为直段，可以按二维平面应变问题处理，侧水封和转角水封为三维空间结构，按三维问题处理。建立有限元模型时应考虑"Ω"形充压水封、压板、闸门面板，对于二维问题将"Ω"形充压水封、压板按变形体处理，对其进行有限元网格划分（图 10.1-8）。将闸门面板按刚体处理，对其进行有限元网格划分。"Ω"形充压水封和压板、"Ω"形充压水封和闸门面板之间应定义接触关系。"Ω"形充压水封为非线性超弹性橡胶材料，通常采用 Mooney - Rivin 模型来模拟橡胶材料，因此建立了水封及压板模型。对橡胶材料进行单轴拉伸（压缩）试验（图 10.1-9），将试

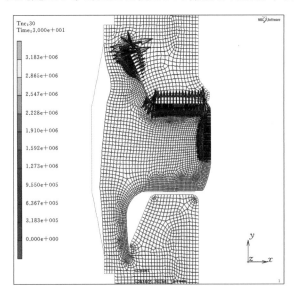

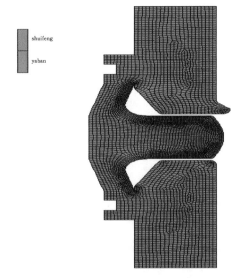

图 10.1-8 "Ω"形充压水封网格　　　　图 10.1-9 橡胶拉伸（压缩）

验数据（表 10.1-1）进行拟合得到相应的材料参数。压板为线弹性材料，需要定义弹性模量及泊松比。

表 10.1-1 橡胶材料的单轴拉伸（压缩）试验数据

项　　目	试　验　数　据				
拉伸（压缩）率/%	−40	−30	−20	100	200
弹性模量/MPa	6.6	5.9	5.8	1.9	2.2

经过理论分析，取得以下主要研究成果：

充压水封曲率半径对"Ω"形充压水封头部和闸门面板（或止水座板）之间的接触正应力、接触宽度以及水封头部的等效柯西应力影响不大，即充压水封曲率半径大小及水封安装位置对"Ω"形充压水封的止水性能影响不大。

随着水封头与压板间隙增大，水封头部和闸门面板之间的最大接触正应力变化不大，接触宽度增大，水封头部的最大等效柯西应力增大；水封头与压板间隙为 10mm 时，水封变形较大，水封头部和闸门面板之间的最大接触正应力以及水封头部的最大等效柯西应力较大。

共分析了 6 种水封头与压板间隙的水封模型，均能满足封水要求和规范中规定的水封强度要求。综合考虑，3mm 水封头与压板间隙的"Ω"形充压水封封水效果最好。

10.1.4 门槽埋件设计

高水头弧形闸门门槽体型及结构对闸门安全、可靠运行十分关键，门槽体型及结构设计不合理可能导致闸门出口水流紊乱，进而导致闸门出现振动等不利工况，门槽体型设计不合理可能导致门槽边壁补气不充分，进而导致门槽出现气蚀等不利情况。因此，采用充压伸缩式水封的闸门门槽结构，在主水封充压腔及压板的设计时，既要考虑确保水封头能顺利的伸出、缩回，又要防止水封在高水头下挤入面板与水封压板之间，造成水封的损坏。

充压式高水头弧形闸门的"Ω"形主止水布置在门槽上，形成一连续封闭型止水结构，通过对"Ω"形止水元件背部充压，使止水元件克服库水压力后外伸，紧压在闸门面板上达到止水的目的。基于"Ω"形主止水的布置需要，门槽需要做成突扩突跌型，"Ω"形充压水封门槽模型见图 10.1-10。

充压式高水头弧形闸门采用突扩突跌式门槽，在门槽的底部形成底空腔、在门槽的侧部形成侧空

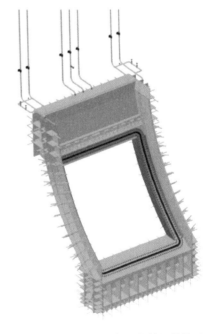

图 10.1-10 "Ω"形充压水封门槽模型

腔。门槽突扩、突跌尺寸需要通过水力学试验确定，试验时需根据门槽各部分（包括门槽前、后、顶、底、侧）的压力分布、补气情况、补气管风速、门后水流衔接情况及水面曲线，以确定门槽体型和尺寸。门槽侧部突扩尺寸应使闸门在最高操作水头下不能出现水舌打边墙的情况。

门槽突扩、突跌后形成了门槽的侧空腔、底空腔，在高水头下侧空腔、底空腔与大气连接，实现了门槽的侧部、底部的补气需要。但门槽底部仅仅靠侧空腔、底空腔形成的通道补气还满足不了要求，往往还需要设计专门的底孔腔补气通道，即在门槽的侧部设置专门的底空腔补气孔。

10.1.5　运行情况

（1）右岸泄洪隧洞弧形工作闸门于 2012 年 3 月投入使用，至 2014 年 9 月闸门原型观测试验前，经历了 3 个汛期的运行，运行时间达 2000 多小时，其中有 1000 多小时是在水头高于 80m 的工况下进行局部运行，操作次数达 100 多次，闸门运行平稳可靠，闸门经受了严峻的考验。

（2）2014 年 9 月，在库水位接近设计水位工况下，对右岸泄洪隧洞 2 号弧形工作闸门、左岸泄洪隧洞 1 号弧形工作闸门开展了原型观测试验，观测成果验证了电站金属闸门各项技术指标满足设计及规范要求。

（3）左、右岸泄洪隧洞弧形工作闸门在工作水头超过 100m 工况下运行正常，止水效果良好，为我国高水头弧形工作闸门设计、运行提供了重要的工程实例。

10.1.6　主要设计成果及创新

针对左、右岸泄洪隧洞弧形工作闸门的使用工况和设计参数，围绕大孔口、高水头、大泄量底孔弧形工作闸门的关键技术问题，开展了大量的研究工作，取得了大量的技术创新成果：

（1）基于电站左、右岸泄洪隧洞弧形工作闸门的设计研究工作，并结合昆明院历年承担漫湾、天生桥一级、茄子山、小湾等水电站的高水头弧形闸门的设计经验，承担完成了中国水电顾问集团委托的科研项目"高水头链轮闸门、弧形闸门结构设计研究"。该项目获得了云南省科技进步三等奖、中国水电顾问集团科技进步一等奖、水力发电科学技术奖二等奖等奖项。

（2）通过分析高水头弧形闸门的受力特点和传力特性，通过有限元等方法进行结构分析比较，创新性地提出了"井"字结构布置主横梁和主纵梁的高水头抗震弧形闸门，这种结构既满足了弧形闸门的结构强度、刚度、抗震要求，又获得了良好的经济性，并取得了相应的技术专利授权——"主纵梁高水头抗震弧形闸门"（专利号：ZL 2010 2 0690099. X）、"主横梁高水头抗震弧形闸门"（专利号：ZL 2010 2 0690100.9）。

（3）通过对高水头弧形工作闸门的深入研究，改进了充压伸缩式水封，该水封在200m 水头内，可实现闸门的严密封水，取得了相应的技术专利授权——"高水头弧形闸门止水装置"（专利号：ZL 2007 2 0105124.1）。

10.2 大泄量超大型表孔弧形闸门

电站溢洪道设置于大坝左岸，是电站的主要泄洪通道，承担着整个电站约70%的泄洪量，其开敞式溢洪道规模居亚洲第一，最大泄流量达31318m³/s。图10.2-1为溢洪道泄洪1，图10.2-2为溢洪道泄洪2。

图 10.2-1 溢洪道泄洪 1

图 10.2-2 溢洪道泄洪 2

10.2.1 设备布置

溢洪道堰顶高程为792.00m，坝顶高程为821.50m，水库正常高水位812.00m，溢洪道常年处于挡水状态，为保证巨量的洪水能顺利下泄，在溢洪道内设置8孔2扇表孔检修闸门、8孔8扇弧形工作闸门及启闭设备。平时由弧形工作闸门挡水和泄洪，检修闸门在弧形工作闸门需要检修时下闸挡水。溢洪道地震设防烈度为9度，整个溢洪道金属结构设备工程量约4631.6t，其参数见表10.2-1。

表 10.2-1　　　　　　　　　溢洪道金属结构设备特性参数表

序号	名　　称	检修闸门	工作闸门
1	闸门型式	露顶式叠梁闸门	露顶式弧形闸门
2	孔口尺寸（宽×高）	15.0m×20.0m	15.0m×21.7m
3	设计水头	20.5m	21.7m
4	总水压力	32191 kN	38216 kN
5	操作条件	静水启闭	动水启闭、局开
6	闸门数量	8孔2扇	8孔8扇
7	启闭机型式	单向门机	液压启闭机

序号	名　　称	检修闸门	工作闸门
8	启闭机容量	2×630kN	2×4000kN
9	启闭机数量	1台	8套

图 10.2-3　溢洪道泄洪闸门

8 扇巨大的弧形闸门能根据泄洪下泄水量的需要，开启和关闭部分或全部闸门，使洪水安全、有计划地顺利下泄；溢洪道泄洪闸门见图 10.2-3。

溢洪道弧形工作闸门各采用一套启门力 2×4000kN 的液压式启闭机操作，液压启闭机两只油缸的上吊点分别布置在闸墩边墙的转铰上，下吊点分别铰接在弧形闸门下主梁两侧后翼缘上，设有双缸同步系统。

液压泵站及控制柜均布置于闸墩中工作闸门泵房内。液压启闭机采用"一机一站"布置，每套启闭机由两套油缸总成、机架、闸门开度（行程）检测装置、行程限位装置、缸旁安全保压阀块、液压管道系统、附件、1套液压系统泵站总成、电力拖动及控制设备等组成。液压泵站设两台全备用的油泵电动机组，油泵电动机组能自动轮换，启闭机设置有行程、液压和电气等多套保护、控制和信号采集装置，对液压启闭机进行全方位的监测和控制。活塞杆采用 CIMS 系统采集闸门行程开度数据，液压系统设有专门的双缸同步纠偏系统，对闸门启闭过程双缸行程同步误差进行纠偏。启闭机为现地手动、现地自动、远方监控和现地优先操作的方案设计。

10.2.2　工作闸门

10.2.2.1　闸门、门槽结构设计

由于工程的重要性对闸门设计提出了较高的要求，因此，设计者对闸门布置和操作工况进行了细致的分析和深入的研究，对闸门的结构进行了详细的布置和计算。

弧形工作闸门采用双主横梁、斜支臂钢板焊接组合结构，主梁与支臂断面结构均为箱型梁，小梁为工字钢，门叶结构分七节制造，在工地安装现场焊接为整体。弧门面板曲率半径 25m，支铰高 12.8m，支承跨度 12.2m，支铰为圆柱铰支承，轴套采用铜合金镶嵌自润滑轴套，活动支铰采用焊接铰，与支臂焊接为一体，焊后整体退火消除焊接内应力，门叶结构两端共设 12 个简支轮为侧轮装置，在面板上游设止水，侧止水为"L"形橡胶水封，底止水为板形橡胶水封。

弧形工作闸门门槽埋件主要包括底槛、侧轨、支铰座及锁定、液压油缸埋件等，闸门锁定装置设于 821.5m 高程的平台，液压油缸埋件设于 812.10m 高程，埋件主要结构材料为 Q345B，采用二期混凝土埋设。

闸门支臂活动支铰采用焊接铰，与支臂焊接为一体，焊后整体退火消除焊接内应力，使闸门的受力和传力更加明确，结构更加优化，同时减少了工程量。工作闸门支铰见图

10.2-4。

在闸门设计过程中，根据土建工程施工进度，需要配合堆石坝施工期防洪度汛及坝高进度的要求，控制溢洪道溢流堰堰顶高程，同时为具备蓄水后能尽快蓄水至正常设计水位812.0m，设计上需考虑金属结构闸门和门槽的安装要在土建工程尚未浇筑到溢洪道溢流堰堰顶高程时，就提前开始安装闸门和门槽埋

图 10.2-4　工作闸门支铰

件。在金属结构闸门启闭机及埋件安装过程中采用了新技术、新工艺，在溢流堰堰顶未形成的状态下，采用新型工装结构，先完成闸门及部分埋件的安装，并将提前完成安装的闸门锁定于平台。因此，经过精心设计，根据安装单位的工装结构，对闸门底部和埋件进行了适应性设计，使闸门、门槽埋件和液压启闭机得以快速、顺利安装。在溢流堰堰顶土建工程形成后的最短工期内，8孔溢洪道闸门全部快速具备挡水至正常设计水位812.0m。工程蓄水时间缩短了6个月以上，极大地提高了电站的发电效益。

10.2.2.2　门叶结构三维有限元结构分析

传统的平面体系的计算和分析方法难免有遗漏和不全面之处，因此，在设计中采用了平面体系计算和三维有限元分析同时进行的方法。以先进的三维有限元方法为主要分析手段，对钢闸门在各种工况下的受力进行了详细分析，将分析结果进行相互比对和验证。在保证安全性和可靠性的前提下，对传统平面体系设计分析方法中相对保守的部位进行了优化，对应力集中部位进行了加强。

建立闸门的三维模型，对三维模型细致划分了389240个节点和408316个单元。对闸门的受力与变形进行了详细分析。主要分析成果包括以下几个方面内容。

（1）闸门受力状态下的变形和位移分析，如图10.2-5～图10.2-8所示。

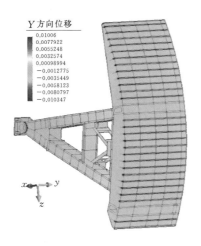

图 10.2-5　溢洪道闸门顺水流向
位移图（单位：m）

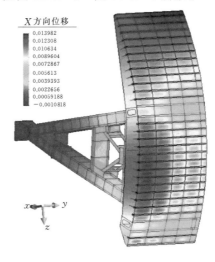

图 10.2-6　溢洪道闸门垂直水流
向位移图（单位：m）

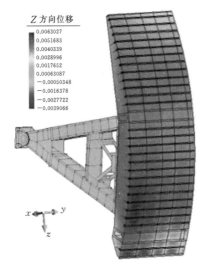

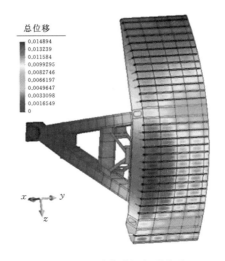

图 10.2 - 7 溢洪道闸门竖直向位移图
（单位：m）

图 10.2 - 8 溢洪道闸门总位移图
（单位：m）

（2）闸门各部位应力分析，如图 10.2 - 9～图 10.2 - 20 所示。

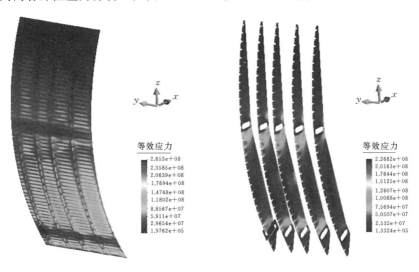

图 10.2 - 9 面板 Mises 等效应力图
（单位：Pa）

图 10.2 - 10 垂直次梁腹板 Mises
等效应力图（单位：Pa）

（3）闸门应力较高部位应力分析。通过三维有限元分析找出了闸门应力比较集中的部位，如图 10.2 - 21～图 10.2 - 23 中黑线所示。

针对以上应力集中处结构做了加强设计，保证了闸门的整体安全裕度。

10.2.3 工作闸门原型观测

由于溢洪道表孔对电站的防洪、泄洪具有举足轻重的作用，设备最终的真实状况是设计、制造、安装的综合体现。溢洪道金属结构设备安装完成后，为真实掌握闸门、启闭机

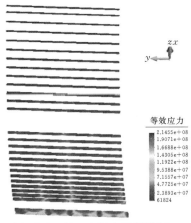

图 10.2 - 11　水平次梁腹板 Mises
等效应力图（单位：Pa）

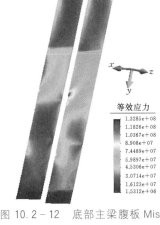

图 10.2 - 12　底部主梁腹板 Mises
等效应力图（单位：Pa）

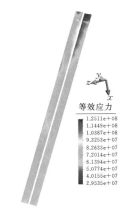

图 10.2 - 13　支臂腹板 Mises
等效应力图（单位：Pa）

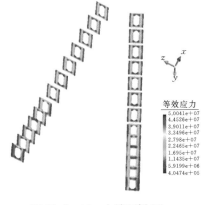

图 10.2 - 14　支臂隔板 Mises
等效应力图（单位：Pa）

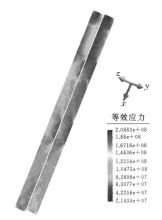

图 10.2 - 15　支臂翼缘 Mises
等效应力图（单位：Pa）

图 10.2 - 16　连接系翼缘 Mises
等效应力图（单位：Pa）

图 10.2 - 17 焊接铰 3Mises
等效应力图（单位：Pa）

图 10.2 - 18 吊耳 Mises
等效应力图（单位：Pa）

图 10.2 - 19 支铰轴应力图（单位：Pa）

图 10.2 - 20 固定铰应力图（单位：Pa）

图 10.2 - 21 应力集中部位 1

图 10.2 - 22 应力集中部位 2

在实际工作中的真实情况，为运行单位提供实际的支撑和依据，2014 年 9 月，开展了溢洪道表孔弧形工作闸门的原型观测试验工作，现场照片见图 10.2-24。

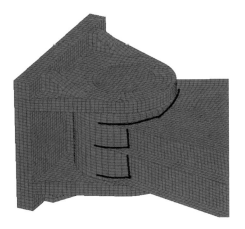

图 10.2-23　支铰应力集中部位 3

图 10.2-24　溢洪道工作闸门原型观测试验现场

　　试验根据溢洪道表孔弧形工作闸门的结构特点，在闸门各重要部位上布置了不同功能的应力测试点 71 个，其中弧形闸门门叶 38 个，上、下支臂 23 个，液压启闭机 2 个，补偿片 8 个，见图 10.2-25～图 10.2-28。

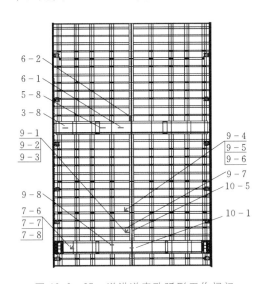

图 10.2-25　溢洪道表孔弧形工作闸门
门叶静（动）应力测点布置图

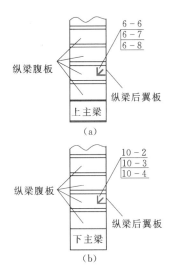

图 10.2-26　溢洪道表孔弧形工作闸门
纵梁静（动）应力测点布置图

　　试验过程中记录了工作闸门在闭门状态下的静水受力状况和闸门在不同开度（20％开度、40％开度、60％开度、80％开度、100％开度）状态下泄水的动态受力状况，取得了完整的试验数据，数据包括结构静应力，闸门局开、全开泄水过程中的结构应力，闸门整体位移与主要结构变形，闸门的动力特性，闸门局开、全开泄水过程中的振动响应，闸门局开、全开启闭力等，且各项测试数据正常。

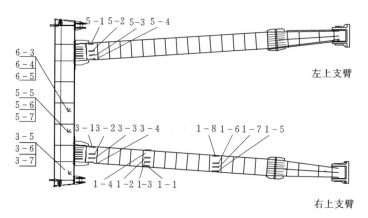

图 10.2 - 27　溢洪道表孔弧形工作闸门上支臂静（动）应力测点布置图

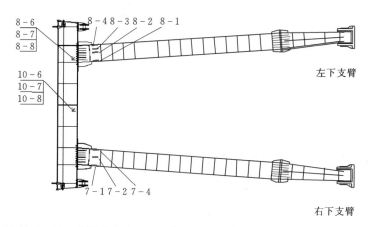

图 10.2 - 28　溢洪道表孔弧形工作闸门下支臂静（动）应力测点布置图

10.2.4　运行情况

溢洪道表孔弧形工作闸门于 2012 年投入使用，2013 年 10 月至今闸门挡水至正常蓄水位高程，经历了多个汛期的运行，闸门止水严密，启闭运行平稳可靠，各项技术指标均达到了设计要求，满足工程运行需要。

10.2.5　主要设计成果及创新

溢洪道表孔超大型弧形闸门是昆明院承担设计的最大规模的溢洪道表孔工作闸门，它尺寸大，数量多，制造和施工难度大。建成投运至今，运行正常，为电站的汛期洪水下泄提供了重要的保障。

（1）通过分析大孔口表孔弧形闸门的受力特点，在设计中采用了平面体系计算和三维有限元分析同时进行、相互比对和验证的方法。以三维有限元方法为主要分析手段，对钢闸门在各种工况下的受力进行了详细分析，对闸门结构进行了全面的优化，确保了闸门结构安全可靠。

（2）为保证工期要求，根据安装单位的工装结构，对闸门和埋件进行了适应性设计，使闸门、门槽埋件和液压启闭机得以快速、顺利安装，并能挡水至正常设计水位。工程蓄水时间缩短了 6 个月以上，极大地提高了电站的发电效益。

（3）通过闸门原型观测显示，溢洪道表孔弧形工作闸门在启闭过程中，水流平顺，进口未出现漩涡；闸门无异常振动和响声，闸门止水状况良好。启门时，液压启闭机运行平稳，各项指标正常，验证了表孔工作闸门各项技术指标满足设计及规范要求。

10.3 高水头大泄量弧形工作闸门原型观测

电站表孔溢洪道工作闸门的孔口尺寸大、泄量大，左、右岸泄洪隧洞闸门的孔口尺寸大、水头高、泄量大，各项设计参数巨大，使用工况复杂，将造成闸门运行具有众多的不确定性。设备在制造、安装中的累积误差及缺陷，也将是闸门运行中的"定时炸弹"。原型观测通过对闸门运行中的结构应力、变形、门槽的水力参数、闸室通风、启闭机的状态进行数据监测、采集，与闸门的计算分析结果、已有模型试验成果进行对比、分析，得出闸门的实际状况，从而有针对性地消除各项隐患、规避风险，建立合理的、科学的闸门运行管理规程。

10.3.1 闸门原型观测内容及方法

电站闸门原型观测的主要内容为通过对溢洪道弧形工作闸门和左、右岸泄洪隧洞弧形工作闸门的结构应力、变形、动力特性、振动响应、启闭力、风速等进行原型观测和有限元分析，掌握以上各类闸门在高水头、大流量的高速水流实际运行工况下的结构应力、变形量、自振频率、振型、振动响应、启闭力、风速等物理量的数字特征和频谱特征，经与设计成果比对，得出分析成果，并将成果用以指导闸门的安全运行。

10.3.1.1 4 号、5 号溢洪道弧形工作闸门原型观测内容

在库水位 810.00m 下，完成了 4 号、5 号孔共 2 扇弧形工作闸门的静态观测和泄水观测内容。

（1）静态观测。

1）对弧形工作闸门进行有限元分析。

2）闸门结构静应力测试。

3）闸门结构受力变形测量。

4）对有限元计算数据、原型观测数据进行对比分析。

（2）泄水观测。

1）闸门结构动应力测试。

2）闸门动力特性测试。

3）闸门动力响应测试。

4）闸门启闭力测试。

5）水流状态观察。

10.3.1.2 左、右岸泄洪隧洞弧形工作闸门原型观测内容

在库水位 805.00m 下，选取左岸泄洪隧洞 1 号弧形工作闸门、右岸泄洪隧洞 2 号弧

形工作闸门开展原型观测试验，开展完成的原型观测包括以下几个方面内容。

（1）静态观测。

1）对弧形工作闸门进行有限元分析。

2）闸门结构静应力测试。

3）闸门结构受力变形测量。

4）对有限元计算数据、原型观测数据进行对比分析。

（2）泄水观测。

1）闸门结构动应力测试。

2）闸门动力特性测试。

3）闸门动力响应测试。

4）闸门启闭力测试。

5）通气孔风速测试。

6）水流状态观察。

10.3.1.3 闸门原型观测的主要方法

归纳起来，糯扎渡水电站闸门原型观测方法主要包括：应力测量、闸门位移变形测量、动力特性测量、振动响应测量、启闭力测量、风速测量及有限元分析。

（1）应力测量。糯扎渡水电站闸门原型观测试验结构应力测试为实物的静态和动态测量，应力应变测试方法采用应变片电测法，应力测量流程见图 10.3-1。

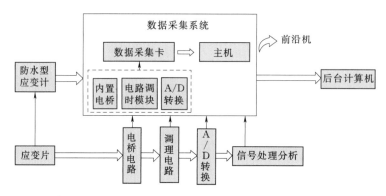

图 10.3-1 应力测量流程图

（2）闸门位移变形测量。闸门原型观测的变形测量，技术上难度较大，受现场条件的限制和测量精度的制约，传统的测量方法（钢卷尺、经纬仪、全站仪）不易操作和定位。根据糯扎渡水电站闸门原型观测试验的变形观测要求，经分析现场实施作业的可行性、经济性等，综合决定采用三维摄影测量系统。摄影测量的基本原理是从两个或多个位置拍摄同一工件，以获取在不同视角下的图像，通过三角测量原理计算各图像像素间的位置偏差（即视差）来获取被测点的三维坐标。图 10.3-2 和图 10.3-3 是同一相机在两个位置拍摄同一物体时的情况，是物方空间与像方空间的一一对应关系。

目标点、相机中心和相点三点构成共线方程，然后根据共线方程计算出目标点的三维坐标数学模型。通过对变形前后的三维坐标的计算分析，得到各测点的变形量。

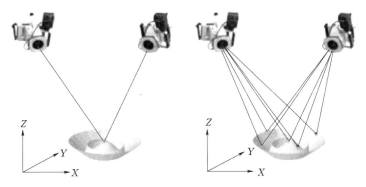

图 10.3-2 相机拍摄物体示意图

（3）动力特性测量。电站闸门原型观测试验采用脉冲激励法测试水工金属结构钢闸门的动力特性，通过在闸门上布置激振器、拾振器，对闸门施加可以控制和调整的激振力、激振频率，测量拾振器所测闸门部位的频率、加速度，绘制频率-振幅曲线，动力特性测量流程见图 10.3-4。

电站闸门原型观测试验采用丹麦B&K 公司生产的 3560C PULSE 振动测试系统。B&K 3560C PULSE 系统可同时使用各种分析仪，具有 FFT（傅立叶分析）、CPB（1/n 倍频程分析）、总级值分析仪等功能，采集前端的数据通过 LAN 传输至 PC。

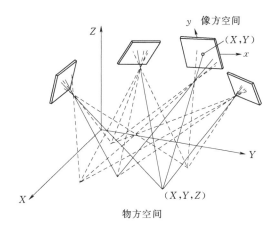

图 10.3-3 物方空间与像方空间的
——对应关系图

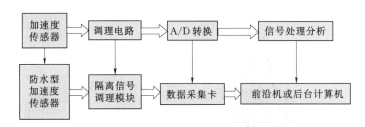

图 10.3-4 动力特性测量流程图

（4）振动响应测量。水工金属结构钢闸门的动力响应是极其复杂的流固耦合问题，目前尚未形成规范化的技术标准指导实践应用。

该测量的设备同动力特性测试，测试闸门结构振动特性（振幅、频率、加速度）的变化规律。

（5）启闭力测量。共采用两种方法对启闭力进行了测量。一种方法是应变电测法，通过在闸门吊耳板或液压缸活塞杆上粘贴应变片，测得应变，计算启闭力，绘制启闭力过程线；另一种方法是液压泵站压力表读数法，通过在显示屏读取液压启闭机压力表读数计算启闭力，绘制启闭力过程线。

（6）风速测量。糯扎渡水电站风速测试采用热敏式探头与转轮式探头结合的方法。对于在 20m/s 内的风速，采用转轮式探头测量；对于超过 20m/s 的风速，采用热敏式探头测量。

（7）有限元分析。有限元分析主要采用 Autodesk 公司的商业软件 Inventor 对弧形闸门进行三维建模，闸门结构有限元计算程序采用大型有限元计算软件 ANSYS Workbench（V15）。计算采用了六面体单元 Solid186 建立了有限元模型，单元划分根据闸门的结构布置特点采用自然离散模式，闸门的各个部分之间通过设置接触和运动副来实现受力传递。

10.3.2 闸门原型观测结果

（1）溢洪道表孔 4 号弧形工作闸门、溢洪道表孔 5 号弧形工作闸门、左岸泄洪隧洞 1 号弧形工作闸门、右岸泄洪隧洞 2 号弧形工作闸门结构的强度满足规范要求。

（2）溢洪道表孔 4 号弧形工作闸门、溢洪道表孔 5 号弧形工作闸门、左岸泄洪隧洞 1 号弧形工作闸门、右岸泄洪隧洞 2 号弧形工作闸门的各测点运动状态结构应力均小于许用应力，闸门结构的强度满足要求。

（3）溢洪道表孔 4 号弧形工作闸门、溢洪道表孔 5 号弧形工作闸门、左岸泄洪隧洞 1 号弧形工作闸门、右岸泄洪隧洞 2 号弧形工作闸门的刚度满足要求。左岸泄洪隧洞 1 号弧形工作闸门、右岸泄洪隧洞 2 号弧形工作闸门门叶总体后退变形小于充压水封变形，满足使用要求；右岸泄洪隧洞弧形工作闸门综合位移云图见图 10.3-5。

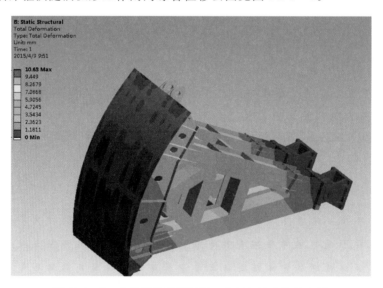

图 10.3-5 右岸泄洪隧洞弧形工作闸门综合位移云图

（4）闸门启闭过程中，根据美国阿肯色河通航枢纽设计中提出的以振动位移均方根值来划分水工钢闸门振动强弱的标准［振动可以忽略不计（0～0.0508mm）、振动微小

（0.0508～0.254mm）、振动中等（0.254～0.508mm）和振动严重（大于 0.508mm）]，溢洪道表孔 4 号弧形工作闸门、溢洪道表孔 5 号弧形工作闸门、左岸泄洪隧洞 1 号弧形工作闸门、右岸泄洪隧洞 2 号弧形工作闸门的振动属于忽略不计至微小振动之间，不影响闸门的安全运行。右岸泄洪隧洞 2 号弧形工作闸门下主横梁各测点的振动特征值比较分析见图 10.3－6。

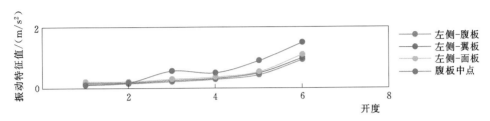

图 10.3－6　右岸泄洪隧洞弧形工作闸门下主横梁测点振动特征值

（5）溢洪道表孔 4 号弧形工作闸门、溢洪道表孔 5 号弧形工作闸门、左岸泄洪隧洞 1 号弧形工作闸门、右岸泄洪隧洞 2 号弧形工作闸门，在振动特征值最大开度、水流激励的作用下，其振幅稳定，并且无持续增大的趋势，频谱图中不存在与结构固有频率相近的周期成分。因此，闸门在该工况下不会发生共振。右岸泄洪隧洞工作闸门下主横梁翼板第 6 开度频谱分析见图 10.3－7。

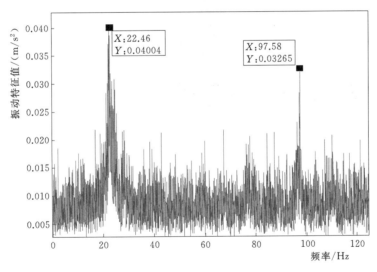

图 10.3－7　右岸泄洪隧洞工作闸门下主横梁翼板第 6 开度频谱

（6）各闸门启闭机应变电测法启闭力测试和液压泵站压力表读数法启闭力测试结果基本吻合，启闭力均小于启闭机的额定启闭力，启闭机容量满足闸门启闭要求；溢洪道表孔 4 号弧形工作闸门液压启闭机启闭力测试值（两种方法）比对，见表 10.3－1。

（7）左岸泄洪隧洞启闭机室最大风速发生在闸门 9.0m 开度（全开）时液压启闭机右侧机架通风口位置，最大风速为 65.5m/s，控制柜处最大风速为 1.08m/s。后续可改善闸室内的通风环境，工作人员在闸门工作时应与通气孔保持安全距离，同时加固充压水封管路、闸室内的照明电缆等物品。

表 10.3-1　　　溢洪道表孔 4 号弧形工作闸门液压启闭机启闭力测试值

序号	闸门开度/m	液压启闭机启闭力/kN			
		应变电测法		液压泵站压力表读数法	
		左侧油缸	右侧油缸	左侧油缸	右侧油缸
1	0	3957	3834	3968	3684
2	4.2	3391	3462	3579	3468
3	8.4	3109	3038	3497	3407
4	12.6	3533	3109	3625	3617
5	16.8	2967	2826	3389	3317
6	21	2543	2473	3295	3243

左岸泄洪隧洞 1 号弧形工作闸门启闭过程中，启闭机室内噪声较大，已超过手持式声级计的有效量程范围 [105.5dB（A）]，严重影响启闭机室内的（听力）通信情况，仅能通过写字板进行通信。宜改善交通条件（如：增设电梯）、落实远方操作功能。

（8）右岸泄洪隧洞启闭机室最大风速发生在闸门 8.5m 开度（全开）时测点 1 位

图 10.3-8　右岸泄洪隧洞 2 号弧形工作闸门启闭机机架处风速雾化

置，即液压启闭机右侧通风口，最大风速为 99.7m/s，控制柜处最大风速为 5.82m/s。应尽量避免闸门在全开状态下长时间运行或改善闸室内的通风环境，工作人员在闸门工作时应与通气孔保持安全距离，同时加固液压启闭机、充压水封管路及闸室内的照明电缆等物品。右岸泄洪隧洞 2 号弧形工作闸门启闭机机架处在闸门全开泄洪时风速雾化见图 10.3-8。

右岸泄洪隧洞 2 号弧形工作闸门启闭过程中，启闭机室内噪声较大，已超过手持式声级计的有效量程范围 [105.5dB（A）]，严重影响启闭机室内的（听力）通信情况，仅能通过写字板进行通信，后续进行了进一步完善，在洞外和中控室落实了远方操作功能。

10.3.3　主要设计成果及创新

（1）2014 年 9 月，溢洪道表孔 4 号弧形工作闸门、左岸泄洪隧洞 1 号弧形工作闸门、右岸泄洪隧洞 2 号弧形工作闸门完成了原型观测试验，验证了电站金属闸门结构的各项技术指标满足设计及规范要求，为进一步优化水库调度运行方式提供了依据。

（2）首次对百米级大孔口、大泄量弧形工作闸门进行了全面的原型观测，采用的观测方法及设备先进、可靠，填补了国内百米级大孔口、大泄量弧形工作闸门原型观测的空白。

（3）闸门原型观测工程技术方案先进，组织实施合理，技术报告观测数据和内容完整。鉴于现阶段国内外尚无水工金属结构设备原型观测专项技术标准，本项目为我国同类工程提供了范例。

（4）在电站闸门原型观测试验过程中，采用三维摄影测量法对闸门进行位移变形测量，填补了电站原型观测试验闸门位移和变形测量的技术空白。

（5）采用大容量无线数据传输，解决了电站闸门原型观测试验中的数据传输问题。

（6）电站水头高、泄洪流量大，泄洪闸门原型观测试验全面测定了高水头、高流速泄洪闸门的振动及应力变化等技术指标，全面采集原型观测数据，与设计和规范进行比对分析，为电站在高水位、大泄量下的泄洪闸门设备的安全稳定运行提供了强有力的技术支持，为国内外同行业提供了极大的参考借鉴价值、为金属结构的原型观测技术进步做出了贡献。

第 11 章

进水口分层取水闸门及拦污系统

本章介绍电站进水口分层取水设备布置方案研究及叠梁闸门多层取水方案的设计特点和技术创新。数值分析、闸门模型试验及实际运行结果表明：采用叠梁门多层取水进水口形式引取水库表层水是科学合理的，保证电站运行可以持续取到水库的表层水，能够最大限度地减免下泄低温水对下游水生生物的影响。

本章还介绍了为满足优化电站初期分阶段蓄水与调峰发电运行方案和阻止大量污物进入进水口而设置的复杂地形下 200m 垂直高度水位变幅拦漂设计。

11.1 电站进水口分层取水方案

11.1.1 背景

高坝大库的建设，将流速较快和水深较浅的天然河流，改变成流速较慢和水深较深的水库。在一定条件下，水库会形成上层水温度高、下层水温度低的稳定分层结构。电站发电取水口一般位于水深较深的位置，因此发电取水为下层的低温水，从而导致下泄水温较天然河流水温降低；水温的变化又将影响鱼类及下游生物的生存和繁衍。如何减缓高坝大库对下泄水温的影响，从而减少对鱼类及下游生物的影响，是设计阶段必须解决的问题。

早在电站可行性研究及项目环境影响评价时，考虑到电站水库规模较大，调节性能较好，势必会产生水温分层现象，昆明院先后委托西安理工大学和中国水利水电科学研究院对水库水温和下泄水温进行数值模拟，得出了水库水温的垂直分布规律和下泄水温的沿程分布规律。

针对电站水库水温分层、发电进水口高程较低、下泄低温水对下游河段水生生态系统影响比较明显的问题，昆明院与多家大学和科研机构合作，牵头组织开展了分层取水进水口结构布置、水温预测和水工模型试验等设计研究工作。2006 年 5 月结合工程建设的实际情况，昆明院申报了云南省科技计划项目"大型水电站进水口分层取水研究"，依托本工程进行深入的理论分析和应用研究，经过云南省科学技术厅组织的专家评审，2006 年11 月，云南省财政厅和云南省科学技术厅以云政教〔2006〕320 号文《关于下达云南省科技计划 2006 年第四批实施项目及其科技三项费用的通知》正式批准立项。

根据生态工程措施与主体工程布置尽量紧密结合的总体布局原则，结合工程枢纽布置，设计采用减缓进水口低温水下泄的分层取水设施与主体工程进水塔结构融为一体的方案。

11.1.2 双层取水方案

电站进水口位于左岸，为独立的岸塔式单管单机形式布置，进水口底槛高程736.00m，正常设计蓄水位 812.00m，发电正常取水高度 76m，在电站可研报告阶段采用常规单层进水口布置方案。

在电站可行性研究及项目环境影响评价时，考虑到水库规模较大，调节性能较好，势必会产生水温分层现象，发电进水口高程较低、下泄低温水对下游河段水生生态系统影响比较明显的问题，最早提出采用双层取水口方案。双层取水口方案仍采用单机单管的布置形式，每孔进水口前沿设 4 扇前后双层垂直拦污栅，在拦污栅后设上、下双层取水口。上层取水口底槛高程为 774.00m，下层取水口底槛高程为 736.00m，金属结构设备配置采用固定卷扬式启闭机操作和液压启闭机操作两个方案。

进水口上层工作闸门位于进水口下层工作闸门后上方，为进水口上层的取水通道，还承担下层闸门开启时关闭上层通道挡水的功能。闸门共设 9 孔 9 扇，孔口尺寸为 7m×12m（净宽×净高），设计水头 43.99m，底板高程为 774.00m。闸门为平面定轮工作闸门，下游止水，操作条件为动水启闭。

进水口下层工作闸门共 9 孔 9 扇，主要承担底层取水时开启及上层取水时关闭挡水的功能，闸门孔口尺寸为 7m×12m（净宽×净高），设计水头 76m，底板高程为 736.00m。闸门为平面定轮工作闸门，下游止水，操作条件为动水启闭。

双层取水口采用固定卷扬式启闭机操作方案，上层闸门启闭机起升容量 2×2000kN，下层闸门启闭机起升容量 2×3600kN、起升扬程 87m。由于闸门宽度较宽，需采用双吊点结构，又受到卷扬机动滑轮尺寸、门槽尺寸等条件的限制，起升系统的动滑轮组、钢丝绳均需布置在进水口取水流道范围，在下层闸门关闭、运行上层闸门取水时，无法避免下层闸门启闭机动滑轮组、钢丝绳在上层取水流道内的冲刷、振动，存在较大安全隐患。同时，由于启闭机容量大和扬程高，进水口平台启闭机室及排架空间较大，进水口平台布置结构复杂、不美观。

双层取水口采用液压启闭机操作方案，液压油缸通过拉杆装置连接和操作闸门，细长杆件结构的拉杆装置可以布置在门槽内，在下层闸门关闭、运行上层闸门取水时，操作下层闸门的拉杆装置避免在取水流道中被直接冲刷，且布置在平台的泵站房尺寸较小，坝顶布置简洁、美观，不需要考虑设备堆放。采用液压启闭机操作，可在不停机状态下调节取水高度，减小停机损失；每套液压泵站控制 3 台液压启闭机，故调节上、下双层闸门取水高度速度快；调节取水高度可实现现地控制和远方控制，满足电站"无人值班、少人值守"要求，但金属结构工程量和设备投资较大，且下层闸门的拉杆装置在门槽中运行仍存在一定安全风险。

在进水口土建施工及设备安装招标阶段，进水口取水采用液压启闭机操作的上下双层取水方案。但双层取水口方案受进水口进水淹没水深深度和闸门层数的限制，减免下泄低温水的效果不够理想。

双层取水进水口设备布置见图 11.1-1。

11.1.3 多层取水方案

在招标阶段后，为进一步解决电站水库水温分层、发电进水口高程较低、下泄低温水对下游河段水生生态系统影响比较明显的问题，昆明院与多家大学和科研机构合作，牵头组织开展了分层取水进水口结构布置、水温预测和水工模型试验等设计研究工作。对电站进水口分层取水闸门布置、结构有限元计算、闸门流激振动理论分析和应用等进行研究和试验，经过研究对比比选，2007 年 6 月通过云南省和规划总院的审查，推荐采用叠梁闸门多层取水方案。

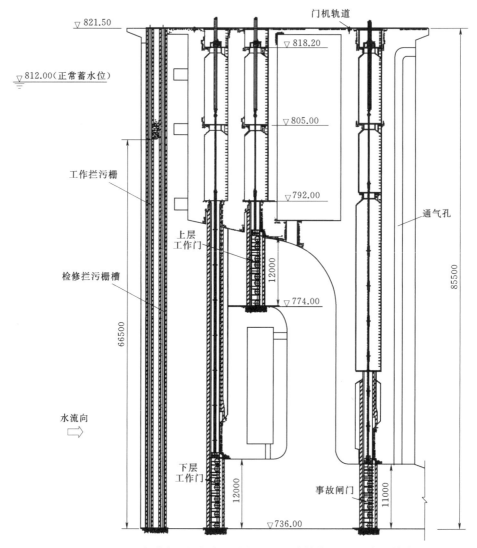

图 11.1－1　双层取水进水口设备布置纵剖图（尺寸单位：mm；高程单位：m）

采用叠梁闸门多层取水进水口，可以引取水库不同水位下的表层水体，能够有效减免下泄低温水对下游生态的影响，可以实现水电开发和环境保护同时兼顾的目标。

11.1.4　叠梁闸门分层取水金属结构

叠梁闸门多层取水方案进水口的每条引水管道金属结构设备由进水口前沿的连通式工作拦污栅、检修拦污栅和分层取水叠梁闸门、检修闸门、快速事故闸门及相应的多种启闭设备构成，进水口金属结构设备总工程量达 12530t。

电站进水口采用岸塔式结构，单管单机供水，共布置 9 条引水道，各管道间平行布置，进水塔高 88.5m，长 236.2m，宽 37.45m。进水口金属结构系统设备主要包括：进水口 36 孔 36 扇孔口尺寸 3.8m×66.5m 的工作拦污栅、工作拦污栅后设 36 孔拦污栅槽和满足一台机组检修的 4 扇检修拦污栅；36 扇分层取水叠梁闸门，孔口尺寸 3.8m×

38.04m，与检修拦污栅共用栅槽，9 孔 3 扇孔口尺寸 7.0m×12.0m 的检修闸门（设计水头 76.0m，总水压力 6.0081×10⁴kN）、9 孔 9 扇孔口尺寸 7.0m×11.0m 的进水口快速事故闸门（设计水头 76.0m，总水压力 5.5291×10⁴kN）及其进水口 821.50m 高程平台上设置的 2000kN/1600kN—87m 双向门式启闭机（轨距 22m）、9 台 3500kN/7500kN—12m 的快速闸门液压启闭机和拉杆装置、轨道装置、拦污栅及分层取水叠梁门储门槽，液压泵站等附属设备。多层取水叠梁闸门的操作设备为进水口双向门式启闭机的 1600kN—87m 副起升机构配液压自动抓梁。

多层取水方案利用拦污栅检修栅槽兼作取水叠梁闸门槽，9 台机组共设 36 扇平面叠梁闸门，叠梁闸门孔口尺寸 3.8m×38.04m，每扇叠梁闸门由 12.68m 高的三节叠梁组成，共计 108 节，节间设有对位装置，每节叠梁由四节制造运输单元组成，四节制造运输单元在闸门安装现场焊接为一体，取水叠梁闸门门叶采用钢板焊接，为实腹式主梁焊接结构，主梁为工字梁断面，主梁高 475mm，闸门主要材料为 Q235。为防止缝隙过水和高水头大流量水体门顶淹没进水引起的闸门振动，在闸门门叶上游设有一定压缩量的反向弹性支承、下游设门正常的整体橡胶止水增加闸门的振动阻尼，并设侧导向装置，钢滑块弹性支承距 4.1m，侧水封为"P"形橡胶水封，底水封为板形橡胶水封，使闸门整体处于柔性的双向支承状态。叠梁闸门由坝顶双向门机 1600kN 副小车及配套的液压抓梁操作启吊，闸门的操作条件为：在流速小于 1m/s 的相对静水状态下启闭操作。

叠梁闸门在不使用时存放于进水塔平台的储门槽内。

叠梁闸门多层取水进水口设备布置见图 11.1－2。

取水叠梁闸门在引水发电下闸挡水工况下将闸门整个挡水高度分成四挡，水库水位高于 803.00m 以上时，门叶整体挡水，门高 38.04m，挡水闸门顶高程为 774.04m，取水淹没水深不小于 28.96m，为第一层取水；水库水位在 803.00～790.40m 之间时，吊起第一节叠梁门，仅用第二、第三节门叶挡水，门高 25.36m，此时挡水闸门顶高程为 761.36m，取水淹没水深不小于 29.04m，此为第二层取水；水库水位在 790.40～777.70m 之间时，继续吊起第二节叠梁门，仅用第三节门叶挡水，门高 12.68m，此时挡水闸门顶高程为 748.68m，取水淹没水深不小于 29.02m，此为第三层取水；水库水位降至 777.70m 以下至发电死水位 765.00m 时，继续吊起第三节叠梁门，流道内无叠梁闸门挡水，取水淹没水深不小于 29.00m，此为第四层取水。

采用水下淹没闸门顶部进水的运行方式在国内已建的工程中没有先例，叠梁闸门在高水头、长时间内淹没进水，门后无补气、固定等措施，其运行是否会出现气蚀、振动、负压等不安全状态，设计也没有可以借鉴的工程经验和计算数模，这给水工金属结构闸门的设计带来了极大的难度。因此，通过开展分层取水叠梁闸门流激振动分析、有限元计算及大型水电站分层取水口三维设计及结构数值仿真分析等试验研究工作，对闸门的水力学特性、受力特点及设计措施展开了大量的、科学的研究。

11.1.5　叠梁闸门结构科学技术试验研究

对进水口分层取水叠梁闸门进行的主要试验研究"多层进水口叠梁闸门流激振动模型试验"，以水动力系统相似、结构动力系统相似理论为水弹性模拟试验方法，对叠梁闸门

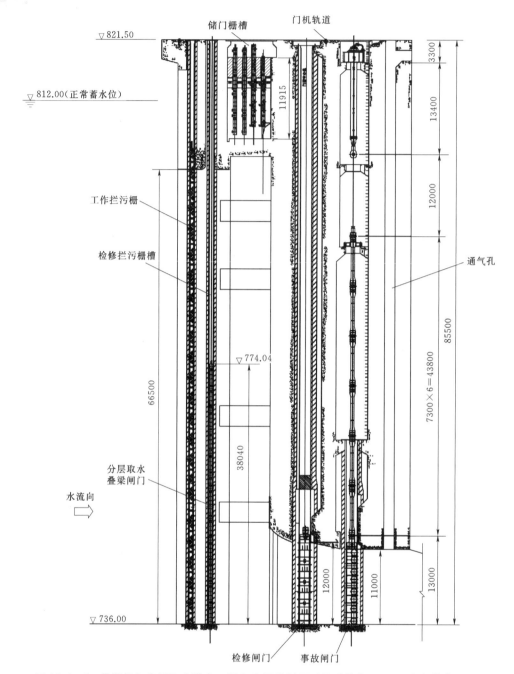

图 11.1－2　叠梁闸门多层取水进水口设备布置纵剖图（尺寸单位：mm；高程单位：m）

分别建立水力学模型和水弹性模型，前者测量作用于闸门上的时均压力和脉动压力，后者测量闸门流激振动响应。

主要试验工况及试验成果包括以下几方面的内容。

（1）作用于闸门上的动水压力荷载及脉动特性。水流脉动压强通过 DJ800 水工数据采集仪量测；叠梁闸门自振特性采用加速度传感器量测；叠梁闸门动应变采用应变片进行量测；闸门动位移采用位移传感器量测。量测均通过 DASP 大容量数据采集系统进行数据采集和处理。叠梁闸门水弹性模型及脉动压强测点布置分别见图 11.1-3、图 11.1-4。

图 11.1-3　叠梁闸门水弹性模型

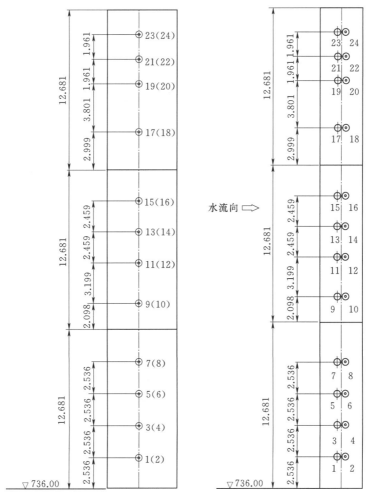

图 11.1-4　脉动压强测点布置图（单位：m）

闸门运行工况一为一层叠梁闸门挡水，水位777.70m，叠梁闸门附近的流场数值计算结果如图11.1-5所示。工况二为二层叠梁闸门挡水，水位790.40m，叠梁闸门附近的流场数值计算结果如图11.1-6所示。工况三为三层叠梁闸门挡水，水位803.00m，叠梁闸门附近的流场数值计算结果如图11.1-7所示。

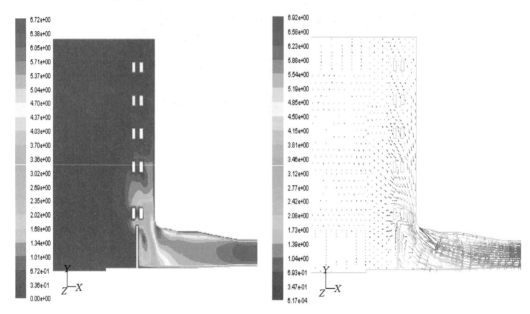

图11.1-5 运行工况一叠梁闸门附近的流场数值

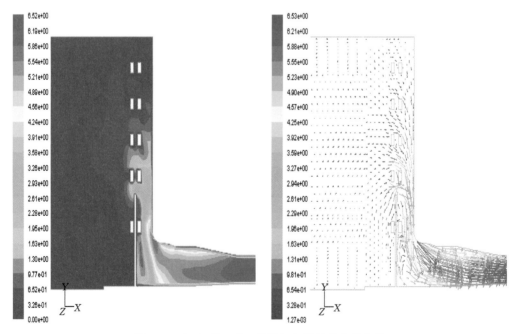

图11.1-6 运行工况二叠梁闸门附近的流场数值

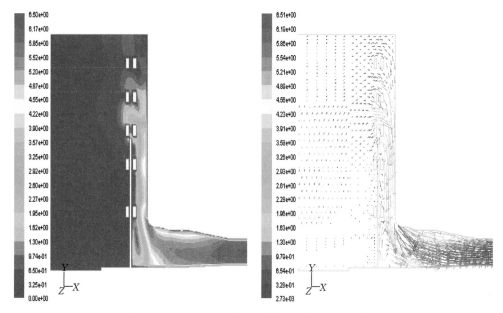

图 11.1-7　运行工况三叠梁闸门附近的流场数值

各运行工况下，作用于闸门的水流脉动荷载主要集中在第三节门叶，即闸门高在 0～12.68m 范围，且水流脉动的主频在 0.1Hz 左右，属于低频区。

（2）叠梁闸门自振特性分析。叠梁闸门自振特性分析主要研究闸门的固有频率以及闸门结构的振型，包括干模态以及湿模态分析；叠梁闸门自振特性成果见表 11.1-1。

表 11.1-1　　　　　　　　　　叠梁闸门自振特性成果　　　　　　　　　　　单位：Hz

阶次	工况一		湿模态计算值	工况二		湿模态计算值	工况三		湿模态计算值
	干模态			干模态			干模态		
	试验值	计算值		试验值	计算值		试验值	计算值	
1	88.60	90.95	4.04	87.86	47.64	3.42	86.40	31.97	2.31
2	91.30	93.84	4.24	93.60	92.31	3.62	92.69	89.76	3.12
3	95.40	100.03	4.88	96.24	93.35	3.75	93.84	92.52	3.21
4	112.40	112.28	6.10	102.60	94.99	3.82	95.88	93.12	3.32
5	133.56	139.44	7.39	111.06	99.47	3.91	99.28	94.51	3.42
6	144.48	163.59	7.86	115.38	107.1	4.16	101.32	96.57	3.54
7	147.16	164.23	8.04	116.28	117.85	4.58	102.68	99.24	3.63
8	152.76	168.01	8.05	136.20	131.27	5.12	112.03	100.60	3.77
9	159.93	170.33	8.14	137.60	142.95	5.68	115.09	105.84	3.99
10	161.29	170.36	8.29	143.40	147.47	6.44	115.43	112.17	4.27

闸门的干模态各阶振型主要表现为闸门顺水流方向的振动，且闸门的自振频率随着闸门高度的升高而降低。一层叠梁闸门的基频为 88.60Hz，二层叠梁闸门的基频为 87.86Hz，三层叠梁闸门的基频为 86.40Hz。

闸门的湿模态各阶振型主要表现为闸门顺水流方向的振动，且闸门的湿模态各阶频率随着闸门高度的升高而降低，三层叠梁闸门工作时的基频最小，为 2.31Hz。而作用于闸门的水流脉动频率在 0.1Hz 左右，在实际运行期间，水流对闸门的振动影响不大，不会出现共振现象。

（3）叠梁闸门动应力特性分析。叠梁闸门动应力特性分析利用电阻应变片测量模型叠梁闸门的应变。因模型与原型的变形形态相同，故将模型测得的应变乘以原型闸门材料的弹性模量，即得应力。经过动态电阻应变仪将信号放大，由计算机与 DASP 数据采集仪组成的数据采集系统进行计算和分析。

各运行工况下，闸门的动应力响应水平很低，闸门过流产生的脉动水流不太可能对闸门产生明显的不利影响。从动应力的功率谱图分析，动应力频率主要集中在 0.1Hz 左右，与动水压力荷载的主频基本一致，说明叠梁闸门产生的振动为强迫振动，故闸门产生低阶共振的可能性很小。

（4）叠梁闸门动位移特性分析。动位移的测量采用清华大学研制的高精度 DP 型位移传感器。根据数值模拟的结果，在叠梁闸门动位移较大的位置安装了两个位移传感器，测量顺水流方向的水平动位移。

各运行工况下，叠梁闸门的动位移均方根值属同一量级，数值上也无显著变化。工况一时，叠梁闸门运行为最不利工况，最大水平动位移均方根为 22.05μm，最大动位移振幅（按 3 倍均方根计算）为 66.15μm；工况二时，各测点的水平动位移均方根基本相同；工况三时，最大水平动位移均方根为 14.88μm，最大动位移振幅（按 3 倍均方根计算）为 44.64μm。动应力响应最大均方根值不超过 10MPa。根据振动判别标准，闸门振幅属微小危害，闸门可正常运行。

11.1.6　运行情况及低温水减缓措施应用效果

叠梁闸门通过科研试验成果结合施工图设计，叠梁闸门多层取水技术已经在糯扎渡水电站工程中应用，叠梁闸门制造、安装验收合格后设备投入运行。2012 年 9 月 6 日首台机组发电，2013 年 10 月，水库水位达到正常蓄水位，目前叠梁闸门设备运行正常（图 11.1-8）。

电站分层取水叠梁闸门投入运行后，结合后续水温监测和鱼类调查结果，能够修正设计阶段的数学模型，为水电站低温水减缓措施的研究和应用提供数据支持。

图 11.1-8　电站进水口

11.1.7　经济效益和社会效益

（1）采用叠梁闸门分层取水布置方案不仅大大地节省了土建工程量，也节约了金属结构设备工程量。进水口叠梁闸门多层取水方案与双层取水方案比较，金属结构设备工程量节约 2080t，节约投资约 3200 万元，工程总投资节约 1.4 亿元。

（2）施工图阶段与招标阶段的双层取水方案相比，降低了进口水头损失系数，提高了发电效益，可增加年发电量 0.18 亿 kW·h。

（3）进水口叠梁闸门多层取水研究成果设计安全、经济合理，发电下泄的水流能够减免对下游水生生物的影响，满足环境保护要求，社会效益显著。

11.1.8　主要设计成果及创新

（1）糯扎渡水电站叠梁闸门分层取水进水口形式，是工程新技术、新工艺、新材料、新设备的成功应用。

（2）叠梁闸门在高水头、长时间内淹没进水，为防止避免闸门长时间挡水状态出现缝隙射水引起的振动，设计采取了有针对性的技术措施，闸门上游设带橡胶平垫作为弹性的钢滑块，下游采用低摩擦系数的自润滑材料支承，底部设平板橡胶止水，弹性支承和止水同时有增加抗振阻尼的作用，使闸门整体处于柔性的双向支承状态。

（3）根据水文专业研究的水温分层特点及分层水温差异成果确定闸门分节高度，在不同的水位状态使用不同层闸门挡水，形成了稳定的发电下泄水温，叠梁闸门多层取水水温保证率高。

（4）叠梁闸门由三节叠梁组成，均分高度设计，各节闸门具有互换性，方便闸门的运行操作，运行灵活性高。

（5）采用三维数值分析、模型试验、流激振动模型试验分析了叠梁闸门过流特点及安全性，分析确定叠梁闸门设计水头取 10m，研究成果直接应用于工程。进水口三维设计，以叠梁闸门取水口为研究对象，实现了三维 CAD/CAE（包括水力、结构）集成设计。

（6）"大型水电站进水口分层取水研究"获 2011 年度云南省科学技术进步一等奖，成果总体达到国际先进水平。

（7）"糯扎渡进水口金属结构系统布置设计"获 2014 年度昆明院优秀工程设计一等奖，获 2014 年度云南省优秀工程设计一等奖。

（8）在糯扎渡工程之后国内建成、在建或待建的雅砻江锦屏一级水电站（坝高305m）、黄登水电站（坝高 203m）、湖北江坪河水电站（坝高 219m）等工程均已采用或在研究确定采用分层取水措施。正在设计的澜沧江古水（坝高 310m），如美（坝高 315m），金沙江其宗（坝高 310m）等水电站也直接应用了叠梁闸门分层取水设计方案。

我国西部澜沧江、金沙江、怒江等干流上经济指标优越的高坝大库较多，电站进水口设置分层取水措施，可以减免下泄低温水对下游生态的影响，对于未来大型水电站的建设具有重要环境意义，推广应用前景十分广阔。

11.2　复杂地形下 200m 垂直高度水位变幅拦漂创新设计

电站高坝大库（水库库容 237.03 亿 m³）蓄水过程长，水流流态及库岸地形复杂、左右岸地质条件差异大，根据要求设置的拦漂水位变幅高差大，总高差约 200m，要求拦污漂适应水位、库岸地质地形、水流流态的运行工况复杂。

11.2.1 蓄水过程及拦漂布置

根据糯扎渡水电站水库蓄水计划，大坝施工还没有到坝顶，1～3 号导流隧洞在 2011 年 11 月下闸封堵，优化电站初期蓄水与调峰发电运行方案，缩短水文情势变化的影响距离，必须避免澜沧江干流产生暂时断流现象，满足下游航运、发电和环境用水要求。水库蓄水过程结合大坝施工进度和 2012 年 9 月首台机组发电要求分阶段、分高程控制水位蓄水。第一阶段水库蓄水至 4 号导流隧洞后，通过 4 号导流隧洞的弧形工作闸门控制向下游供水和水库蓄水上升速度；第二阶段水库蓄水至 5 号导流隧洞后，通过 5 号导流隧洞的弧形工作闸门控制向下游供水和水库蓄水上升速度，同时封堵 4 号导流隧洞；第三阶段水库蓄水至右岸泄洪隧洞后，通过右岸泄洪隧洞工作闸门控制向下游供水和水库蓄水上升速度，同时封堵 5 号导流隧洞；第四阶段水库蓄水至左岸泄洪隧洞后，关闭右岸泄洪隧洞工作闸门，通过左岸泄洪隧洞工作闸门控制向下游供水和水库蓄水上升速度，直至水库蓄水至设计发电死水位 765.00m 高程。同时为控制蓄水初期向下游供水过程中防止水库污物随水流排至下游景洪电站，要求自 1～3 号导流隧洞封堵闸门下闸封堵，澜沧江干流设置拦漂设备。

1～3 号导流隧洞封堵闸门底槛高程 605.00m，4 号导流隧洞进口底槛高程 635.00m，高差 30m，从 2011 年 11 月 29 日 3 号导流隧洞封堵闸门下闸，4 号导流隧洞开始向下游提供生态水和景洪电站最小发电用水，同时水库开始蓄水，蓄水初期就要求拦截污物，严禁污物向下游排泄，从水库初期蓄水位 620.00m 至发电校核蓄水位 819.50m，总拦污水位变幅高差达 199.50m。

根据蓄水过程和发电要求，结合水库库岸地质地形条件，在 1～3 号导流隧洞进口上游约 500m 位置的澜沧江主河道设置第一道拦污漂，初期拦污满足第一阶段蓄水要求，后期改造为满足拦污至发电死水位。第二道拦污漂设置在距大坝上游约 2000m 澜沧江主河道上，拦污高度满足发电死水位至水库校核洪水位，阻止污物进入进水口和大坝前水域，保持库区景观和卫生。在大坝上游左岸澜沧江支流勘界河入口处设置永久拦污漂，电站投运后正常拦污区间要求从最低发电死水位下 763.80m 到校核蓄水位 819.50m 的高差也达 55.70m。

11.2.2 拦污漂设计

拦污漂工程按系统性整体统一规划设计，电站从导流封堵闸门下闸蓄水的初期水位 620.00m 至正常发电校核蓄水位 819.50m 之间共设置三道拦污漂。

一期拦污漂运行水位区间为 620.00～768.00m，拦污高差 148m，拦漂最大水面宽 450m；二期拦污漂运行水位区间为 760.00～812.00m，拦污高差 52m，拦漂最大水面宽 773m；永久拦污漂运行水位区间为 763.80～819.50m，拦污高差 55.7m，拦漂最大水面宽 342.45m。

一、二期拦污漂均采用左右岸锚墩固定释放拦污漂钢丝绳方案。锚墩地质有条件良好的基岩、较为破碎的危岩或堆积体等，岸坡坡度差异大，地形复杂，锚墩结构根据地质条件做了不同处理，采用直径42mm的锚杆或锚筋桩固定等方法。锚墩上设铰链导向，铰链释放牵引钢丝绳，拦污漂体固定于钢丝绳，左右岸各7个锚墩，高差约20m，左岸顶部锚墩固定钢丝绳一端，由右岸顶部锚墩处设卷扬设备牵引释放钢丝绳另一端。拦污漂箱体采用单个长约3.8m的钢桁架结构，钢桁架内填塞高密度、高强度、耐水塑料泡沫产生浮力，桁架结构利用卡环与钢丝绳连接形成连续的漂体拦污，满足拦污总宽度。拦污漂箱体下设底部格栅，拦污漂箱体拦截水面漂浮污物，拦截高度约0.22m，箱体下部的底部格栅拦截水下悬移质，拦截高度约2.26m，钢丝绳规格48ZAA6X36WS＋IWR−1670。

勘界河入口处设置"水力式自动升降拦污漂"为电站进水口拦污栅永久拦污漂，将电站进水口和溢洪道与主河道隔开，实现引水发电系统进水口前悬移质污物的全面拦截，做到拦污栅前清洁，确保不因污物堵塞影响机组发电水头和减少拦污栅提栅清污工作强度，提高了电站发电经济效益。水力式自动升降拦污漂由设置在勘界河左右岸的导槽和拦污漂两部分组成，拦污漂利用浮力通过导槽内的运行轮架支承、驱动漂体随水库水位变动而自动升降，无需人工操作。导槽底槛高程763.20m，高56.7m，单侧为Ⅱ字形断面的铸钢件结构。拦污漂两端铰点对应7m矢高弧线长342.83m，设计最大平均水流速3m/s，最大风速12m/s，拦污漂前后最大水位差0.25m。拦污漂由端部浮箱、中部浮箱、运行轮架、铰接装置、主轮装置、侧轮装置、滑块装置、底部格栅、栏杆及尼龙软网等组成，总重约207.2t。中部浮箱高出水面0.5m，浮箱宽1.5m，长6.53m，浮箱吃水深度0.5m，浮力约27000kN；端部浮箱高出水面0.85m，浮箱宽3.5m，长5m，最大吃水深度2.75m，浮力约213700kN，中部浮箱水上拦污高度0.5m，水下拦污高度1.71m，额定设计拉力小于800kN。采用清污船人工清污。

11.2.3 运行情况

一期拦污漂于3号导流隧洞封堵闸门下闸同时开始挂漂拦污，蓄水至水位760.00m后拆除，运行时间约7个月，设备运行良好，拦污效果显著。二期拦污漂和永久拦污漂于蓄水至水位760.00m后开始挂漂拦污，运行至今，设备运行良好，拦污效果显著（图11.2−1）。

图 11.2−1 糯扎渡水电站拦污漂

11.2.4 主要设计成果及创新

（1）糯扎渡水电站拦污漂设计，适应分阶段蓄水要求，复杂地形下200m垂直高度水位变幅规模采用不同的漂体结构形式和不同的运行条件相结合，既节省工程量又满足工程拦污水位变幅高差的要求。

（2）一、二期拦污漂结构形式对地质条件适应性强，对水位及水面宽度变幅能力强。

（3）"水力式自动升降拦污漂"自动适应水位变幅，全天候无动力、免维护，具有先进性、安全性、经济性的特点。

（4）两种结构形式拦污漂无论独立使用或结合使用均有很好的拦污、拦漂效果，已经在后续的金安桥、观音岩、漫湾二期、阿海等多个水电工程中成功应用。

（5）"糯扎渡水电站拦污漂工程设计"获 2013 年度云南省优秀工程勘察设计二等奖。

参 考 文 献

[1] 姚建国，朱惠君，武赛波，等. 糯扎渡水电站水力机械设计的主要特点 [J]. 水力发电，2012，38（9）：79-82.

[2] 朱惠君，鲍伟民，武赛波. 糯扎渡水电站水轮机参数选择 [J]. 水力发电，2005，31（5）：69-72.

[3] 武赛波. 糯扎渡水电站水轮机设置圆筒阀研究 [J]. 水电站机电技术，2008，31（2）：13-15.

[4] 王旭，杨宇虎. 水电站厂用电标准化设计的应用 [J]. 水电电气，2014（169）：31-36.

[5] 王旭，朱志刚. 糯扎渡水电站数字化电缆敷设研究 [J]. 水电电气，2012（162）：18-21.

[6] HydroBIM®-01-2016，HydroBIM®-地面厂房技术规程 [S]. 昆明：中国电建集团昆明勘测设计研究院有限公司，2016.

[7] 刘亚林，邹颖，陈家恒，等. 糯扎渡电站防水淹厂房保护系统设计 [J]. 中国水力发电工程学会：水电厂自动化（季刊），2013，34（4）：37-39.

[8] 陈家恒，刘亚林，等. 一种用于大型水电站一键落门的远程控制装置 [P]. 国家实用新型专利：ZL 2016 2 0025108.0.

[9] 刘亚林，陈念祖. 糯扎渡水电站无线微机五防系统设计特点 [J]. 中国水力发电工程学会：水电站机电技术（月刊），2016，39（1）：39-42.

[10] 桂林，刘亚林，邹颖，等. 糯扎渡（DFEM机组）发电机内部故障主保护配置方案研究报告 [R]. 清华大学和中国电建集团昆明勘测设计研究院合作专题报告，2008：1-14.

[11] 刘亚林，邹颖，古树平. 糯扎渡水电站厂用电备自投系统设计特点 [J]. 中国水力发电工程学会：水电厂自动化（季刊），2015，36（4）：30-33.

[12] 刘松，刘亚林. 糯扎渡水电站厂用电备自投系统设计特点 [J]. 云南省水力发电工程学会：云南水力发电（双月刊），2016，32（5）：143-145.

[13] 孙丽华，盛四清，刘亚林，等. 电力系统分析 [M]. 北京：机械工业出版社，2019.

[14] 邹颖，陈家恒，等. 景洪水电站发电机内部故障分析及主保护配置介绍 [J]. 中国水力发电工程学会：水电厂自动化（季刊），2008，29（3）：100-104.

[15] 陈家恒，王超，等. 小湾水电站典型电气事故隐患分析与解决方案 [J]. 中国水电工程顾问集团公司：水力发电（月刊），2011，37（9）：65-67.

[16] 徐涛. 大盈江三级水电站计算机监控系统设计 [J]. 云南省水力发电工程学会：云南水力发电（双月刊），2007（1）：115-118.

[17] 徐涛. 大盈江二级电站公用及机组辅助设备自控制系统设计 [J]. 中国水电顾问集团昆明勘测设计研究院：云南水电技术（季刊），2007（2）：50-52，56.

[18] 古树平，李颖. 糯扎渡水电站厂用电备自投系统的分析与设计 [J]. 中国水力发电工程学会：水电站机电技术（月刊），2016，39（10）：19-21.

[19] 束洪春，刘娟，王超，等. 谐振接地电网故障暂态能量自适应选线新方法 [J]. 国网电力科学研

究院：电力系统自动化（半月刊），2006，30（11）：72－76.

[20] 王超，刁东海，束洪春. 基于 NC2000 的小湾水电站计算机监控系统 [J]. 云南省水力发电工程学会：云南水力发电（双月刊），2009（5）.

[21] 马仁超，易春，余俊阳. 中国水电顾问集团公司科技项目：《高水头链轮门、弧门结构设计研究成果报告》[R]. 2011（8）.

[22] 金泰来，等. 高坝闸门总体布置 [M]. 北京：科学出版社，1994.

索　引

Contents

dropower Technology Branch. At the same time, the formation of various achievements has been strongly supported and helped by China Renewable Energy Engineering Institute and Huaneng Lancang River Hydropower Inc. Here we would like to express our sincere thanks to the above units!

scheme of combining temporary floating trash barrier and permanent floating trash barrier is adopted. After the radial service gates of the flood discharge tunnel on the left and right banks, and the surface hole radial service gates are completed, the prototype observation test was carried out, and the technical indexes such as vibration and stress change of the gate are comprehensively measured. According to the observation results, this paper systematically summarizes the plane two-dimensional design system, finite element analysis and prototype observation, and compares it with the design and specifications, which can provide reference value for domestic and foreign counterparts.

The book consists of 11 chapters. Chapter 1 was jointly prepared by Yao Jianguo, Zhu Zhigang, Liu Yalin, Li Rong, Sun Hua and Zhang Yang, checked and approved by Shao Guangming. Chapter 2 was prepared by Yao Jianguo and Zhu Huijun, checked and approved by Wu Saibo. Chapter 3 was prepared by Yao Jianguo and Zou Maojuan, checked and approved by Wu Saibo. Chapter 4 was prepared by Yao Jianguo and Zhang Yang, checked and approved by Wu Saibo. Chapter 5 and Chapter 6 was prepared by Zhu Zhigang, Wang Na, Wang Xu and Yang Yuhu, checked and approved by Shao Guangming. Chapter 7 and Chapter 8 was prepared by Liu Yalin, checked by Zou Ying and Xu Tao, and approved by Chen Jiaheng. Chapter 9 was prepared by Sun Hua, checked by Zou Ying, and approved by Chen Jiaheng. Chapter 10 and Chapter 11 was prepared by Ma Renchao, Cui Zhi, Yu Junyang and Li Rong, checked and approved by Ma Renchao.

Many of the achievements cited in this book are the special design, special topics and scientific research achievements completed by POWERCHINA Kunming Engineering Corporation Limited in the feasibility study, bidding and construction drawing design, and implementation stage of Nuozhadu Hydropower Station, including the scientific research achievements of many scientific research cooperation units such as Harbin Electric Machinery Company Limited, DEC Dongfang Electric Machinery Co., Ltd., Voith Hydro Shanghai Ltd., Tsinghua University, Tianjin University, Hehai University, Chongqing University, Xi'an University of Architecture and Technology, Nanjing NARI-relays electric Co., Ltd., Nanjing NARI Group Corporation of Water Conservancy and hy-

design of computer monitoring system and design of wireless microcomputer "five prevention" system, the design achievements and innovations of power station control system are systematically summarized.

The protection system design of the hydropower station is combined with many thematic research and special research, such as research on main protection configuration scheme of internal short circuit for large hydro generator, automatic input solution of backup power supply of the complex station service system, design of intelligent vibration monitoring and protection system for u-nit, the design achievements and innovations of power station protection system are systematically summarized.

The access system communication adopts double optical cable communica-tion channel, and all access system communication services are forwarded to the system through Pu'er converter station. The communication between the power station and the centralized control center uses the leased communication channel of power private network as the main communication channel, and leased communication channel of public telecommunication network as the standby communication channel. The in-plant communication is mainly composed of production scheduling communication and production management communication. Emergency communication is accomplished by configuring sat-ellite telephones, wireless inter-phones and so on.

According to the characteristics of high design head and large orifice size of radial service gates of flood discharge tunnels on the left and right banks of the power station, the " # " shaped support structure and sealing type of pressur-ized water seal is proposed, and the corresponding patent results are ob-tained. The spillway surface hole radial gate has the characteristics of large ori-fice size and discharge capacity. Aiming at this gate, CAE technology is used to analyze the operation stress characteristics of the gate. In order to meet the re-quirements of taking surface water for power generation, the stoplog gate de-sign scheme of sharing trash rack maintenance rack slot is adopted for layered water intake, which reduces the quantities of civil engineering and metal struc-ture equipment. According to the characteristics of impounding period, perma-nent operation and 200m high water level variation in reservoir area, the design

shaft, design of IG–541 environmental protection gas fire extinguishing system, research on thermophysical properties and thermal status of underground powerhouse rocks, the design achievements and innovations of auxiliary mechanical equipment and system, fire protection system, ventilation and air conditioning system of power station are systematically summarized.

Based on HydroBIM, the HydroBIM civil electro-mechanical integration design platform was developed, and a unified database is established to enable each data software to interact with its data, so as to achieve data uniqueness, realize the standardized management of design data, integrate multiple design software, standardize the design process, solidify the professional coordination in the software process, and realize the design standardization. The essence of BIM is the application of digitization and visualization technology in the whole life cycle of the project. The HydroBIM civil electro-mechanical integration design platform combines the system principle design and three-dimension layout design with a unified engineering database, takes the schematic diagram as the top-level design of digital design, and drives each stage and process of design with data, so that the smooth data transmission can truly realize the data management at the design source.

The main electrical wiring design is the basis of electrical design of the power station, and its scheme is related to the safe and stable operation and cost of the power station.In the scheme comparison and selection, the reliability quantitative calculation method is used to analyze the reliability and economy of each alternative scheme from the whole life cycle, so as to select the optimal scheme.Through the comparison and selection of multiple schemes, and comprehensively considering the safety and economy of the whole project, the selection, layout and delivery scheme of high-voltage equipment are determined.Through computer simulation calculation, the over-voltage protection scheme is determined to ensure the safety of equipment operation and personnel.

The control system design of the hydropower station is combined with many thematic research and special research, such as design of remote hard-wired control system of "one button drop door" in central control room, control measures for prevent flooding in large underground powerhouse.

Nuozhadu Hydropower Station installs 9 giant Francis turbine-generator u-nits with unit capacity of 650MW, which are characterized by large number of units, large single unit capacity, high operating head and large head varia-tion. On the basis of fully considering the operation stability requirements of the unit and analyzing the operation characteristics and stability of the unit, the technical parameters, performance indexes and structure of the turbine-genera-tor unit are reasonably selected and optimized. In order to verify the hydraulic performance of hydraulic turbine, the runner model test is carried out. In order to protect the water guide mechanism of hydraulic turbine and reduce the cavi-tation erosion and sand abrasion of the water guide mechanism, the hydraulic turbine is equipped with ring gate. Through the thematic research and special research such as parameter selection and structural design of the turbine-gener-ator unit, runner model test of hydraulic turbine, research on application of gi-ant ring gate of hydraulic turbine, the design achievements, key technologies and innovations of giant turbine-generator unit of Nuozhadu Hydropower Station are systematically summarized.

Combined with the characteristics of giant turbine-generator units and un-derground powerhouse of Nuozhadu Hydropower Station, the design of auxil-iary mechanical equipment and system, fire protection system, ventilation and air conditioning system is carried out to ensure advanced and reliable technolo-gy, and meet the requirements of long-term safe and stable operation of the power station. Through the thematic research and special research such as re-search on application of head cover water supply technology for giant unit, de-sign of drainage system for giant underground powerhouse, research on appli-cation of super large lifting height bridge crane for GIL hoisting in high vertical

key technologies for real-time monitoring of construction quality of high core rockfill dams, such as the real-time monitoring technology of the transportation process for dam-filling materials to the dam and the real-time monitoring technology of dam filling and rolling, and research and develop the information monitoring system, realize the fine control of quality and safety for the high embankment dams; the achievements won the second prize of National Science and Technology Progress Award, representing the technological innovations in the construction of water conservancy and hydropower engineering in China. The dam is the first digital dam in China, and the technology has been successfully applied in a number of 300-m-high extra high embankment dams such as Chang-he Dam, Liangshekou Dam and Shuangjiangkou Dam.

I made a number of visits to the site during the construction of the Nuozhadu Hydropower Project, and it is still vivid in my mind. The project has kept precious wealth for hydropower development in China, including practicing the concept of green development, implementing the measures for environmental protection and soil and water conservation, effectively protecting local fish and rare plants, generating remarkable benefits of significant energy saving and emission reduction, significant benefits of drought resistance, flood control and navigation, and promoting the notable results of regional economic development. Nuozhadu Project will surely be a milestone project in the hydro-power technology development of China!

This book is a systematic summary of the research and practice of the Nuozhadu HPP Project by the author and his team, and a high-level scientific research monograph, with complete system and strong professionalism, featured by integration of theory with practice, and full contents. I believe that this book can provide technical reference for the professionals who participate in the water conservancy and hydropower engineering, and provide innovative ideas for relevant scientific researchers. Finally the book is of high academic values.

Zhong Denghua, Academician of Chinese Academy of Engineering
Jan, 2021

construction technology to a new step and won the Gold Award of Investigation and Silver Award of Design of National Excellent Project. These projects represent the highest construction level of the of embankment dams in China and play a key role in promoting the development of technology of embankment dams in China.

The Nuozhadu Hydropower Project represents the highest construction level of embankment dams in China. Before the completion of the Project, China had built few core wall rockfill dams with a height of more than 100m, and the highest one is Xiaolangdi Dam (160m) . The height of Nuozhadu Dam is more than 100m, which exceeds the scope of China's applicable specifications in force. The existing dam filling technology and experience can no longer meet the demands for extra-high core wall rockfill dam. Under the conditions of high head, large volume, and large deformation, the extra-high core wall rockfill dam faced great challenges in terms of seepage stability, deformation stability, dam slope stability and seismic safety, for which systematic and in-depth studies are required. An Industry-University-Research Collaboration Team, led by Zhang Zongliang, the chief engineer of POWERCHINA Kunming Engineering Corporation Limited and National Engineering Design Master, has carried out more than ten years of research and development and engineering practice. The team has achieved a lot of innovations in such technological fields as impermeable soils mixed with artificially crushed rocks and gravels, application of soft rock for the dam shell on the upstream face, static and dynamic constitutive models for soil and rock materials, hydraulic fracturing mechanism of the core wall, calculation and analysis method of cracks, a set of design criteria, and the comprehensive safety evaluation system, which have reached the international leading level and ensured the safe construction of the dam. The dam is operating well, and the seepage flow and settlement of the dam are both far smaller than those of similar projects built at home and abroad, and it is evaluated as a *Faultless Project* by the Academician Tan Jingyi.

In terms of dam construction technology, I am also honored to lead the Tianjin University team to participate in the research and development work and put forward the concept of controlling the construction quality of high embankment dams based on information technology, and research and solve the

Learning that the book *Pillars of a Great Powers-Super Hydropower Project of China Nuozhadu Volume* will soon be published, I am delighted to prepare a preface.

Embankment dams have been widely used and developed rapidly in hydropower development due to their strong adaptability to geological conditions, availability of material sources from local areas, full utilization of excavated materials, less consumption of cement and favorable economic benefits. For highland and gorge areas of southwest China in particular, the advantages of embankment dams are particularly obvious due to the constraints of access, topographical and geological conditions. Over the past three decades, with the completion of a number of landmark projects of high embankment dams, the development of embankment dams has made remarkable achievements in China.

As a pioneer in the field of hydropower investigation and design in China, POWERCHINA Kunming Engineering Corporation Limited has the traditional technical advantages in the design of the embankment dams. Since 1950s, POWERCHINA Kunming has successfully implemented the core wall dam of the Maojiacun Reservoir (with a maximum dam height of 82.5m), known as "the first earth dam in Asia" at that time and has forged an indissoluble bond with the embankment dams. In the 1980s, the core wall rockfill dam of Lubuge Hydropower Project (with a maximum dam height of 103.8m) was featured by a number of indicators up to the leading level in China and approaching the international advanced level in the same period. The project won the Gold Awards both for Investigation and Design of National Excellent Project; in the 1990s, the concrete faced rockfill dam (CFRD) of the Tianshengqiao 1 Hydropower Project (with a maximum dam height of 178m) ranked first in Asia and second in the world in terms of similar dam types, and pushed China's CFRD

cation of this book is of important theoretical significance and practical value to promote the development of ultra-high embankment dams and hydropower engineering in China. In addition, it will also provide useful experiences and references for the practitioners of design, construction and management in hydropower engineering. As the technical director of the Employer of Nuozhadu Hydropower Project, I am very delighted to witness the compilation and publication of this book, and I am willing to recommend this book to readers.

Ma Hongqi, Academician of Chinese Academy of Engineering
Nov, 2020

technical achievements have greatly improved design and construction of earth rock dam in China, and have been applied in following ultra-high earth rock dams, like Changhe on Dadu River (with a dam height of 240m), Shuangjiangkou (with a dam height of 314m), Lianghekou on Yalong River (with a dam height of 295m), etc.

The scientific and technical achievements of Nuozhadu Hydropower Projects won six Second Prizes of National Science and Technology Progress A-ward, and more than ten provincial and ministerial science and technology pro-gress awards. The project won a number of grand prizes both at home and a-broad such as the International Rockfill Dam Milestone Award, FIDIC Engi-neering Excellence Award, Tien-yow Jeme Civil Engineering Prize, and Gold Award of National Excellent Investigation and Design for Water Conservancy and Hydropower Engineering. The Nuozhadu Hydropower Project is a landmark project for high core rockfill dams in China from synchronization to taking the lead in the world!

The Nuozhadu Hydropower Project is not only featured by innovations in the complex works, but also a large number of technological innovations and applications in mechanical and electrical engineering, reservoir engineering, and ecological engineering. Through regulation and storage, it has played a major role in mitigating droughts and controlling flood in downstream areas and guar-anteeing navigation channels. By taking a series of environmental protection measures, it has realized the hydropower development and eco-environmental protection in a harmonious manner; with an annual energy production of 23,900 GW • h green and clean energy, the Nuozhadu Hydropower Project is one of major strategic projects of China to implement *West-to-East Power Transmis-sion* and to form a new economic development zone in the Lancang River Basin which converts the resource advantages in the western region into economic ad-vantages. Therefore, the Nuozhadu Hydropower Project is a veritable great power of China in all aspects!

This book systematically summarizes the scientific research and technical achievements of the complex works, electro-mechanics, reservoir resettlement, ecology and safety of Nuozhadu Hydropower Project. The book is full of de-tailed cases and content, with the high academic value. I believe that the publi-

search, all parties participating in the construction achieved many innovative a-chievements with China's independent intellectual property rights in fields of the investigation, testing and modification of dam construction materials for ul-tra-high core rockfill dams, design criteria and safety evaluation standards of core rockfill dam, digital monitoring on construction quality and rapid detection technology. Among them, there are two most prominent technology innova-tions. Firstly, the law that earth material of ultra-high core rockfill dam needs modification has been revealed for the first time. And complete technology that earth material needs modification by combining artificial crushed stones has been systematically presented. Since there are more clay particles, less gravels and high moisture content in natural earth materials of Nuozhadu Hydropower Project, it can meet the requirement of anti-seepage, but it fails to meet the re-quirements of strength and deformation of ultra-high core rockfill dam. There-fore, the natural earth material has been modified by combining 35% artificial crushed stones. Finally the strength and deformation modulus of core earth material increased, and deformation coordination between core and rockfill ma-terial achieved. Secondly, quality control technology of digitalized damming of high earth and rock dam has been studied, which is a pioneering work in the field of water resource and hydropower engineering in the aspect of national dig-italized and intelligentized construction. The quality control in the past was conducted by supervisors. But heavy workload and low efficiency may lead to o-missions. During Nuozhadu Hydropower Project construction, the technology of "digitalized dam" has realized the whole-day, fine and online real-time moni-toring onto the process of dam of filling and rolling. Thus it has ensured the good construction of dam with a total volume of $34 \times 10^6 \text{m}^3$, and it was known as the great innovation of quality control technology in the world dam construc-tion.

Key technologies such as core earth material modification of high earth rock dam and "digitalized dam" proposed by Nuozhadu Hydropower Project have fundamentally ensured the dam deformation stability, seepage stability, slope stability and seismic safety. The operation of impoundment is good till now, and the seepage amount is only 15L/s which is the smallest among the same type constructions at home and abroad. In addition, scientific and

Embankment dams, one of the oldest dam types in history, are most widely used and fastest-growing. According to statistics, embankment dams account for more than 76% of the high dams built with a height of over 100m in the world. Since the founding of the People's Republic of China 70 years ago, about 98,000 dams have been built, of which embankment dams account for 95%.

In the 1950s, China successively built such earth dams as Guanting Dam and Miyun Dam; in the 1960s, Maojiacun Earth Dam, the highest in Asia at that time, was built; since the 1980s, such embankment dams as Bikou Dam (with a dam height of 101.8m), Lubuge (with a dam height of 103.8m), Xiaolangdi (with a dam height of 160m), and Tianshengqiao 1 (with a dam height of 178m) were built. Since the 21st century, the construction technology of embankment dams in China has made a qualitative leap. Such high embankment dams as Hongjiadu (with a dam height of 179.5m), Sanbanxi (with a dam height of 185m), Shuibuya (with a dam height of 233m), and Changhe Dam (with a dam height of 240m) have been successively built, indicating that the construction technology of high embankment dams in China has stepped into the advanced rank in the world!

The core rockfill dam of Nuozhadu Hydropower Project with a total installed capacity of 5,850 MW is undoubtedly an international milestone project in the field of high embankment dams in China. It is with a reservoir volume of 23,700 million cube meters and a dam height of 261.5m. It is the highest embankment dam in China (the third in the world). It is 100m higher than Xiaolangdi Core Rockfill Dam which was the highest one. The maximum flood release of the open spillway is 31,318m³/s, and the release power is 66,940 MW, which ranks the top in the world side spillway. Through joint efforts and re-

Informative Abstract

This book is a sub volume of mechanical and electrical engineering innovation technology, which is a national publishing fund funded project-"*Great Powers-China Super Hydropower Project* (*Nuozhadu Volume*)". By summarizing the main design achievements of electro-mechanical and metal structure engineering of Nuozhadu hydropower station, as well as the successful application of key technologies, innovative technologies, advanced design methods and utility model patents, this book provides successful cases for reference for electro-mechanical and metal structure design of giant and large hydropower projects.

This book is suitable for engineering and technical personnel specialized in hydraulic machinery, electrical primary, electrical secondary, communication, ventilation and metal structure of hydropower projects. It can also be used as a reference for relevant personnel of engineering technology management units, scientific research institutes, colleges and universities.

Great Powers –China Super Hydropower Project

(Nuozhadu Volume)

Innovative Technology of Electromechanical Engineering

Shao Guangming Yao Jianguo Zhu Zhigang Liu Yalin Li Rong et al.

中国水利水电出版社
China Water & Power Press
· Beijing ·